21 世纪高职高专规划教材

高等职业教育规划教材编委会专家审定

电路分析基础

主　编　甘祥根

副主编　程　艳　刘　广

陈丽红　郭亚红

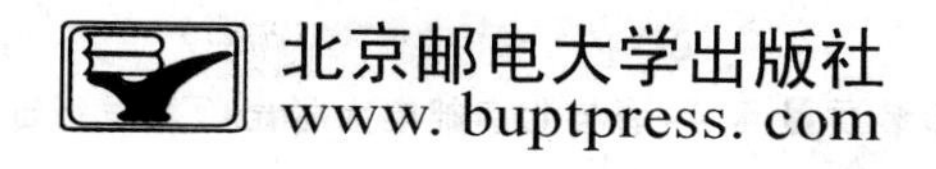

内容提要

本书是为满足高技能应用型技术人才培养需求，依据电路基础分析课程特点和学生学习规律而编写的。

本书主要内容包括电路基本元器件及常用仪表、电路基本概念及其基本定律、电路基本分析方法、正弦交流电路、三相交流电路、互感与谐振以及电路的暂态分析。书中每章之前有要点、重点、难点和阅读导言，章后附有小结和丰富的习题。

本书可作为高等职业院校、高等专科院校、应用型本科院校和成人高校的应用电子、电子信息工程、通信技术、机电、计算机应用等电类专业的教材，也可供相关工程技术人员参考。

图书在版编目(CIP)数据

电路分析基础/甘祥根主编. --北京:北京邮电大学出版社,2012.2

ISBN 978-7-5635-2825-7

Ⅰ.①电… Ⅱ.①甘… Ⅲ.①电路分析 Ⅳ.①TM133

中国版本图书馆 CIP 数据核字(2011)第 229846 号

书　　名：电路分析基础
著作责任者：甘祥根
责 任 编 辑：周虹霖
出 版 发 行：北京邮电大学出版社
社　　址：北京市海淀区西土城路 10 号(邮编:100876)
发 行 部：电话:010-62282185　传真:010-62283578
E-mail：publish@bupt.edu.cn
经　　销：各地新华书店
印　　刷：北京联兴华印刷厂
开　　本：787 mm×1 092 mm　1/16
印　　张：13.5
字　　数：324 千字
印　　数：1—3 000 册
版　　次：2012 年 2 月第 1 版　2012 年 2 月第 1 次印刷

ISBN 978-7-5635-2825-7　　定　价：32.00 元

前　言

本书依据教育部最新编制的关于高职高专电子与通信类专业课程教学基本要求编写而成，符合高技能应用型人才培养目标和教学特点。本书的编写既体现电路的经典理论，又适当融入现代的分析方法，同时力求理论联系实际。

全书共7章及2个附录。具体包括电路基本元器件及常用仪表、电路的基本概念及其基本定律、电路的基本分析方法、正弦交流电路、三相交流电路、互感与谐振以及电路的暂态分析。书中每章之前有要点、重点、难点和阅读导言，章后附有丰富的习题和小结；附录内容包括 Multisim 仿真软件简介和习题答案。这样安排能有效引导学生课前自学、课后练习和总结，以提高学生的学习效率。

本书充分注重学生技术应用能力和实践能力培养，强化基础训练和实验操作，使学生学完本课程后既能掌握必要的基础知识，又能使实践技能和运用现代 EDA 解决问题的能力得到显著提高。在编写过程中特别注意了以下特色的体现：

(1) 注重言语的运用。在讲解基本概念、基本原理、基本规律和基本方法时，思路清晰、图文并茂、删繁就简，力求通俗易懂。

(2) 内容篇幅适中，学时安排合理。本书编写过程中，考虑到应用型人才培养的教学实际，安排了70学时左右的教学内容。

(3) 加强实训环节的教学。力求克服实际教学过程中的重理论轻实践的弊端，将实训项目穿插在章后，同时注重仿真软件应用，努力提高电路实训项目的开出率。

本书第1章由陈丽红工程师编写，第2、3章由刘广老师编写，第4章由程艳副教授编写，第5、7章由甘祥根教授编写，第6章由郭亚红副教授编写，附录A由陈丽红、甘祥根共同完成。甘祥根负责全书的审校和统稿工作。

本书在编写过程中，参考了诸多作者的文献，在此一并表示感谢。同时由于编者水平有限，书中尚有不足之处，敬请读者批评指正。

编　者

2011年7月

目　　录

第1章 电路基本元器件及常用仪表

本章要点

- 电阻、电容和电感
- 二极管和三极管
- 万用表
- 示波器
- 信号发生器
- 稳压电源

本章重点

- 色环电阻及电容识别
- 晶体管的判别

本章难点

- 晶体管的判别

导言

本章主要涉及一些常用的电子元器件分类、特性、标识方法，介绍了万用表、示波器、信号发生器以及稳压电源的使用方法，着重阐述了色环电阻、电容的识别方法以及二极管、三极管的检测方法。

1.1 电子元器件介绍

1.1.1 电子元器件简介

电子元器件是电子元件和电子器件的总称，其实物见图1.1。电子元件是指在工厂生产加工过程中不改变分子成分的成品，又称无源器件，如电阻、电容和电感等。电子器件是指在工厂生产加工过程中改变了分子结构的成品，又称有源器件，例如晶体管、电子管、集成电路等。电子器件可分为真空电子器件和半导体器件两大块。

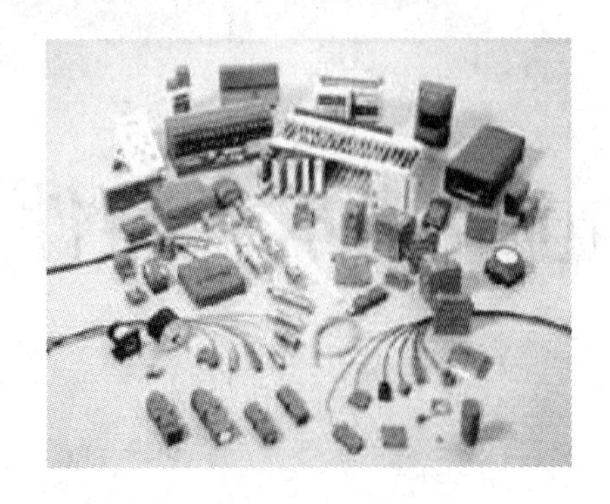

图 1.1　电子元器件

1. 电子元件分类

依据电子元件在电路中所起的作用，可分为电路类元件和连接类元件。电路类元件包括：电阻器、电容器和电感器等；连接类元件包括：插座，连接电缆，印刷电路板(PCB)等。

2. 电子器件分类

电子器件可分为主动器件和分立器件。主动器件的主要特点是：(1)自身消耗电能；(2)还需要外界电源。分立器件分为双极性晶体三极管、场效应晶体管、可控硅和半导体电阻电容等。

1.1.2 电阻、电容、电感和导线

1. 电阻

电阻表示导体对电流阻碍作用的大小，其值与导体的尺寸、材料、温度等因素相关。电阻在电路中用“*R*”加数字表示，如：*R*1 表示编号为 1 的电阻。电阻的单位有 Ω(欧[姆])、kΩ(千欧[姆])、MΩ(兆[欧])等。电阻在电路中主要起分流、限流、分压、偏置等作用。

电阻器通常分为三大类：固定电阻、可变电阻、特种电阻，其实物见图 1.2。在电子产品中，以固定电阻应用最多。固定电阻，按其制造材料可分 RT 型碳膜电阻、RJ 型金属膜电阻、RX 型线绕电阻，以及片状电阻；按其功率划分，常见的有 1/8 瓦的色环碳膜电阻、1/16 瓦的电阻以及微型片状电阻。可变电阻器按制作材料可分为膜式可变电阻器和线绕式可变电阻器，膜式可变电阻器采用旋转式调节方式，一般用在小信号电路中，用以调整偏置电压、偏置电流或信号电压等，它有全密封式、半密封式和非密封式三种结构；线绕式可变电阻器属于功率型电阻器，具有噪声小、耐高温、承载电流大等优点，主要用于各种低频电路的电压或电流调整。另外，可变电阻器按结构形式还可分为立式可变电阻器和卧式可变电阻器。特种电阻有光敏和热敏电阻两种。光敏电阻是一种电阻值随外界光照强弱(明暗)变化而变化的元件，光越强阻值越小，光越弱阻值越大；热敏电阻是一个特殊的半导体器件，它的电阻值随着其表面温度高低变化而变化。电脑主板有 CPU 测温、超

温报警功能，就是利用电阻的热敏性特点。

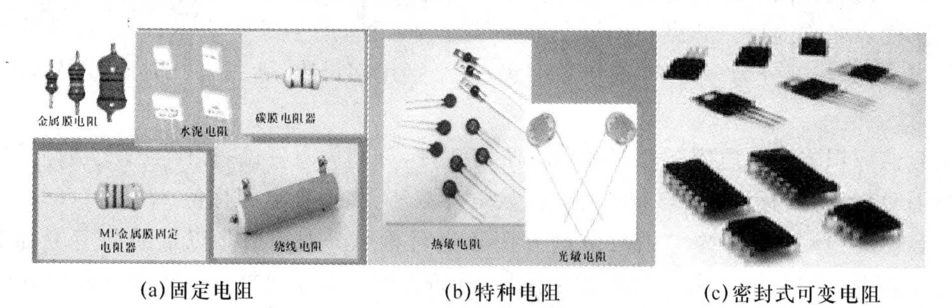

(a)固定电阻　　(b)特种电阻　　(c)密封式可变电阻

图 1.2　电阻实物图

在装配电子产品和检修时，电阻器阻值识别是极其重要的。电阻器一般可采取直接标注和色环标注两种方法，其中色环电阻占主流。色环电阻就是在电阻器上用不同颜色的环来表示电阻的规格。色环分 4 色环和 5 色环。4 环电阻，一般是碳膜电阻，用 3 个色环来表示阻值，用 1 个色环表示误差；5 环电阻一般是金属膜电阻，用 4 个色环表示阻值，1 个色环表示误差。色环电阻的颜色和数码对照为：黑—0、棕—1、红—2、橙—3、黄—4、绿—5、蓝—6、紫—7、灰—8、白—9，金、银表示误差。4 色环电阻阻值识别：第一条色环为阻值的第一位数字，第二条色环为阻值的第二位数字，第三条色环为 10 的幂数，第四条色环表误差。例如，电阻色环：棕绿红金，其阻值为：$15\times10^2=1\ 500\ \Omega$，误差为 5%。5 色环电阻阻值识别：第一条色环为阻值的第一位数字，第二条色环为阻值的第二位数字，第三条色环为阻值的第三位数字，第四条色环为 10 的幂数，第五条色环为误差（常见是棕色，误差为 1%）。例如，电阻色环：黄紫红橙棕，其阻值为：$472\times10^3=472\ \text{k}\Omega$。具体识别方法为：面对一个色环电阻，找出金色或银色的一端，并将其朝下，从头开始读色环，就可读出数值。

2. 电容器

电容器是由两片接近并相互绝缘的导体制作而成，用于储存电荷和电能的器件。电容是电子设备中大量使用的电子元件之一，广泛应用于电路中的隔直通交、耦合、旁路、滤波、调谐回路、能量转换、控制等方面。其基本功能就是充放电。电容，以字母 C 表示，其基本单位为 F（法[拉]），常用单位有 μF（微法）和 pF（皮法）。

电容的特性可以用耐压值和电容量来描述，其特性会随温度和频率而改变。

电容器种类繁多，其实物见图 1.3。按照结构分为固定电容器、可变电容器和微调电容器；按电介质分为有机介质电容器、无机介质电容器、电解电容器和空气介质电容器等；按制造材料分为瓷介电容、涤纶电容、电解电容、钽电容、聚丙烯电容等。

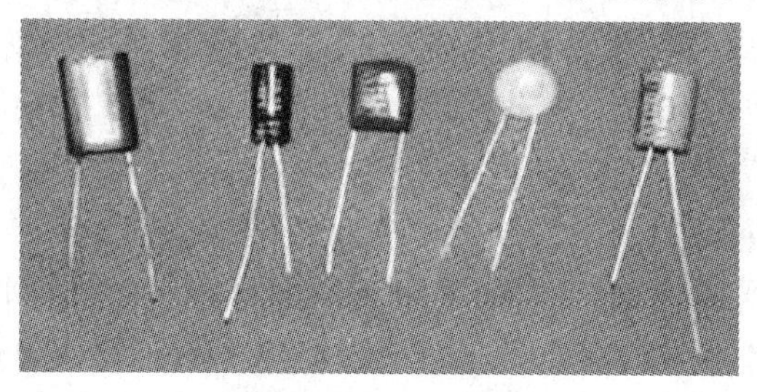

图 1.3　电容实物图

电容器命名方法。国产电容器型号一般由四部分组成(不适用于压敏、可变、真空电容器),依次代表名称、材料、分类和序号。第一部分为名称,用字母 C 表示;第二部分为材料,用字母表示;第三部分为分类,一般用数字表示(个别用字母表示);第四部分为序号,用数字表示。

电容器标识方法。电容器容量标识方法有 4 种,分别为直标法,如 1 μF;文字符号法,如 p10、1p0;色标法,其标识方法与电阻相同;数学计数法,如瓷介电容标值 272。

电容器的检测方法。电容器可以用万用表进行检测。对 10 pF 以下的固定电容器,可选用万用表 R×10 k 挡定性检查其是否漏电、内部短路或击穿现象;对 10 pF～0.01 μF 固定电容器,可用万用表的 R×1 k 挡先检测是否有充电现象,然后判断其好坏;对 0.01 μF 以上的固定电容,可用万用表的 R×10 k 挡直接测试电容器有无充电过程、有无内部短路或漏电,并可根据指针向右摆动的幅度大小估计出电容器的容量。对 1 μF～47 μF 间的电解电容,可用 R×1 k 挡测量,大于 47 μF 的电容可用 R×100 挡测量。对可变电容器可用万用表的 R×10 k 挡进行检测。

3. 电感器

电感器是用绝缘导线(如漆包线、纱包线等)绕制而成的电磁感应元件,能将电能转变为磁场能,是一种存储磁能元件,为电子电路中常用元件之一。利用电感特性,可以制造阻流圈、变压器、继电器等;同时和电容器一起,可构成 LC 滤波器、LC 振荡器等。其主要作用是对交流信号进行隔离、滤波或与电容器、电阻器等组成谐振电路。电感器用符号 L 表示,其基本单位是 H(亨[利]),常用 mH(毫亨[利])作单位。

电感器主要用电感量、允许偏差、品质因数、分布电容及额定电流等参数来描述。

电感器的结构。电感器一般由骨架、绕组、屏蔽罩、封装材料、磁芯或铁芯等组成。电感器类型众多,实物见图 1.4。

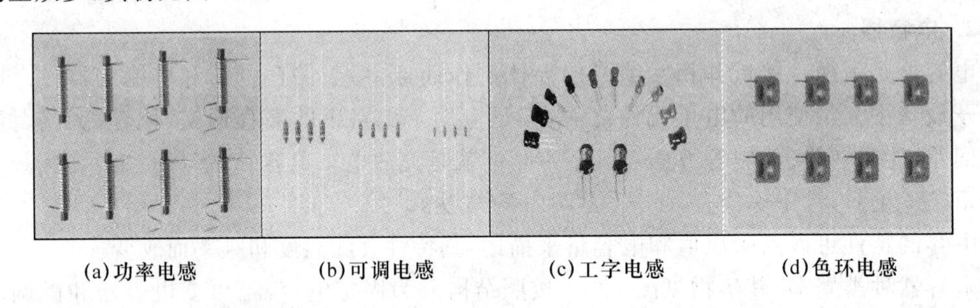

(a)功率电感　(b)可调电感　(c)工字电感　(d)色环电感

图 1.4　电感实物图

电感器分类。按结构可分为线绕式电感器和非线绕式电感器(多层片状、印刷电感等);按贴装方式分为有贴片式电感器、插件式电感器;按工作频率可分为高频电感器、中频电感器和低频电感器;按用途可分为振荡电感器、校正电感器、显像管偏转电感器、阻流电感器、滤波电感器、隔离电感器、补偿电感器等。

4. 导线

导线一般由铜、铝或铁制成,也有用导电性、导热性好的银线制成的,其实物见图 1.5。在电路图中,理想导线是用电路元件端点间连续的线来表示的。通常利用元件端点间的电压和流经元件的电流之间的相互关系来定义理想电路元件。

不管流经导线的电流有多大，理想导线端点间的电压始终为零。当电路中的两点用理想导线连接时，这两点称为短路。在电路中，由理想导线连接的所有点可以看作一个单独的节点。

电路中的两个部分之间，如果没有导线或者其它电路元件连接，两部分之间称为开路。理想开路电路没有电流流过。

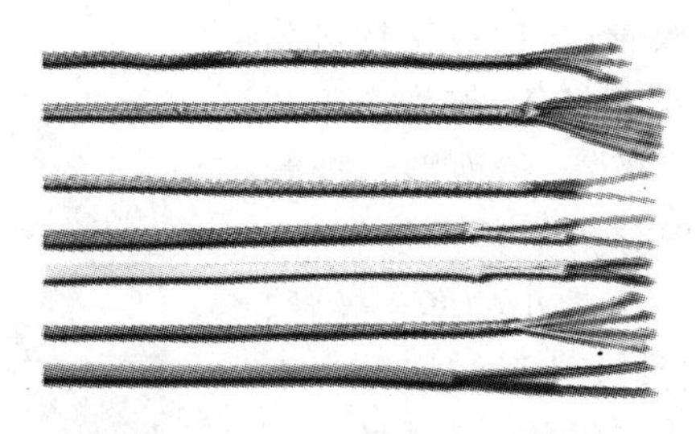

图 1.5　导线实物图

1.1.3 晶体管

1. 半导体二极管

半导体是一种具有特殊性质的物质，导电性能介于导体和半导体之间。晶体二极管是一个由 P 型半导体和 N 型半导体烧结形成的 PN 结界面，在电路中常以 VD 表示。在其界面的两侧形成空间电荷层，构成自建电场。当外加电压等于零时，由于 PN 结两边载流子浓度差引起扩散电流和由自建电场引起的漂移电流相等而处于电平衡状态。

二极管特性。二极管最重要的特性就是单向导电性。当外加的正向电压大于死区电压时，PN 结内电场被克服，二极管导通，电流随电压增大而迅速上升；当外加反向电压不超过一定数值时，少数载流子漂移运动形成很小的反向电流，二极管处于截止状态，此反向电流称为反向饱和电流或漏电流；当外加反向电压超过某一定值时，反向电流会突然增大，这种现象称为电击穿，电击穿时二极管失去单向导电性。击穿分为齐纳击穿和雪崩击穿。

二极管种类有很多，其实物见图 1.6。按照所用的半导体材料，可分为锗二极管(Ge 管)和硅二极管(Si 管)；据其用途，可分为检波二极管、整流二极管、稳压二极管、开关二极管等；按管芯结构，分为点接触型二极管、面接触型二极管及平面型二极管。

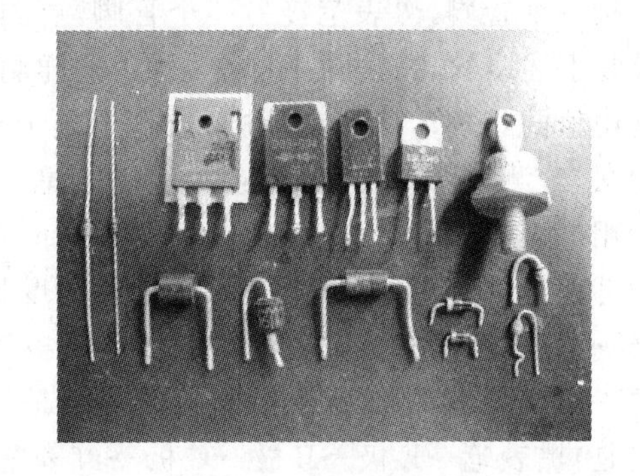

图 1.6　二极管实物图

二极管检测。用数字万用表二极管测量功能挡测两次就可以判断二极管的好坏。记下第一次测量的结果，然后交换红黑表笔，再次测量；如果一次为 OF，一次有 0.5 V 左右的电压值，则二极管是好的，测出电压值红表笔所在端为二极管的正极；如果两次测量，都显示 OF，则二极管开路；如果两次测量，都显示测量电压，则二极管短路。

2. 半导体三极管

在半导体锗或硅单晶上制备两个能相互影响的 PN 结，组成一个 NPN（或 PNP）结构。中间的 N 区（或 P 区）叫基区，两边的区域叫发射区和集电区，这三部分各有一条电极引线，分别叫基极 B、发射极 E 和集电极 C。

三极管的类型。三极管的分类方法很多，其实物见图 1.7。据 PN 结连接方式可分为 PNP 型三极管和 NPN 型三极管；据内部结构可分为点接触型三极管和面接触型三极管；按生产工艺分为合金型三极管、扩散型三极管、抬面型三极管和平面型三极管；按工作频率分为低频三极管、高频三极管、开关三极管；按功率分为小功率三极管、中功率三极管、大功率三极管；按外形结构分为小功率封装三极管、大功率封装三极管、塑料封装三极管等。

图 1.7　三极管实物图

三极管的型号和命名方法。依据国家标准，半导体三极管命名见图 1.8。其中，第二位 A 表示锗 PNP 管、B 表示锗 NPN 管、C 表示硅 PNP 管、D 表示硅 NPN 管；第三位 X 表示低频小功率管、D 表示低频大功率管、G 表示高频小功率管、A 表示高频大功率管、K 表示开关管；第四部分表示产品序号，用阿拉伯数字表示；第五部分表示产品规格，用汉语拼音字母表示。

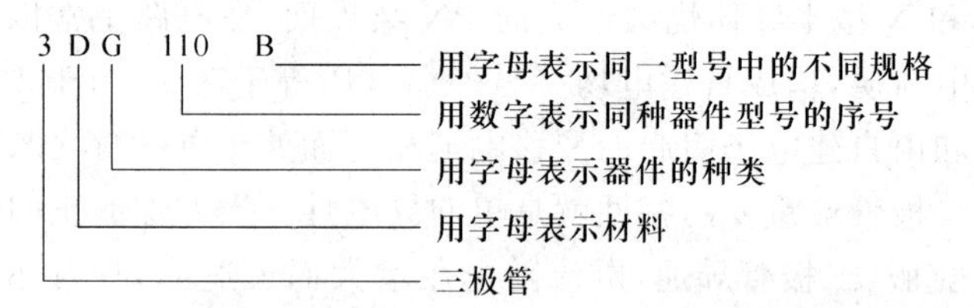

图 1.8　三极管命名方法

三极管的判别。三极管管型及管脚的判别是电子技术初学者的一项基本功，判别方法为：(1)判别基极和管子的类型。选用万用表欧姆挡的 R×100（或 R×1 k）挡，先用红表笔接一个管脚，黑表笔接另一个管脚，可测出两个电阻值，然后再用红表笔接另一个管脚，重复上述步骤，又测得一组电阻值，这样测 3 次，其中有一组两个阻值都很小的，对应测得这组值的红表笔接的为基极，且管子是 PNP 型；反之，若用黑表笔接一个管脚，重复上述做法，若测得两个阻值都小，对应黑表笔为基极，且管子是 NPN 型。(2)判别集电极。用万用电表的黑、红表笔颠倒测量两极间的正、反向电阻 R_{CE} 和 R_{EC}，虽然两次测量中万用表指针偏转都很小，但总会有一次偏转角度稍大，此时电流的流向一定是：黑表笔→C 极→B 极→E 极→红表笔，电流流向正好与三极管符号中的箭头方向一致，所以此时黑表笔所接的一定是集电极 C，红表笔所接的一定是发射极 E；对于 PNP 型的三极管，其电流流向一定是：黑表笔→E 极→B 极→C 极→红表笔，所以此时黑表笔接的一定是发射极 E，红表笔接的一定是集电极 C。

1.2 常用仪表

1.2.1 万用表

万用表是万用电表的简称。万用表具有用途广、量程多、使用方便等优点，是电路测量中最常用的工具。万用表除了能测量电阻、电压、电流，还可以测量晶体管的主要参数、电容器的电容量和逻辑电位、分贝值等。

万用表的种类很多，常见的万用表有指针式万用表和数字式万用表。数字式万用表具有准确度高、测量范围宽、测量速度快、体积小、抗干扰能力强、使用方便等特点，具有广泛的应用价值。由于其规格不同，性能指标多种多样，使用环境和工作条件也各有差别，因此应根据具体情况选择合适的数字万用表。指针式万用表虽然读取精度较差，但指针摆动的过程比较直观，其摆动速度幅度有时也能比较客观地反映被测量的大小，因此在精度要求不高的场合，应用还是比较广泛的。下面具体介绍。

1. 指针式万用表

(1) 结构。指针式万用表主要由表头、测量电路及转换开关等三部分组成，实物见图1.9。表头是一只高灵敏度的磁电式直流电流表，表头上有四条刻度线，其作用分别为：第一条(从上到下)标有R或Ω，指示的是电阻值；第二条标有∽和VA，指示的是交、直流电压和直流电流值；第三条标有10 V，指示的是10 V的交流电压值；第四条标有dB，指示的是音频电平。测量电路是用来把各种被测量转换到适合表头测量的微小直流电流的电路，它由电阻、半导体元件及电池组成。转换开关是用来选择各种不同的测量线路，以满足不同种类和不同量程的测量要求，转换开关一般有两个，分别标有不同的挡位和量程。

图1.9　指针式万用表实物图

(2) 基本原理。万用表的基本原理是利用一只灵敏的磁电式直流表(微安表)做表头，当有微小的电流通过表头，就会有电流指示，但表头不能通过大电流，所以，必须在表头上并联或串联一些电阻进行分流或降压，从而测出电路中的电流、电压和电阻值。

指针式万用表是以表头为核心部件的多功能测量仪表，测量值由表头指针指示读取。万用表是共用一个表头，集电压表、电流表和欧姆表于一体的仪表。

(3) 基本使用方法。

① 测量电阻。先将表笔接触短路，使指针向右偏转，调整调零旋钮，使指针恰好指到

0，这一步工作称为“调零”。然后将两表笔接触到被测电阻或电路两端，读出指针在欧姆刻度线（第1条）上的读数，再乘以该挡标的数字，就是所测电阻的阻值。例如图1.10所示，量程开关选在R×10挡测量电阻，指针指在100，则所测电阻的阻值为100×10＝1 000 Ω。有时由于“Ω”刻度线左部数值较密，难于看准，所以在测量的时候应该选择适当的欧姆挡，使指针在刻度线的中部或者是右部，这样读数比较清晰准确，每次换挡，都要重新做调零的工作。

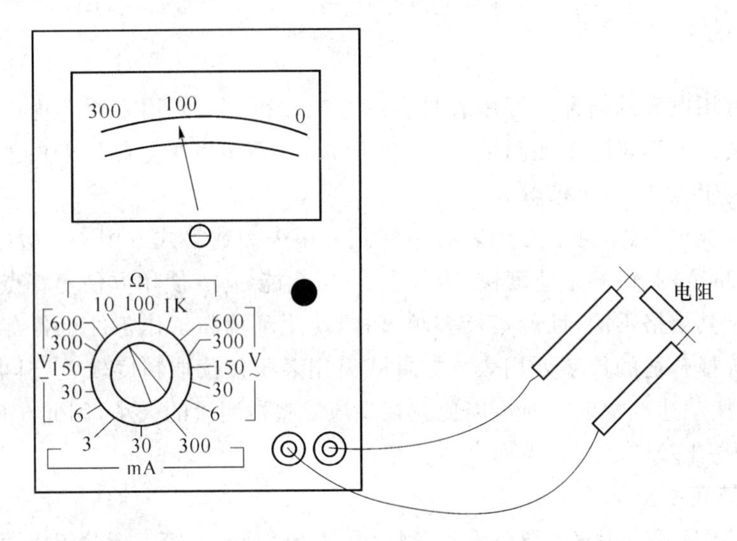

图1.10　测量实例

② 测量直流电压。首先估计一下被测电压的大小，然后将量程开关调到适当的V量程，所指数值为电压的最大量程，将正（红）表笔接被测电压的正负极，然后根据该挡量程数字与直流符号“DC”刻度线（第2条线）上的指针所指数字来读出被测电压的大小。如果用300 V挡测量，可以直接读0～300的指示数值；如果用30 V挡测量，只需将刻度线上的数字都缩小10倍。

③ 测量直流电流。先估计一下被测电流的大小，然后将转换开关拨到合适的mA量程，再把万用表串接在电路中，同时观察标有直流符号“DC”的刻度线，如电流量程选在3 mA挡测量电流，指针在100，则电流为1 mA。

④ 测量交流电压。测交流电压的方法与测直流电压的方法相似，所不同的是由于交流电没有正、负之分，所以在测量时，表笔也不需分正、负。读数的方法与上述测量直流电压的读法一样，只是数字应该看标有交流符号“AC”的刻度线上的指针位置。

(4) 注意事项。万用表是比较精密的仪器，如果使用不当极易损坏，或者会造成测量不准确。所以必须注意万用表的正确使用方法和注意事项。

① 测量电流电压不能旋错挡位。如果误将电阻挡或电流挡用作测电压，则容易烧坏电表。因此，在万用表不用时，最好将挡位旋到交流电压的最高挡，避免损坏。

② 测量直流电压和电流时，应注意正、负极性。测量时正、负极不能接错，如果发现指针反转，应马上调换表笔，以免损坏指针和表头。

③ 被测电压或电流的大小不能估计时，应先用最高挡。测量时如果最高挡刻度难以读准确，先估计出此刻度的数值，然后根据这个数值再选择合适的挡位来进行测量，以免表针偏转过度而损坏表头和指针。

④ 电阻测量。测量时，不要用手接触到元件的两端或两表笔的金属部分，以免人体电阻与被测电阻并联，使测量结果不准确。测量电阻时，如果将两支表笔短接，调零旋钮至最大，指针仍然达不到 0 点，这种情况是由于表内电池电压不足造成的，应及时换新电池，否则测量结果可能不准确。

⑤ 万用表不用时，不要旋在电阻挡上。万用表内有电池，如果不小心使两表笔短路，不仅损耗电池，甚至会损坏电表。

2. 数字式万用表

(1) 数字式万用表概述。数字式万用表与指针式万用表相比具有灵敏度高、准确度高、显示清晰、过载能力强、抗干扰能力强、便于携带等特点。数字式万用表除了具有测量交、直流电压，交、直流电流，电阻等 5 种功能外，还可以测量二极管、三极管和通断测试等有关参数。

(2) 数字式万用表面板。图 1.11 为数字式万用表实物图，1 为液晶显示屏，2 为数字保持开关，3 为改变测量功能和量程的旋钮，4 为电压、电阻插座，5 为公共地或负极插座，6 为正极和小于 200 mA 电流测试插座，7 为 10 A 电流测试插座。

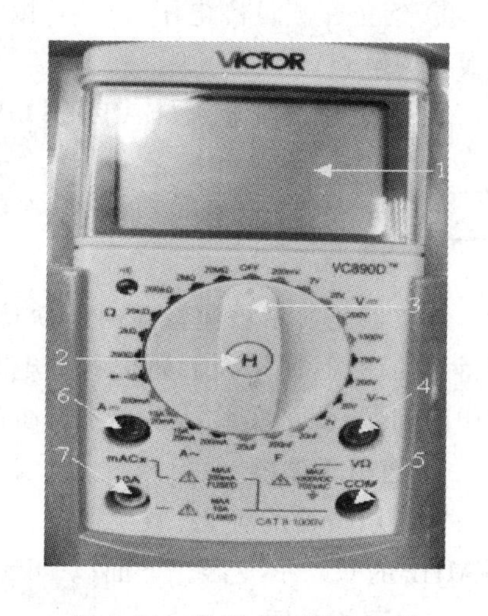

图 1.11　数字式万用表面板

(3) 数字式万用表的使用。

① 直流电压测量。使用前，应认真阅读有关的使用说明书，熟悉电源开关、量程开关、插孔、特殊插口的作用；将黑表笔插入 COM 插座，红表笔插入 V/Ω 插座；将量程开关转到 DCV 位置，将测试笔跨接在被测电路上，显示屏上数值即为红表笔所测点的电压和极性。

② 交流电压测量。交流电压的测量与直流电压基本相同，即根据需要将量程开关拨至 ACV（交流）的合适量程，红表笔插入 V/Ω 孔，黑表笔插入 COM 孔，并将表笔与被测线路并联，读数或显示的数值即为所测点电压。

③ 交直流电流的测量。将量程开关拨至 DCA（直流）或 ACA（交流）的合适量程，红表笔插入 mA 孔（$<$200 mA 时）或 10 A 孔（$>$200 mA 时），黑表笔插入 COM 孔，并将万用表串联在被测电路，就可得所需电流和极性（直流量可自动显示极性）。

④ 电阻的测量。将量程开关拨至 Ω 的合适量程，红表笔插入 V/Ω 孔，黑表笔插入 COM 孔，将两表笔跨接在被测电阻上，读数即为所测电阻值。如果被测电阻值超出所选择量程的最大值，万用表将显示“1”，这时应选择更高的量程；当阻值超过 1 MΩ 时，读数需经过几秒后才能稳定；当输入开路时，电表显示过载；测量在线电阻时，应等所有电源已断开及所有电容都已放电完毕才可进行测量。

⑤ 电容测量。将黑表笔插入COM孔，红表笔插入mAC_X插孔，并将量程开关拨至电容的合适量程。测量电容前应先放电再进行测量，否则可能损坏电表；大电容严重漏电或是电容击穿时，测量会显示不稳定的数字。

⑥ 二极管测试。将量程开关拨至二极管挡，红表笔插入V/Ω孔，黑表笔插入COM孔，两表笔跨接在被测二极管上，显示的数值即为二极管正向压降的值。

⑦ 三极管检测见实训。

(4) 数字万用表使用注意事项。

① 如果无法预先估计被测电压或电流的大小，则应先拨至最高量程挡测量一次，再视情况逐渐把量程减小到合适位置。测量完毕，应将量程开关拨到最高电压挡，并关闭电源。

② 满量程时，仪表仅在最高位显示数字"1"，其他位均消失，这时应选择更高的量程。

③ 测量电压时，应将数字万用表与被测电路并联。测电流时应与被测电路串联，测交流量时不必考虑正、负极性。

④ 当误用交流电压挡去测量直流电压，或者误用直流电压挡去测量交流电压时，显示屏将显示"000"，或低位上的数字出现跳动。

⑤ 禁止在测量高电压(220 V以上)或大电流(0.5 A以上)时换量程，以防止产生电弧，烧毁开关触点。

⑥ 当无显示或显示"BATT、LOW BAT"时，表示电池电压低于工作电压。

1.2.2 示波器简介

示波器是显示被测量瞬时值轨迹变化情况的仪器，它能把肉眼看不见的电信号变换成看得见的图像，便于人们研究各种电现象的变化过程。示波器是观察电路实验现象，分析实验中的问题，测量实验结果必不可少的重要仪器。示波器有模拟和数字之分。

1. 模拟示波器

模拟示波器的种类、型号很多，功能也各不相同。电路实验中使用较多的是20 MHz和40 MHz的双踪示波器。下面以DF4326双踪示波器为例，介绍其使用方法。

(1) 面板介绍

示波器面板如图1.12，其功能列于表1.1中。

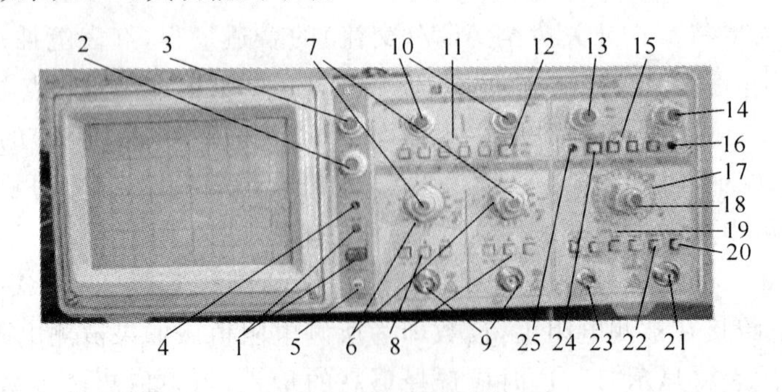

图1.12 示波器

表 1.1　示波器面板功能介绍

序　号	控制件名称	功　能
1	电源开关及指示灯	按下开关键，电源接通，指示灯亮；弹起开关键断电，灯灭
2	聚焦旋钮	调节扫描轨迹清晰度
3	亮度旋钮	调节扫描轨迹亮度
4	轨迹旋钮	当扫描线与水平刻度线不平行时，调节该旋钮使之平行
5	校准信号	提供幅度为 0.5 V、频率为 1 kHz 的方波信号，用于检测垂直和水平电路的基本功能
6	垂直偏转因数旋钮	用于 Y1、Y2 通道垂直偏转灵敏度的调节，共 12 挡
7	垂直偏转电压微调	用于连续调节 Y1、Y2 通道垂直偏转灵敏度，顺时针旋足为校正位置
8	耦合方式选择键	用于选择被测信号馈入的耦合方式，有 AC、⊥、DC 3 种方式
9	Y1 或 X；Y2 或 Y	被测信号的输入端口：左为 Y1 或 X 通道；右为 Y2 或 Y 通道
10	垂直移位旋钮	调整轨迹的垂直位置：左旋钮控制 Y1 通道，右旋钮控制 Y2 通道
11	方式(垂直通道的工作方式选择键)	Y1 或 Y2：通道 Y1 或通道 Y2 单独显示 交替：两个通道交替显示 断续：两个通道断续显示，用于在扫描速度较低时的双踪显示 相加：用于显示两个通道的代数和或差的显示
12	Y2 极性转换键	Y2 通道信号的极性转换，Y1、Y2 通道工作在“相加”方式时，选择“正常”或“倒相”可分别获得两个通道代数和或差的显示
13	水平移位旋钮	用于调节轨迹在屏幕中的水平位置
14	触发电平旋钮	用于调节被测信号在某一电平触发扫描
15	扫描方式选择键	自动：信号频率在 20 Hz 以上时选用此种工作方式 常态：无触发信号时，屏幕无光迹显示．在被测信号频率较低时选用 单次：只触发一次扫描，用于显示或拍摄非重复信号
16	触发准备指示灯	在被触发扫描时指示灯亮。当单次扫描时，灯亮指示扫描电路处于触发等待状态
17	扫描速度调节旋钮	用于调节扫描速度，共 20 挡
18	扫描微调，扩展(拉)	用于连续调节扫描速度。旋钮顺时针旋足为校正位置，旋钮拉出时扫描速度扩大 5 倍
19	触发源选择键	用于选择触发的源信号，从左至右依次为：Y1、Y2、电源、外触发；当同时按下 Y1、Y2 时为交替触发
20	电视场触发	专用触发源按键，当测量电视场频信号时按下此键有利于波形稳定
21	外触发输入	在选择外触发方式时触发信号输入插座
22	交替扩展键	按下此键，交替扩展扫描因数(×1)、(×5)同时显示
23	接地	安全接地，可用于信号的连接
24	触发极性	用于选择被测信号的上升沿或下降沿触发扫描
25	扫线分离	用螺丝刀插入该孔内调节电位器，可调节扩展以后(×5)的光迹与(×1)的光迹之间距离

(2) 基本操作

① 面板一般功能的检查和校准

(a) 有关控制旋钮和按键见表 1.2。

表 1.2　示波器控件和作用位置

控件名称	作用位置	控件名称	作用位置
亮度	居中	输入耦合	DC
聚焦	居中	扫描方式	自动
移位(3 只)	居中	极性	+
垂直方式	Y1	时间/格	0.5 ms
垂直偏转因数开关	0.1 V	触发源	Y1
微调	顺时针旋足	耦合方式	常态

(b) 接通电源,电源指示灯亮,稍等预热,屏幕中出现光迹。分别调节亮度和聚焦旋钮,使光迹的亮度适中、清晰。如果扫描光迹与水平刻度线不平行,用起子调整前面板"轨迹旋钮"使光迹与水平刻度平行。

(c) 通过连接电缆将本机校准信号输入至 Y1 通道。

(d) 调节触发电平旋钮使波形稳定,分别调节垂直移动和水平移位,使波形与图 1.13 所示相吻合,表明垂直系统和水平系统校准。如果不相吻合,需要分别调节机内垂直增益校正电位器 1R98 和扫描速度校正电位器 4R53 直至吻合。

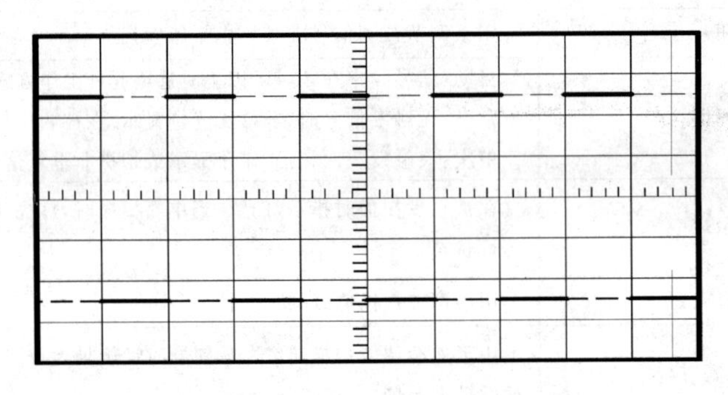

图 1.13　垂直和水平校正图

(e) 把连接电缆换至 Y2 通道插座,垂直方式置"Y2",重复(d)操作。

② 垂直系统的操作

(a) 垂直方式的选择。当只需要观察一路信号时,按下"方式"选择键中的"Y1"或"Y2",此时被选中的通道有效,被测信号可从相应的通道端口输入;当需要同时观察两路信号时,按下"方式"选择键中的"交替"键,该方式使两个通道的信号得到交替显示,交替显示的频率受到扫描周期控制。当扫描在低速挡时,交替方式的显示将会出现闪烁,此时应按下"断续"工作键;当需要观察两路信号的代数和时,按下"方式"选择键中的"相加"键,在选择该方式时,两个通道的衰减设置必须一致,如果将"Y2 倒相"按入,可得到两个信号相减的显示。

(b) 输入耦合选择。直流耦合:适用于观察包含直流成分的被测信号,如信号的逻辑电平和静态信号的直流电平;当被观测信号的频率很低时,也必须采用该方式。交流耦合:信号中的直流成分被隔断,用于观测信号的交流成分,如观察较高直流电平中的小信号。接地:通道输入端接地(输入信号断开)用于确定输入为零时光迹所在位置。

③ 水平系统的操作

(a) 扫描速度的设定。扫速范围从 0.1 μs/格 ～ 0.2 s/格按 1—2—5 进位分 20 挡步进,"微调"可提供至少 2.5 倍的连续调节,根据被测信号频率的高低,选择合适的挡级,在微调顺时针旋足至校正位置时,可根据刻度盘的指示值和波形在水平轴方向上的距离读出被测信号的时间参数,当需要观察波形的某一个细节时,可拉出扩展旋钮,此时原波形在水平方向被扩展 5 倍。

(b) 交替扩展按键。按下此键,扫描因数×1、×5 同时显示,此时要把扫速放大部分移到屏幕中心,便于观察。扩展后的光迹分离由光迹分离控制电位器进行调节,分离后的光迹与×1 光迹距离 1 格或更远。同时使用垂直交替和水平交替扩展能在屏幕上同时显示 4 条光迹。

④ 触发控制

(a) 扫描触发方式的选择。自动:当无触发信号输入时,屏幕上显示水平扫描光迹,一旦有触发信号输入,电路自动转换为触发扫描状态,调节电平可使波形稳定地显示在屏幕上,此方式是观察频率在 20 Hz 以上信号最常用的一种方式。常态:无信号输入时,屏幕上无光迹显示,当有信号输入时,触发电平调节在合适位置上电路被触发扫描,当被测信号频率低于 20 Hz 必须选择该方式。单次:用于产生单次扫描,按动此键扫描方式开关均被复位,电路工作在单次扫描方式,"准备"指示灯亮,扫描电路处于等待状态,当触发信号输入时,扫描产生一次,"准备"指示灯灭,下次扫描需再次按动单次按键。

(b) 触发源的选择。当垂直方式工作于"交替"或"断续"时,触发源选择某一通道,可用于两通道时间或相位的比较,当两通道的信号(相关信号)频率有差异时,应选择频率低的那个通道用于触发。

在单踪显示时,触发源选择无论是置"Y1"或"Y2",其触发信号都来自于被显示的通道。在双踪交替触发显示时,触发信号交替来自于两个 Y 通道,此方式可用于同时观察两路不相关信号。

(c) 极性的选择。用于选择触发信号的上升沿或下降沿去触发扫描。

(d) 电平的设置。用于调节被测信号在某一合适的电平上起动扫描,当产生触发扫描后,"准备"指示灯亮。

(e) 耦合方式的选择。触发信号输入的耦合方式选择,内外触发信号的耦合方式被固定于直流状态。当需观察电视场信号时,将耦合方式置"电视场",并同时根据电视信号的极性,置触发极性于相应位置可获得稳定的电视场信号的同步。

2. 数字示波器

数字示波器是集数据采集、A/D 转换、软件编程等一系列技术而制造出来的高性能设备。数字示波器一般支持多级菜单,能提供给用户多种选择,多种分析功能。还有一些示波器可以提供存储,实现对波形的保存和处理。数字示波器型号众多,使用方法有一定差异,下面以 DS1000 系列数字存储示波器为例,介绍其使用方法。

(1) 面板介绍

DS1000 数字示波器面板见图 1.14。

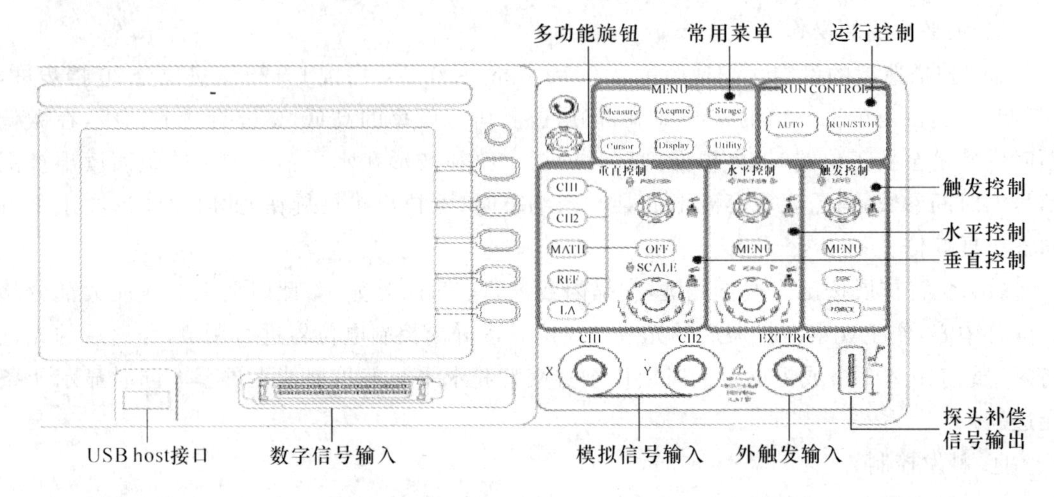

图 1.14 数字示波器面板图

(2) 使用方法

① 功能检查。(a)接通电源;(b) 输入信号:首先用示波器探头将信号接入通道 CH1,然后输入探头衰减系数,接着把探头端部与接地夹接到探头补偿器的连接器上,最后用同样方法将信号接入通道 CH2。

② 探头补偿。先设定探头衰减系数,然后检测显示的波形,直到显示出"补偿正确"波形。

③ 波形显示自动设计。将被测信号连接到信号输入通道,按下 AUTO 按键,示波器将自动设置垂直、水平和自动触发控制。如有需要,可手工调整使波形显示到最佳。

④ 垂直系统。如图 1.15 所示,在垂直控制区有一系列按键、旋钮:(a)转动 POSITION 旋钮,指示通道地(GROUND)的标示跟随波形上下移动;(b)转动垂直 SCALE 旋钮改变"Vol/div"垂直挡位,可发现状态栏对应通道挡位显示发生了相应变化。

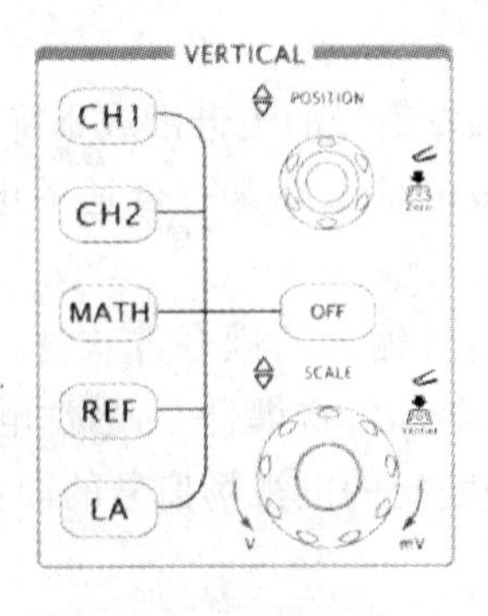

图 1.15 垂直控制面板

⑤ 水平系统。如图 1.16 所示，在水平控制区有 1 个按键、2 个旋钮：(a)转动水平 SCALE 旋钮改变“s/div”的水平挡位，可以发现状态栏对应通道的状态显示发生了相应变化，水平扫描速度从 5 ns 到 50 ns，以 1—2—5 的形式步进；(b)转动水平 POSITION 旋钮时，可以观察到波形随旋钮而水平移动。

⑥ 触发系统。如图 1.17 所示，在触发区有 1 个旋钮、3 个按键：(a)使用 LEVEL 旋钮改变触发电平设置；(b)使用 MENU 调出触发操作菜单，改变触发设置，观察状态变化；(c)按 50%按键，设定触发电平在触发信号幅值的垂直中点；(d)按 FORCE 键，强制产生一个触发信号。

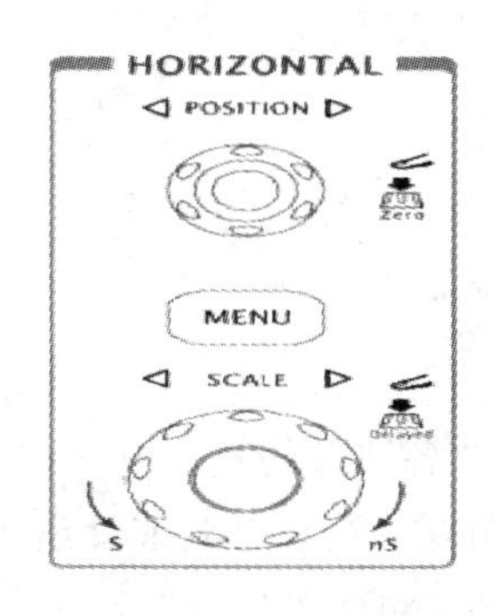

图 1.16　水平控制面板

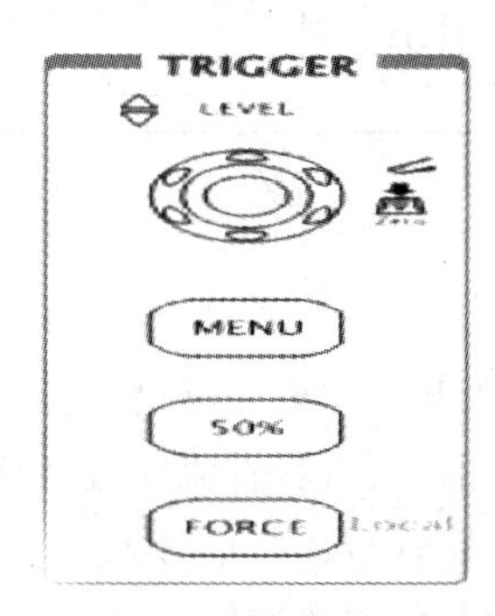

图 1.17　触发控制面板

1.2.3 信号发生器

信号发生器是一种能提供各种频率、波形和输出电平信号，常用作测试的信号源或激励源的设备。在测试、研究或调整电子电路及设备时，为测定电路的一些电参量，如测量频率响应、噪声系数等，都要求提供符合所定技术条件的电信号，以模拟在实际工作中使用的待测设备。当要求进行系统的稳态特性测量时，需使用振幅、频率已知的正弦信号源；当测试系统的瞬态特性时，又需使用前沿时间、脉冲宽度和重复周期已知的矩形脉冲源，并且要求信号源输出信号的参数，如频率、波形、输出电压或功率等，能在一定范围内进行精确调整，有很好的稳定性，有输出指示。

1. 信号发生器分类

根据输出波形不同，信号源可划分为正弦波信号发生器、矩形脉冲信号发生器、函数信号发生器和随机信号发生器等四大类，其中函数信号发生器在实验室用得最多。正弦信号是使用最广泛的测试信号，正弦信号源又可以根据工作频率范围的不同划分为若干种。

2. 信号发生器组成

主要包括主振级、主振输出调节电位器、电压放大器、输出衰减器、功率放大器、阻抗变换器(输出变压器)和指示电压表。

3. 函数信号发生器使用

函数信号发生器型号颇多，使用方法略为有所区别，以 SG1645 信号发生器为例(见图 1.18)，说明其使用方法。

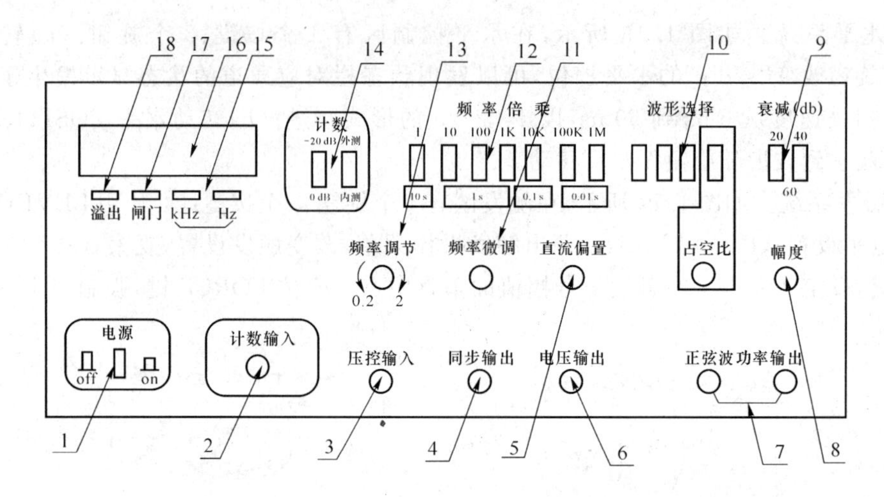

图 1.18　函数信号发生器面板示意图

(1)按下电源开关 1 至 on 位置,接通电源;(2)按波形选择开关 10,选择正弦波、三角波、方波和脉冲波中的一种,若直流偏置 5 旋钮拉出可调节各波形的直流电平,当选择脉冲波时可调节脉冲占空比;(3)选择信号发生器的频率倍乘开关 12、频率调节旋纽 13、频率微调旋钮 11 调节输出频率;频率数值直接从频率计 16 中读出,频率单位由"Hz、kHz 灯" 15 显示;14 按键控制频率计的内测或外测;12 键为选择闸门时间;当频率超出显示范围时,18 灯亮表示溢出,17 灯闪烁说明频率计正在工作;(4)确定信号发生器的输出幅度,该信号发生器的电压输出端 6 可以输出各种波形,"正弦波功率输出"端 7 只能输出 0.2 Hz~200 kHz 的正弦波,输出有效值大于 7 V,最大输出功率 5 W,当频率 $f>200$ kHz 时,此输出端无输出;电压输出和正弦波功率输出幅值可由"幅度"旋钮 8 调节,由交流电压表或示波器读出数值;若按衰减开关 9 可使输出幅值衰减;3 是压控输入端口,表示用外接电压控制信号源频率;4 为 TTL 电平同步输出端口。

4. 注意事项

打开电源前,应将幅度调节旋钮逆时针旋到底;电压输出端和正弦波功率输出端不允许短路。

1.2.4 直流稳压电源

能为负载提供稳定直流电源的电子装置称为直流稳压电源。直流稳压电源的供电电源大都是交流电源,当交流供电电源的电压或负载电阻变化时,稳压器的直流输出电压应保持稳定。

1. 稳压电源分类

稳压电源种类繁多,可按不同方法进行分类。(1)按输出电源的类型分为直流稳压电源和交流稳压电源;(2)按稳压电路与负载连接方式分为串联稳压电源和并联稳压电源;(3)按调整管的工作状态分为线性稳压电源和开关稳压电源;(4)按电路类型分为简单稳压电源和反馈型稳压电源等。其实物见图 1.19。

2. 基本功能和要求

(1)输出电压值能够在额定输出电压值以下任意设定和正常工作;(2)输出电流值能在额定输出电流值以下任意设定和正常工作;(3)直流稳压电源的稳压与稳流状态能够自动转换并有相应的状态指示;(4)要有完善的保护电路。

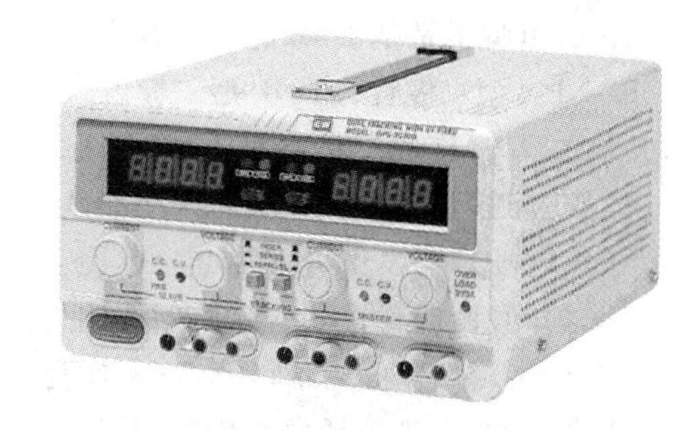

图 1.19　稳压电源实物图

3. 技术指标

技术指标包括特性指标和质量指标。(1)特性指标主要包括输出电压范围、最大输入输出电压差、最小输入输出电压差和输出负载电流范围;(2)质量指标主要包括电压调整率、电流调整率、纹波抑制比和温度稳定性等。

4. 工作过程

直流稳压电源的工作过程为:(1)经变压器将 220 V 交流电压降为较低的交流电压;(2)经桥式整流电路,将交流电压整流为直流脉动电压;(3)直流脉动电压经低电压大容量电容器滤波后,成为脉动较小的直流电压;(4)脉动较小的直流电压经稳压管稳压后,成为纹波较小的直流电压;(5)经调整电路加至稳压电源的输出端。

1.3　本章实训　晶体管的检测

1. 实训目的

(1) 熟悉万用表的使用方法;

(2) 学会用万用表检测二极管和三极管。

2. 实训仪器

(1) 数字、指针式万用表各 1 只;

(2) 二极管若干;

(3) 三极管若干。

3. 实训步骤与内容

(1) 数字式万用表检测

① 准备。按下电源开关,观察液晶显示是否正常;若有不正常现象,就应更换电池。

② 二极管导通电压检测。红表笔接万用表内部电源负极,黑表笔接万用表内部电源正极;通常好的硅二极管正向导通电压应为 500～800 mV,好的锗二极管正向导通电压应为 200～300 mV;假若显示“000”,则说明二极管击穿短路,假若显示“1”,则说明二极管正向不通。

③ 三极管检测。数字万用表电阻挡的测试电流小,不适用于检测晶体管,应使用二极管挡及 hFE 挡进行测试。

(a) 基极 B 的判定。将数字万用表拨至二极管挡,红表笔固定任接某个引脚,用黑表笔依次接触另外两个引脚；如果两次显示值均小于 1 V 或都显示溢出符号“1”，则红表笔所接的引脚就是基极 B；如果在两次测试中，一次显示值小于 1 V，另一次显示溢出符号“1”，表明红表笔接的引脚不是基极 B，此时应改换其他引脚重新测量，直到找出基极 B 为止。

(b) NPN 型二极管与 PNP 型二极管辨别。仍使用数字万用表的二极管挡，按(a)操作确认基极 B 之后，将红表笔接基极 B，用黑表笔先后接触其他两个引脚。如果都显示 0.500～0.800 V，则被测管属于 PNP 型；若两次都显示溢出符号“1”，则表明被测管属于 NPN 管。

(c) 集电极 C 与发射极 E 判定。区分晶体管的集电极 C 与发射极 E，需使用数字万用表的 hFE 挡；假设被测管是 NPN 型管，则将数字万用表拨至 hFE 挡，使用 NPN 插孔；把基极 B 插入 B 孔，剩下两个引脚分别插入 C 孔和 E 孔中；若测出的 hFE 为几十到几百，此时 C 孔插的是集电极 C，E 孔插的是发射极 E；若测出的 hFE 值只有几到十几，则表明被测管的集电极 C 与发射极 E 插反了，这时 C 孔插的是发射极 E，E 孔插的是集电极 C；检测 PNP 管的步骤同上，但必须使用 hFE 挡的 PNP 插孔。

(d) 晶体管在路检测。在路检测是指不将晶体管从电路中焊下，直接在电路板上进行测量，以判断其好坏。以测试 NPN 型晶体管为例，将电路处于断电状态，使用数字万用表的二极管挡，将红表笔固定接被测晶体管的基极 B，用黑表笔依次接发射极 E 及集电极 C；如果数字万用表显示屏显示的数字在 0.500 到 0.850 范围内，则可认为二极管是好的；如仪表显示值小于 0.500，则要检查二极管外围电路是否有短路的元器件，如没有短路元件，则可认定被测管有击穿性损坏，要进一步将二极管从电路板上焊下复测；如仪表显示值大于 0.850，则很可能是被测管的相应 PN 结有断路性损坏，也应将二极管从电路中焊下复测。

(e) 自行设计表格，并将读数填入表格内。

(2) 指针式万用表检测

① 基极 B 及管型的判断。将万用表欧姆挡置“R×100” 或“R×1k”处；先假设三极管的某极为“基极”，并把黑表笔接在假设的基极上，将红表笔先后接在其余两个极上；如果两次测得的电阻值都很小(或约为几百欧至几千欧)，则假设的基极是正确的，且被测三极管为 NPN 型二极管；如果两次测得的电阻值都很大(约为几千欧至几十千欧)，则假设的基极是正确的，且被测三极管为 PNP 型二极管；如果两次测得的电阻值是一大一小，则原来假设的基极是错误的，这时必须重新假设另一电极为“基极”，再重复上述测试。

② 集电极 C 和发射极 E 的判断。仍将指针式万用表欧姆挡置“R×100”或“R×1k”处；以 NPN 管为例，把黑表笔接在假设的集电极 C 上，红表笔接到假设的发射极 E 上，并用手捏住 B 和 C 极 (不能使 B、C 直接接触)；读出表头所示的阻值，然后将两表笔反接重测；若第一次测得的阻值比第二次小，说明原假设成立。

③ 晶体管在路检测。实际电路中三极管的偏置电阻或二极管、稳压管的周边电阻一般都比较大，一般应用万用表的 R×10 或 R×1 挡来测量 PN 结的好坏；在路测量时，用 R×10 挡测 PN 结正向电阻，表针应指示在 200 Ω 左右，用 R×1 挡测时表针应指示在 30 Ω 左右，否则二极管应该有问题。

④ 自行设计实训表格，并将读数填入表内。

(3) 注意事项。(a)用 R×1 挡可以使扬声器发出响亮的“哒”声，用 R×10 k 挡可以点亮发光二极管(LED)；(b)在使用万用表之前，应先进行“机械调零”；(c)在使用万用表过程中，不能用手去接触表笔的金属部分，这样一方面可以保证测量的准确，另一方面也可以保证人身安全；(d)在测量某一电量时，不能在测量的同时换挡，尤其是在测量高电压或大电流时；(e)万用表使用完毕，应将转换开关置于交流电压的最大挡，如果长期不使用，还应将万用表内部的电池取出来，以免电池变质后腐蚀表内其它器件。

本章小结

1. 电子元器件是电子元件和器件的总称。电子元件包括电路类元件和连接类元件；电子器件分为主动器件和分立器件。

2. 熟悉电阻器的分类和标识；掌握电容器的命名和标识方法；弄清电感器的结构和分类方法。

3. PN结的形成；二极管的特性、种类和检测方法；三极管类型、型号、命名及检测方法。

4. 熟练掌握万用表的使用方法；能用万用表测量电阻大小，判别电容器、二极管和三极管的好坏；能用万用表辨别三极管的型号和管脚。

5. 熟悉示波器、信号发生器和稳压电源的使用方法，并能应用于相关实训项目中。

习　　题

1. 如何读取4色环和5色环电阻的阻值？
2. 叙述国产电容器名称各部分的含义。
3. 电容器容量有哪几种标识方法？
4. 简述二极管特性和检测方法。
5. 如何用数字万用表分辨三极管的B、C、E极？
6. 如何用指针式万用表来判定三极管的类型？
7. 万用表在使用过程中应注意些什么？

电路基本概念及基本定律

本章要点

- 电路的主要物理量及其参考方向
- 元件的伏安关系
- 基尔霍夫定律
- 电路中电位的计算
- 实际电源模型的等效变换

本章重点

- 电路中电位的概念及计算
- 基尔霍夫定律

本章难点

- 电路中电位的计算

导言

电路的定理定律及电路分析方法是电路分析的理论基础，也是电路设计的重要工具。电路分析研究在给定电路结构和元件参数情况下输入输出关系；电路综合研究在给定电路系统输入输出关系后，如何设计出合乎要求的电路结构和参数。

本章首先阐述电路的基本知识，包括电路的组成、功能，电路的基本物理量——电压、电流、功率。在此基础上，重点介绍了两方面内容：一是基本电路元件及其伏安特性，即电路元件中电压与电流的关系，包括电阻、电感、电容元件的伏安特性和独立源、受控源的伏安特性；二是介绍电路中电压与电流相互之间应遵循的规律——基尔霍夫定律。此外，在本章中还运用上述基本理论，对电路中的电位进行分析和计算。

2.1 电路及其组成

电路是电工技术的主要研究对象，电路理论是电路基础的主要部分。为了研究电路理论，首先要了解什么是电路，即给电路下一个定义。

2.1.1 电路及其组成

有电流通过的路径称为电路。电路一般由三部分组成：电源、负载和中间环节。图 2.1 所示为照明电路，该电路由电池作为电源，供电给负载——灯，负载和电源之间用导线相连，并用开关控制电路通/断。对电源来讲，负载和中间环节称为外电路，电源内部的一段电路称为内电路。

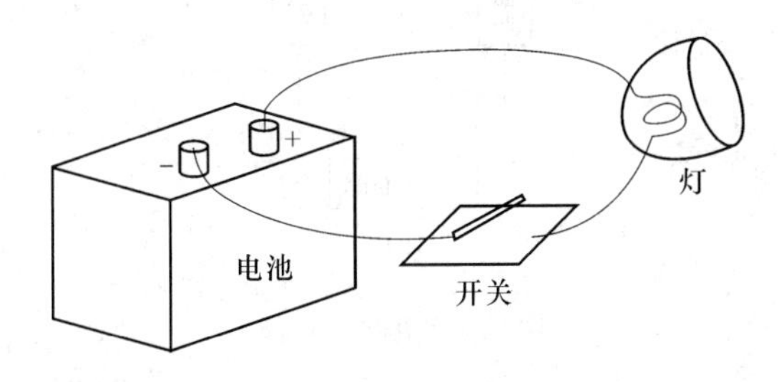

图 2.1　电路的组成

电源：供给电路电能的设备。它把其他形式的能量转换成电能，如发电机把机械能转换为电能，电池把化学能转换为电能。

负载：各种用电设备。它是将电能转换成其他形式能量的装置，如电动机将电能转换为机械能，电灯把电能转换为光能和热能。

中间环节：连接电源和负载的部分。最简单的中间环节就是导线和开关，起到传输和分配电能或对电信号进行传递和处理的作用。

2.1.2 电路的功能

按工作任务划分，电路功能有两类。

1. 能量转换、传输和分配

供电电路就是一个实现电能传输、分配和转换的电路。该系统用发电机将其他形式的能量转换成电能，再通过变压器和输电线送到负载，将电能转换成其他形式的能量，如电动机、电炉、电灯等。如图 2.2(a)所示。

2. 信号的处理

常见的信号处理电路有电话机、电视机、收音机等。这些电路将声音或图像信号转换成电信号，经各种处理后送到负载，负载再将电信号转换成声音或图像信号，如图 2.2(b)所示。

实际电路由各种作用不同的电路元件或器件所组成且电路元件种类繁多，电磁性质复杂。如图 2.1 中所示的白炽灯，除了具有消耗电能的性质外，当电流通过时，还具有电感性。为了便于对实际问题进行研究，常常采用一种“理想化”的科学抽象方法，即把实际元件看作是电阻、电感、电容与电源等几种理想的电路元件。理想的电路元件是具有某种确定的电或磁性质的假想元件。常见理想元件的符号如图 2.3 所示。

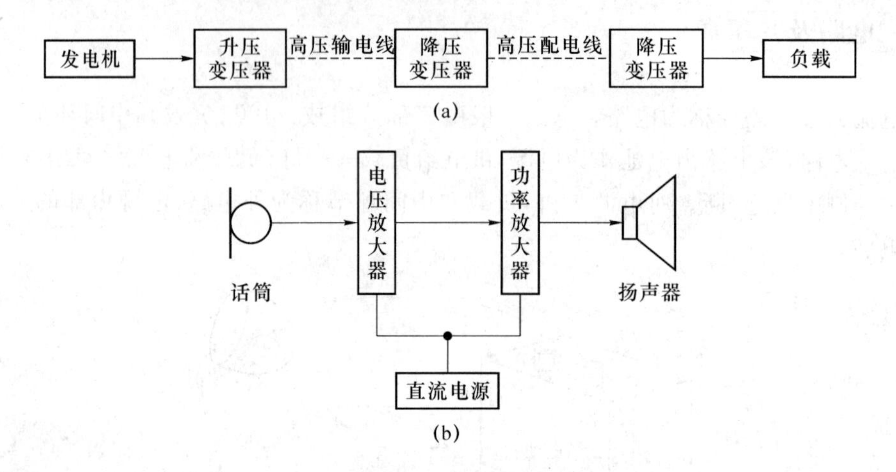

图 2.2 电路的功能

用理想电路元件构成的电路叫电路模型,用特定的符号代表元件连接成的图形叫电路图,如图 2.1 所示照明电路就可以用图 2.4 所示的电路模型表示。

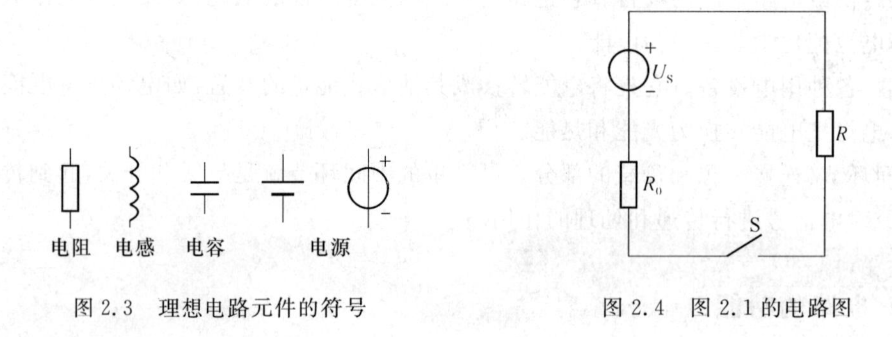

图 2.3 理想电路元件的符号

图 2.4 图 2.1 的电路图

2.2 电路的基本物理量和参考方向

在电路中需要分析研究的物理量很多,但主要包含电流、电压和电功率这 3 个,其中电流、电压是电路中的基本物理量。

2.2.1 电流和电流的参考方向

电荷的定向移动形成电流。习惯上规定正电荷的运动方向为电流的方向,如图 2.5 所示。

表征电流强弱的物理量叫电流强度,简称电流。电流在数值上等于单位时间内通过导

体横截面的电荷量，一般用符号 i 表示，即

$$i=\frac{dq}{dt} \tag{2-1}$$

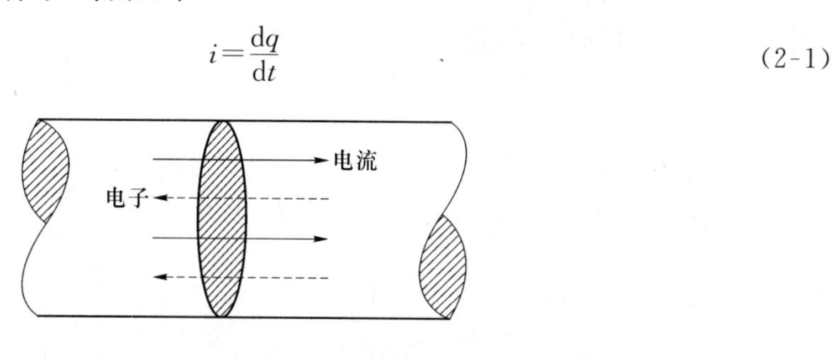

图 2.5　导体中的电子与电流

式中，dq 是 dt 时间内通过导体横截面的电荷量。电荷量的单位为 C(库[仑])，时间的单位为 s(秒)，则电流 i 的单位为 A(安[培])。

如果电流的大小和方向均不随时间变化而变化，这种电流称为恒定电流，简称直流电流。直流电流通常用大写字母 I 表示，因此式(2-1)可改写成

$$I=\frac{q}{t} \tag{2-2}$$

式中，q 为时间 t 内通过导体横截面的电荷量。

随时间变化的电流一般用小写字母 i 表示。

完整地表示电路中的电流应该既有电流的大小又要有其方向。在简单电路中，电流的实际方向较易判别，但在复杂电路中，电路中各电流的实际方向往往很难事先确定。此外，有些电路中电流的实际方向是随着时间在改变的，很难标明其实际方向。因此，在分析和计算时，常引入一个重要的概念——电流的参考方向。

电流的参考方向是任意设定的，在电路图中一般用箭头表示。电路分析计算中，首先应设定电路中各个电流的参考方向，并在电路图上标出。若计算结果为正值，则表示电流的实际方向与参考方向一致；若电流为负值，则表示实际方向与参考方向相反。图 2.6 表示了电流的实际方向与参考方向的关系。

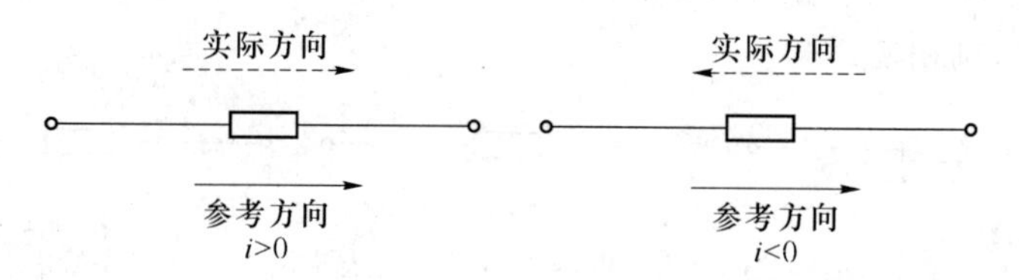

图 2.6　电流的实际方向和参考方向的关系

2.2.2 电压和电压的参考方向

1. 电压

在图 2.7 中，极板 a 带正电，极板 b 带负电，在 a、b 间存在电场，其方向是由 a 指向 b。在电场力的作用下，正电荷由 a 经外电路流向 b。电场力对电荷做了功。用物理量来衡量电

场力做功大小,引入了电压 u。其定义为:把单位正电荷从 a 点移动到 b 点电场力所做的功定义为 a、b 两点间的电压,即

$$u_{ab}=\frac{dw}{dq} \tag{2-3}$$

式中,w 为正电荷 q 由 a 点移动到 b 点电场力所做的功,单位为 J(焦[耳]),电压 u_{ab} 的单位为 V(伏[特])。通常直流电压用大写字母 U 来表示。

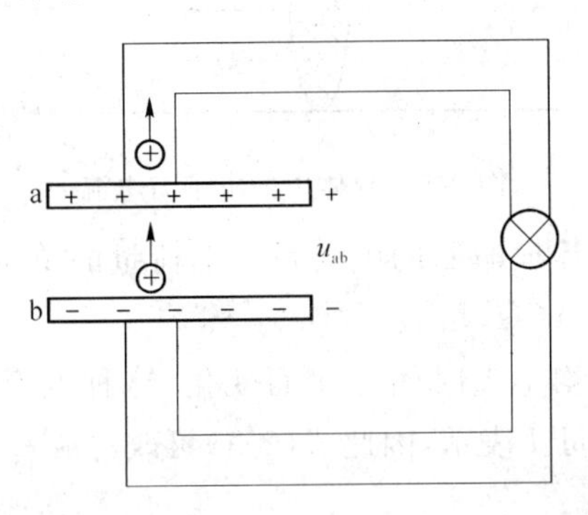

图 2.7　电源电压

2. 电位

电场力将单位正电荷从电场内的 a 点移动至无限远处所做的功,被称为 a 点的电位 u_a。由于无限远处的电场为零,所以电位也为零。因此,电场内两点间的电位差,也就是 a、b 两点间的电压。即

$$u_{ab}=u_a-u_b \tag{2-4}$$

为分析电路方便起见,一般在电路中任选一点为参考点,令参考点电位为零,则电路中某点相对于参考点的电压就是该点的电位。

电压方向规定为由高电位指向低电位,即电位降方向。在电路分析中也可选取电压的参考方向。电压的参考方向可用箭头表示,即设定沿箭头方向电位是降低的;也可以用"+"、"−"表示;还可用双下标表示,如图 2.8 所示。若计算所得电压为正值,实际方向与参考方向一致;反之,则相反。

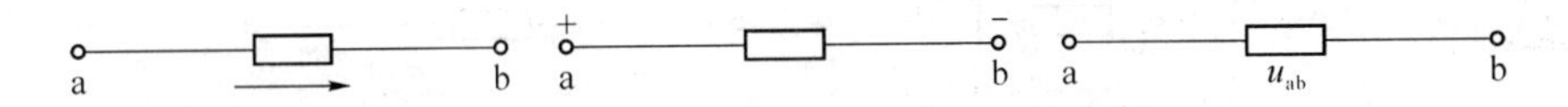

图 2.8　电压参考方向的表示法

在分析电路时,电压和电流参考方向的选择是独立无关的,但为了方便分析问题,常常把两者的参考方向选择为一致,即选取成关联参考方向。

3. 电动势

为维持恒定电流不断在电路中通过,必须保持 U_{ab} 恒定,因此需要电源力不断克服电场力,使正电荷由负极 b 移向正极 a。电源力对电荷做功的能力用物理量电动势来衡量。电源电动势在数值上等于电源力把单位正电荷从负极 b 经电源内部移到正极 a 所做的功,用 E 表示。电动势的方向规定为由低电位指向高电位,即电位升方向,其单位也为 V(伏[特])。

2.2.3 电功率

除了电压和电流两个基本物理量外，还需要知道电路元件的功率。电路中，单位时间内电路元件的能量变化用功率表示，即

$$p=\frac{\mathrm{d}w}{\mathrm{d}t} \tag{2-5}$$

功率 p 单位为 W(瓦[特])。将式(2-5)等号右边分子、分母同乘以 dq 后，变为

$$p=\frac{\mathrm{d}w}{\mathrm{d}q}\frac{\mathrm{d}q}{\mathrm{d}t} \tag{2-6}$$

将式(2-1)、式(2-3)代入式(2-6)，得

$$p=ui \tag{2-7}$$

即：元件吸收或发出的功率等于元件上的电压与电流之积。直流电路的这一公式写为

$$P=UI \tag{2-8}$$

在电路中，当 U、I 参考方向一致时，$P=UI$；当 U、I 参考方向相反时，$P=-UI$。若计算结果 $P>0$，说明该元件吸收或消耗功率，是负载；若计算结果 $P<0$，说明该元件发出功率，是电源。

当已知设备的功率为 P 时，则 t 秒钟内消耗的电能为

$$W=Pt \tag{2-9}$$

电能 W 的单位为 J(焦[耳])。在电工中，直接用瓦特秒(W·s)作单位。在实际中，常用千瓦时(kW·h)作单位。

例 2-1　图 2.9 是 5 个元件组成的电路，关联方向下，如果 $P_1=-205$ W，$P_2=60$ W，$P_4=45$ W，$P_5=30$ W，计算元件 3 吸收或发出的功率。

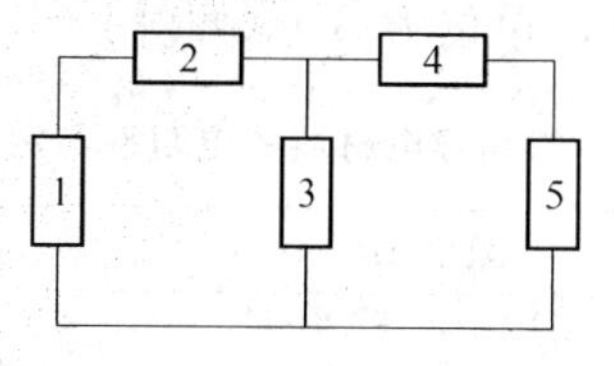

图 2.9　例 2-1 图

解：电路也应遵守能量守恒定律，即 $\sum P=0$ 。

由题意可知，元件 1 发出功率 205 W，元件 2、4、5 共吸收功率 135 W，则元件 3 吸收功率 70 W。

2.3 电阻、电感和电容

前已述及，实际电路常用电路模型来表示。因此，对电路进行分析和计算，首先必须掌握这些理想模型元件的性质。

2.3.1 电阻元件

1. 金属导体的电阻

在金属导体中，自由电子向前运动时，会与形成结晶格的正离子发生碰撞，使电子运动受到阻碍，即导体对电流呈现一定的阻碍作用。这种阻碍作用被称为电阻，用字母 R 来表示。

导体的电阻值 R 与导体的长度 l 成正比，与导体的横截面积 s 成反比，并与导体材料的性质有关，用公式表示为

$$R=\rho \frac{l}{s} \tag{2-10}$$

式中，ρ 是电阻率，单位为 Ω·m（欧[姆]米），l 是导体的长度，单位为 m（米），s 是导体的横截面积，单位为 m^2（平方米）。

电阻率 ρ 是单位长度单位截面积时导体的电阻值。ρ 越大，物质的导电能力就越差。另外，金属导体的电阻率还受温度的影响，一般的金属导体，温度越高，电阻率越大。不同的材料，有不同的电阻率，表 2.1 列出了常用的电工材料在 20℃时的电阻率及其温度系数。

从表中可知，银的电阻率最小，是最好的导电材料，其次是铜和铝，但银的价格昂贵，除了必要的地方外，普遍采用铜和铝。

电阻的倒数称为电导，用 G 表示，单位为 S（西[门子]）

$$G=\gamma \frac{s}{l} \tag{2-11}$$

式中，γ 为电导率，是电阻率的倒数，单位为 S/m（西[门子]/米）

表 2.1 常用导电材料的电阻率与温度系数

材料名称	电阻率/Ω·m (20 ℃)	电阻率温度系数 α(20 ℃)
银	1.59×10^{-8}	0.003 80
铜	1.69×10^{-8}	0.003 93
铝	2.65×10^{-8}	0.004 10
钨	5.48×10^{-8}	0.004 50
铁	9.78×10^{-8}	0.005 00
铂	1.05×10^{-7}	0.003 00
锡	1.14×10^{-7}	0.004 20
铅	2.19×10^{-7}	0.003 90
锰铜	$(4.2\sim4.8)\times10^{-7}$	—
康铜	$(4.8\sim5.2)\times10^{-7}$	—
镍铬	$(1.0\sim1.2)\times10^{-6}$	0.000 13

例 2-2 一台电动机的线圈由直径为 1.13 mm 的漆包铜线绕成，测得在 20 ℃时电阻为 1.64 Ω，求共用了多长的导线？

解：$s=\frac{\pi}{4}d^2=\frac{\pi}{4}\times(1.13\times10^{-3})^2=1.003\times10^{-6}\ \mathrm{m}^2$

$$l=R\,\frac{s}{\rho}=1.64\times1.003\times10^{-6}/(1.69\times10^{-8})=97\ \mathrm{m}$$

2. 电阻元件的伏安关系

1826 年，德国科学家欧姆通过科学实验总结出电阻元件中电流与两端电压之间的伏安关系，即欧姆定律。表述为：电阻中电流的大小与加在电阻两端的电压成正比，与电阻值成反比。

若电压与电流取关联参考方向时，如图 2.10(a)所示，欧姆定律可表示为

$$I=\frac{U}{R}\quad 或\quad U=RI \tag{2-12}$$

若电压与电流参考方向相反，如图 2.10(b)所示，欧姆定律可表示为

$$I=-\frac{U}{R}\quad 或\quad U=-RI \tag{2-13}$$

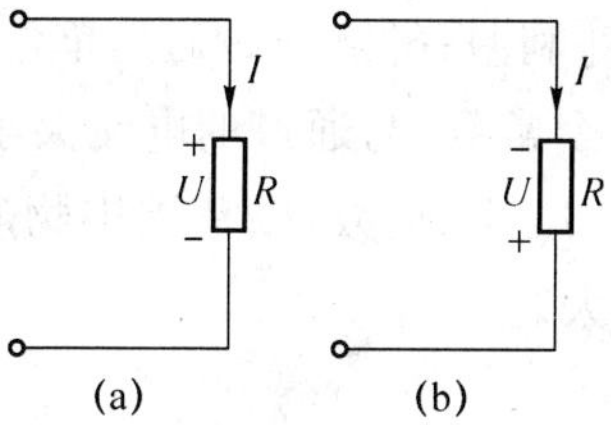

图 2.10　电阻元件的伏安关系

以电阻元件上的电压和电流为直角坐标系中的横坐标和纵坐标，画出的 U-I 函数特性曲线称为元件的伏安特性。当电阻元件的伏安特性是通过原点的直线[如图 2.11(a)所示]时，称为线性电阻元件；反之，当电阻元件的伏安特性不是通过原点的直线而是一条曲线[如图 2.11(b)所示]时，称为非线性电阻元件。

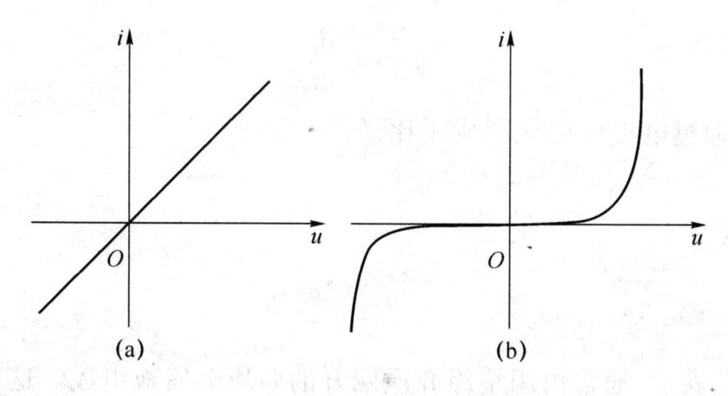

图 2.11　电阻元件的伏安特性

2.3.2 电感元件

许多电工设备、仪器仪表中都有线圈，如变压器线圈、日光灯镇流器线圈等。这些线圈

称为电感线圈或电感器。电感是反映磁场能性质的电路参数。电感元件是实际线圈的理想化模型,假想是由无阻导线绕制而成的,用 L 表示,其电路符号如图 2.12 所示。

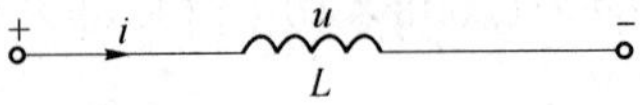

图 2.12　线性电感元件

1. 电感系数

由物理学知识可知,电流 i 通过电感时,由电流 i 产生磁通 Φ。对 N 匝线圈,其乘积 $N\Phi$,称为线圈磁链 ψ。一般规定磁通 Φ 和磁链 ψ 的参考方向与电流参考方向之间满足右手螺旋法则,则在这种参考方向下任何时刻线性电感元件的磁链 ψ 与电流 i 成正比,比例系数称为电感系数 L。即

$$\psi = N\Phi = Li \tag{2-14}$$

$$L = \frac{\psi}{i} \tag{2-15}$$

式中,电感系数 L 的单位为 H(亨[利]);磁链和磁通的单位均为 Wb(韦[伯])。

空心线圈的电感系数 L 是一个常数,与通过的电流大小无关。这种电感称为线性电感。线性电感的大小只与线圈的形状、尺寸、匝数,以及周围物质的导磁性能有关。线圈的截面面积越大,匝数越密,电感系数越大。

2. 电感元件的伏安关系

根据电磁感应定律,当电流 i 随时间 t 变化时,磁链、磁通也会发生变化。同时在电感线圈两端便会产生感应电动势 e_L

$$e_L = -\frac{\mathrm{d}\psi}{\mathrm{d}t} = -N\frac{\mathrm{d}\Phi}{\mathrm{d}t} = -L\frac{\mathrm{d}i}{\mathrm{d}t} \tag{2-16}$$

那么在电感元件两端便有感应电压 u_L,若电压 u_L 与电流 i 参考方向一致(如图 2.12 所示),其伏安关系为

$$u_L = L\frac{\mathrm{d}i}{\mathrm{d}t} \tag{2-17}$$

即电感两端电压与通过电流的变化率成正比。

2.3.3 电容元件

1. 电容

电容元件(用 C 表示)通常由用绝缘介质隔开的两块金属板组成。这种结构的电容称为平板电容,中间的绝缘材料称为电介质,如图 2.13(a)所示。实际的电容元件忽略介质及漏电损耗就是理想电容元件。

当在电容元件两端加上电源时,两块极板上便聚集起等量的正、负电荷,如图 2.13(b)所示。其电荷量 q 与外加电压 u 之间有确定的函数关系。对于线性电容元件,q、u 之间的关系为

$$C=\frac{q}{u} \tag{2-18}$$

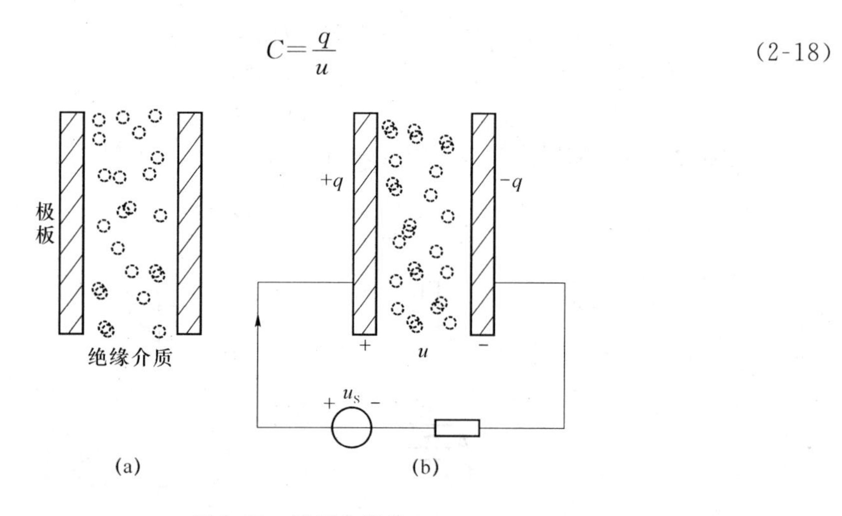

图 2.13　平板电容器

式中，C 为电容元件的电容量，单位为 F(法[拉])。

电容量 C 的大小与两端电压 u 无关，仅与电容器元件的形状、尺寸及电介质有关。如平板电容器的电容量 C 为

$$C=\varepsilon\frac{A}{d} \tag{2-19}$$

式中，A 为两极板正对面积，d 为两平行极板间距离，ε 为电介质的介电常数。

2. 电容元件的伏安关系

如图 2.14 所示电容元件，若所加电压 u 随时间 t 变化，则电容 C 极板上的电荷量 q 也随时间变化，根据电流定义，这时电容上便有电流通过。若电流 i 与电压 u 取关联参考方向，则

$$i=\frac{\mathrm{d}q}{\mathrm{d}t}=C\frac{\mathrm{d}u}{\mathrm{d}t} \tag{2-20}$$

即通过电容的电流与电容两端电压的变化率成正比。

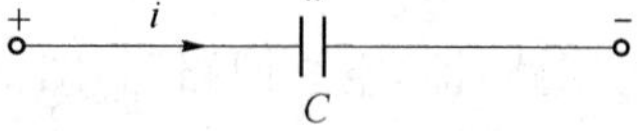

图 2.14　线性电容元件

2.4　电路的基本定律

2.4.1　全电路欧姆定律

一个包含电源、负载在内的电路称为全电路，如图 2.15 所示。在负载的电流和电压取关联参考方向下，负载两端电压为

$$U = IR_L$$

$$I = \frac{E}{R_0 + R_L}$$

上式称为全电路欧姆定律，R_0 为电源内阻。

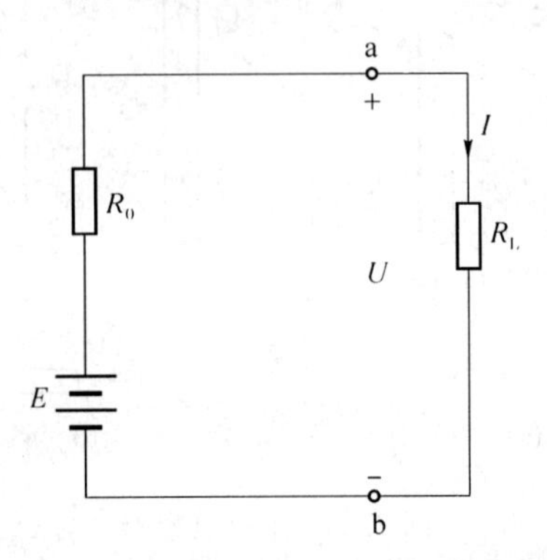

图 2.15　全电路欧姆定律

2.4.2 基尔霍夫定律

欧姆定律只能用来分析简单电路。图 2.16 所示电路，无法直接用欧姆定律求解。这时，就需要用到另一个电路基本定律——基尔霍夫定律。在讨论基尔霍夫定律之前，先介绍几个基本术语。

(1) 支路：电路中通过同一电流的每个分支。图 2.16 所示电路中有 3 条支路：amf、bne、cd。

(2) 节点：3 条或 3 条以上支路的连接点。图 2.16 所示电路中有两个节点：b 点和 e 点。

(3) 回路：电路中任一闭合路径。图 2.16 所示电路中有 3 个回路：abnefma、bcdenb、abcdefma。

(4) 网孔：内部不含有支路的回路，即"空心回路"。图 2.16 所示电路中有两个网孔：abnefma、bcdenb。

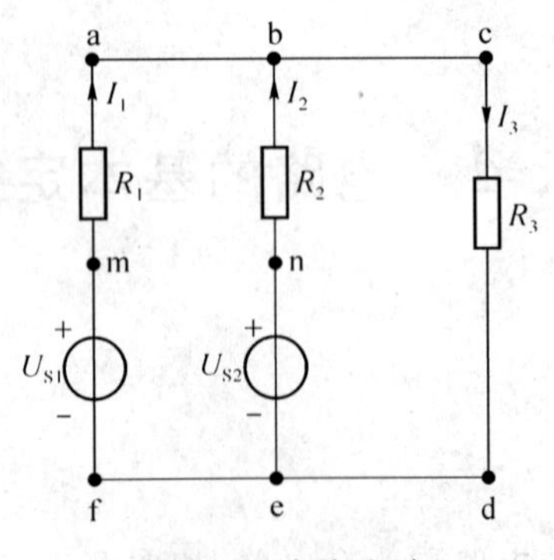

图 2.16　复杂电路

1. 基尔霍夫电流定律

基尔霍夫电流定律(以下简称 KCL)反映了各支路电流之间的关系,具体表述为:任一瞬间流入某个节点的电流之和等于流出该节点的电流之和。其表示式为

$$\sum I_i = \sum I_0 \tag{2-21}$$

也可写成

$$\sum I_i - \sum I_0 = \sum I_i + \sum(-I_0) = 0$$

$$\sum I = 0 \tag{2-22}$$

因此基尔霍夫电流定律也可表述为:任一瞬间流入某个节点的电流代数和为 0。若流入节点的电流为正,那么流出节点的电流就取负。

根据 KCL,图 2.16 所示复杂电路中各支路电流关系可写成

$$I_1 + I_2 = I_3 \quad 或 \quad I_1 + I_2 - I_3 = 0$$

由 KCL 列出的电流方程称为节点电流方程。

基尔霍夫定律不仅适用于电路中的任一节点,也可推广至任一封闭面。如图 2.17 所示,在该电路中

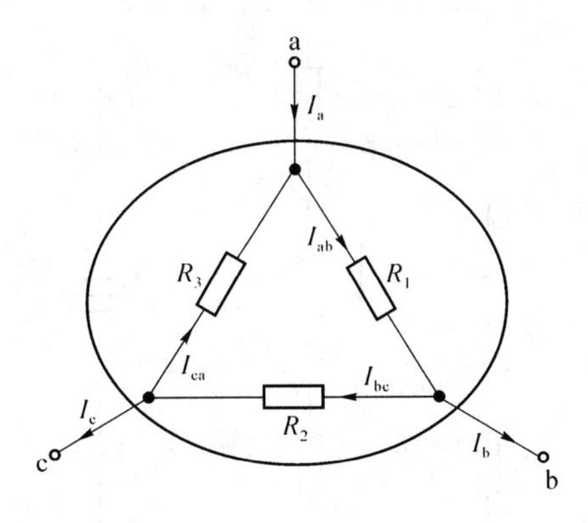

图 2.17　KCL 推广形式

节点 a:$I_{ca} + I_a = I_{ab}$

节点 b:$I_{ab} = I_{bc} + I_b$

节点 c:$I_{bc} = I_{ca} + I_c$

把上面 3 个方程式相加,得

$$I_a = I_b + I_c$$

可知图 2.17 实线所示的为一封闭面,流入此封闭面的电流代数和恒等于零,即流进封闭面的电流等于流出封闭面的电流。

例 2-3　求图 2.18 所示电路中未知电流。已知 $I_1 = 25$ mA,$I_3 = 16$ mA,$I_4 = 12$ mA。

解:该电路有 4 个节点、6 条支路。根据基尔霍夫电流定律

节点 a:$I_1 = I_3 + I_2$

$$I_2 = I_1 - I_3 = 25 - 16 = 9 \text{ mA}$$

节点 c:$I_3 = I_4 + I_6$

$$I_6 = I_3 - I_4 = 16 - 12 = 4 \text{ mA}$$

节点 d：$I_4 + I_5 = I_1$

$$I_5 = I_1 - I_4 = 25 - 12 = 13 \text{ mA}$$

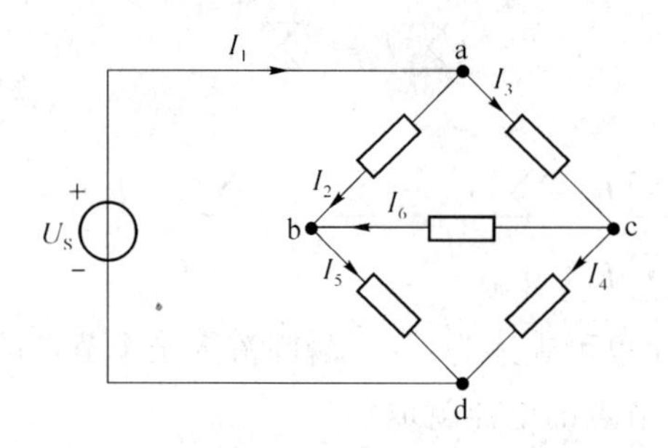

图 2.18　例 2-3 图

例 2-4　图 2.19 所示为一三极管电路。已知 $I_B = 40\ \mu A$，$I_C = 2$ mA，求 I_E。

解：三极管 VT 可假想为一闭合节点，则根据 KCL 有

$$I_E = I_B + I_C = 0.04 \text{ mA} + 2 \text{ mA} = 2.04 \text{ mA}$$

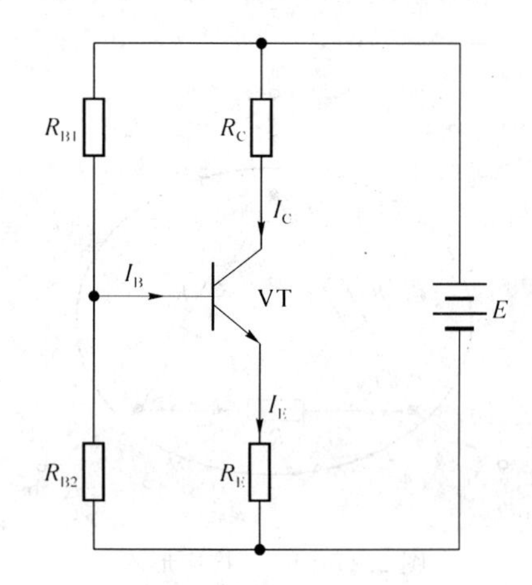

图 2.19　例 2-4 图

2. 基尔霍夫电压定律

基尔霍夫电压定律（以下简称 KVL）反映了电路中任一闭合回路各段电压之间的关系，具体表述为：任一瞬间，沿电路中任一闭合回路的绕行方向，各段电压代数和恒等于零。其表达式为

$$\sum u = 0 \tag{2-23}$$

图 2.16 所示复杂电路中，回路绕行方向标于图 2.20 中，则根据 KVL，回路Ⅰ、Ⅱ可分别列出如下电压方程

回路Ⅰ：$$U_{bn} + U_{ne} + U_{fm} + U_{ma} = 0 \tag{2-24}$$

回路Ⅱ：$$U_{cd} + U_{en} + U_{nb} = 0 \tag{2-25}$$

把欧姆定律公式及电源电压代入式(2-24)和(2-25)中，可得

回路Ⅰ：　　$I_1R_1-I_2R_2+U_{S2}-U_{S1}=0$　　(2-26)

回路Ⅱ：　　$I_2R_2+I_3R_3-U_{S2}=0$　　(2-27)

元件上电压方向与绕行方向一致时欧姆定律公式前取正号，相反取负号。对电阻元件而言，一般电压与电流取关联参考方向，则电流方向与绕行方向一致取正号，相反取负号。

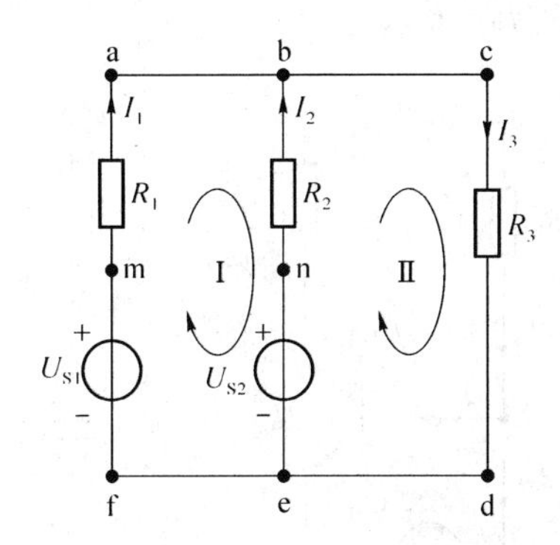

图 2.20　复杂电路中回路绕行方向

式(2-26)和式(2-27)也可以写成

回路Ⅰ：　　$I_1R_1-I_2R_2=U_{S1}-U_{S2}$　　(2-28)

回路Ⅱ：　　$I_2R_2+I_3R_3=U_{S2}$　　(2-29)

把式(2-28)和式(2-29)推广至一般由电阻和电压源组成的电路：任一瞬间，电路中任一闭合回路内电阻上电压降的代数和等于电源电动势的代数和。即

$$\sum I_KR_K=\sum U_S$$

基尔霍夫定律也可推广至任一不闭合回路，但要将开口处电压列入方程。如图 2.21 所示电路为某网络中一部分，节点 a、b 未闭合，沿回路绕行方向，可得

回路Ⅰ：$I_aR_a-I_bR_b-U_{ab}=0$

回路Ⅱ：$I_bR_b-I_cR_c-U_{bc}=0$

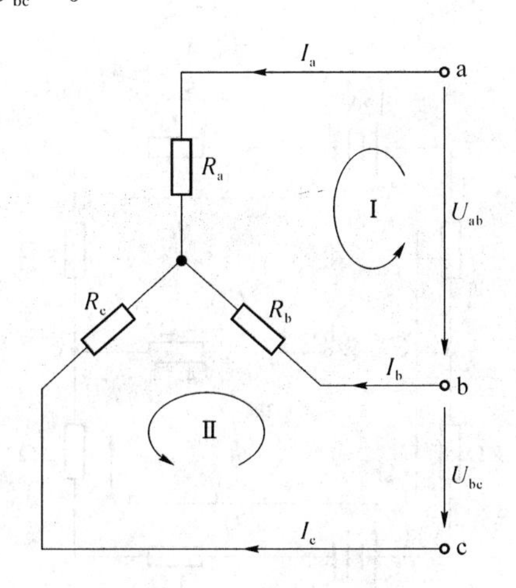

图 2.21　KVL 推广形式

例 2-5 列出图 2.22 所示晶体管电路的回路的电压方程。各支路电流参考方向及回路绕行方向已标出。

解:根据 KVL 列方程

回路Ⅰ:$-R_{B1}I_{B1}+R_{C}I_{C}+U_{CB}=0$

回路Ⅱ:$-R_{B2}I_{B2}+U_{BE}+R_{E}I_{E}=0$

回路Ⅲ:$R_{C}I_{C}+U_{CE}+R_{E}I_{E}=E$

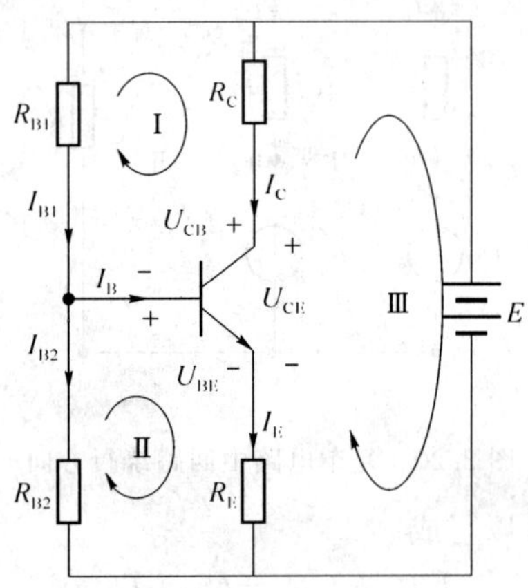

图 2.22　例 2-5 图

例 2-6 电路如图 2.23 所示,应用 KVL 计算 U_{ab}、U_{bc}。

解:回路Ⅰ、回路Ⅱ绕行方向及电流 I 参考方向如图 2.23 所示。则根据 KVL,回路Ⅱ有

$$(2+2+2+2+1+1)I=12-8$$

$$I=0.4\ \text{A}$$

同理,根据 KVL,在回路Ⅰ中有

$$(2+2+1)I+U_{ab}=12$$

把 $I=0.4$ A 代入上式,得

$$U_{ab}=10\ \text{V}$$

$$U_{bc}=0\ \text{V}$$

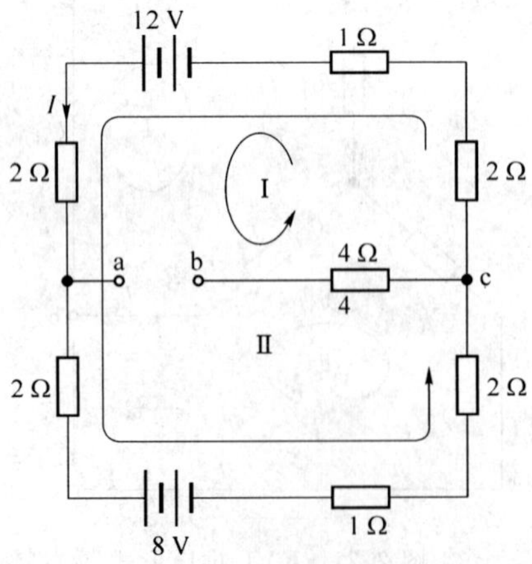

图 2.23　例 2-6 图

2.5 电路中电位的计算

在进行电路分析时，应用电位概念经常可以简化电路分析。这一优点在分析电子电路中尤为突出，例如晶体管电路中，通过计算各电极电位，可方便地判断晶体管的工作状态。此外，将各点电位标注于电路图上，也可以使电路图清晰明了，便于分析、研究。

为确定各点电位，首先必须在电路中选择一个参考点。参考点也称接地点，用符号“⊥”表示。参考点并不一定与大地相连，只是作为电路的基准，以确定其余各点电位的高低。参考点的电位为零，电路中某点的电位值就是该点与参考点之间的电位差。

参考点选择是任意的。电位的大小与参考点选择有关；电路中两点间的电压大小与参考点选择无关。下面通过具体例子来说明。

例 2-7　如图 2.24 所示，若分别以 A 点、B 点、C 点、D 点为参考点，求各点电位值和 U_{AB}、U_{BC}、U_{CD}。

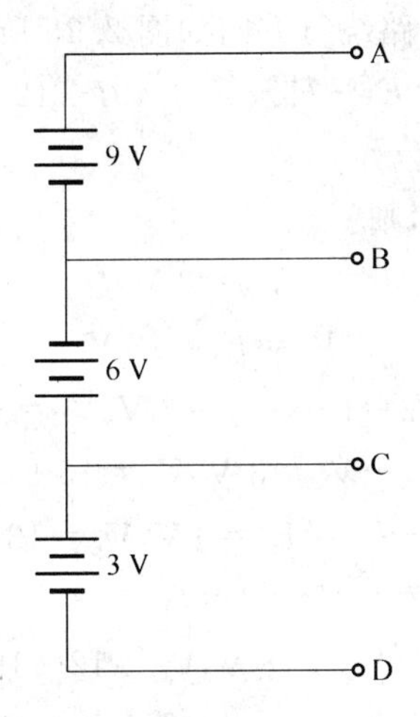

图 2.24　例 2-7 图

解：若选 A 点为参考点，则 $U_{AB}=V_A-V_B=0-V_B=9\ \text{V}$，即 $V_B=-9\ \text{V}$。同理可计算电路中其他各点的电位值，见表 2.2。

表 2.2　例 2-7 电路各点电位值

参考点＼电位/电压	V_A	V_B	V_C	V_D	U_{AB}	U_{BC}	U_{CD}
A 点	0	−9 V	−3 V	−6 V	9 V	−6 V	3 V
B 点	9 V	0	−6 V	−9 V	9 V	−6 V	3 V
C 点	3 V	−6 V	0	−3 V	9 V	−6 V	3 V
D 点	6 V	−3 V	3 V	0	9 V	−6 V	3 V

例 2-8 如图 2.25 所示，已知 $R_1=R_2=R_3=R_4=10\ \Omega$，$E_1=12\ \text{V}$，$E_2=9\ \text{V}$，$E_3=18\ \text{V}$，$E_4=3\ \text{V}$。试求电路中各点的电位。

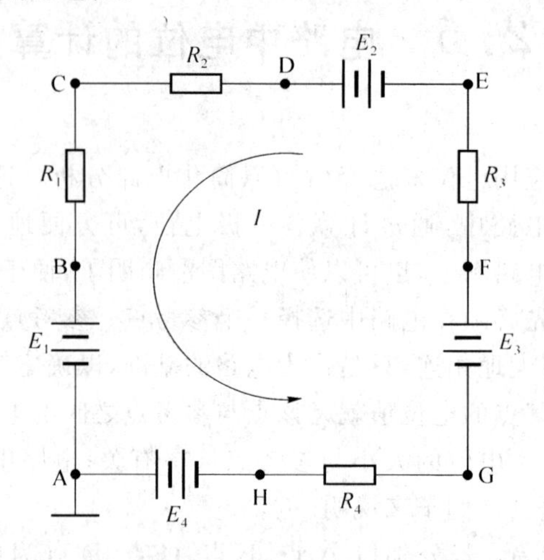

图 2.25 例 2-8 图

解：该电路电流参考方向及回路绕行方向如图 2.25 所示，则根据 KVL 及欧姆定律有

$$40I+E_1+E_4-E_3-E_2=40I+12+3-18-9=0$$

$$I=0.3\ \text{A}$$

该电路选择 A 点作为参考点，则

$$V_A=0\ \text{V}$$

$$V_B=E_1=12\ \text{V}$$

$$U_{CB}=V_C-V_B=10\times0.3=3\ \text{V},V_C=3+12=15\ \text{V}$$

$$U_{DC}=V_D-V_C=3\ \text{V},V_D=15+3=18\ \text{V}$$

$$U_{DE}=V_D-V_E=E_2=9\ \text{V},V_E=18-9=9\ \text{V}$$

$$U_{FE}=V_F-V_E=3\ \text{V},V_F=3+9=12\ \text{V}$$

$$U_{FG}=V_F-V_G=18\ \text{V},V_G=12-18=-6\ \text{V}$$

$$U_{HG}=V_H-V_G=3\ \text{V},V_H=-3\ \text{V}$$

2.6 电　源

电路中除负载外，还必须有能够提供电能的元件，即电源。在实际应用中，电源的种类有很多，如干电池、蓄电池、光电池、发电机以及信号源等。

2.6.1 独立源

在电源中，有一类电源的电压或电流是不受外电路影响而独立存在的，这类电源称为独立源。根据独立源在电路中表现的是电压还是电流,可分成电压源和电流源。

1. 电压源

能够提供一个数值恒定或者与时间 t 具有确定函数关系的电压 u_S 的电源(如干电池、发电机)称为电压源。电压源的图形符号如图 2.26(a)与图 2.26(b)所示。电压源的端电压 u 完全由 u_S 决定,与通过电压源的电流无关,即

$$u=u_S \tag{2-30}$$

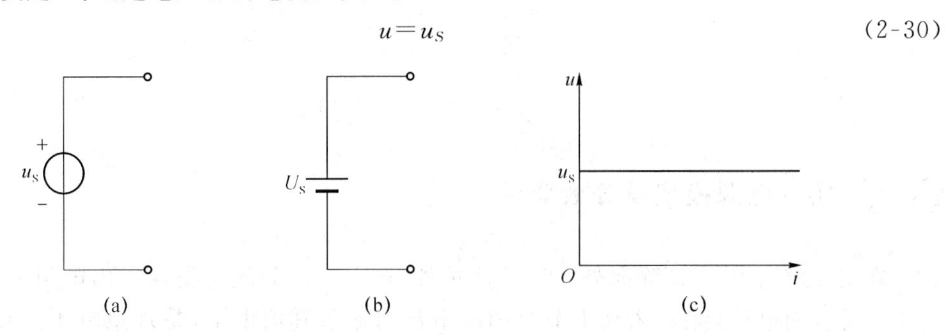

图 2.26　电压源及其伏安特性

电压源的电压为恒定值时,称为直流电压源,其电压一般用 U_S 表示。直流电压源的伏安特性如图 2.26(c)所示。

当电压源的电压 u_S 随时间 t 按正弦规律变化时,称为正弦电压源。

2. 电流源

能够提供一个数值恒定或者与时间 t 具有确定函数关系的电流 i_S 的电源(如光电池,晶体管电路),称为电流源。电流源的图形符号如图 2.27(a)所示。电流源 i_S 所在那段电路的电流完全由 I_S 决定,与电压无关,即

$$i=I_S \tag{2-31}$$

电流源的电流为恒定值时,称为直流电流源,其电流一般用 I_S 来表示。直流电流源的伏安特性如图 2.27(b)所示。

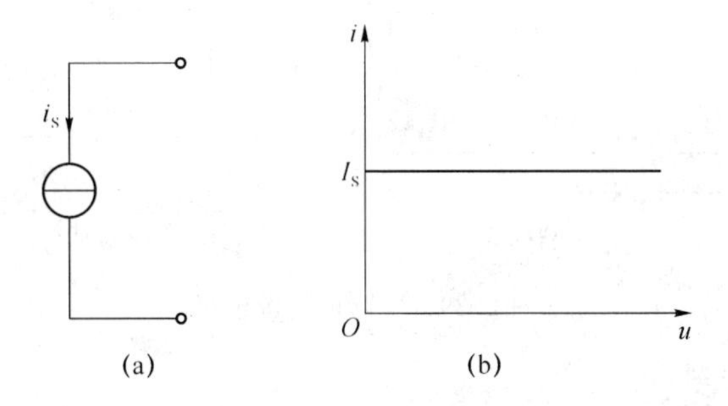

图 2.27　电流源及其伏安特性

当电流源的电流 i_S 随时间 t 按正弦规律变化时,称为正弦电流源。

例 2-9　计算图 2.28 所示电路中各元件上的功率。

解:由图可知,电流源上电压与电流为关联参考方向:

$$P_{I_S}=U_SI_S=10\times10=100\ \text{W}\quad(\text{电流源吸收或消耗功率})$$

电压源上电压与电流为非关联参考方向:

$$P_{U_S}=-U_S\times I_S=-10\times 10=-100\ \mathrm{W}\quad(\text{电压源发出功率})$$

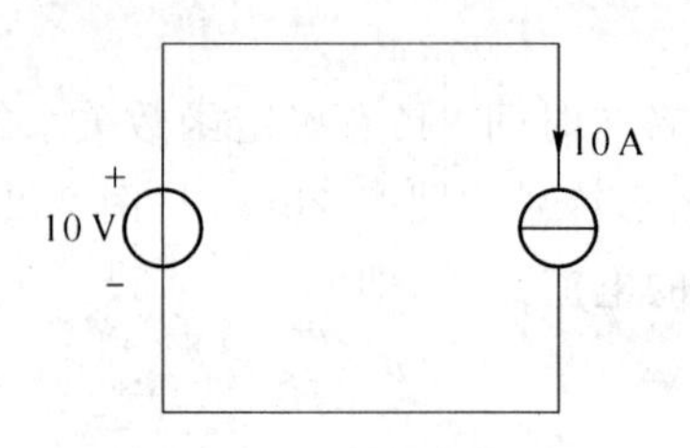

图 2.28　例 2-9 图

2.6.2 实际电源模型及等效变换

在实际电路中，电源除向外部供给能量外，还有一部分能量损耗于内电阻上，即一个实际电源总有内电阻存在。2.6.1 节介绍的电源忽略了其内电阻，是理想电压源和理想电流源，实际中并不存在。

1. 实际电源模型

(1) 实际电压源模型

一个实际电压源模型可等效成一个理想电压源 u_S 和内电阻 R_0 串联的模型，如图 2.29(a)虚线框内所示。实际电压源的端电压除与 U_S 有关外，还受通过其电流的影响。在实际电压源后接一阻值为 R_L 的负载。电路中端电压 u 与电流 i 的关系为

$$u=U_S-R_0 i\tag{2-32}$$

其伏安特性如图 2.29(b)所示为一条下降的直线。$u<U_S$，且 i 越大，u 越低。

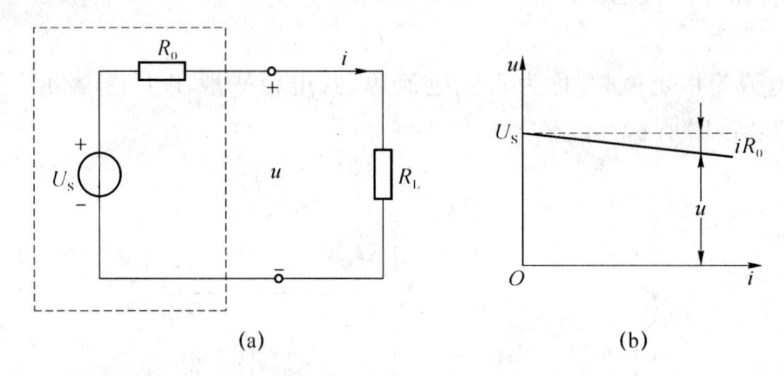

图 2.29　实际电压源模型

(2) 实际电流源模型

实际电流源可等效成理想电流源 I_S 与内电阻 R_0 并联的模型，如图 2.30(a)所示。实际电流输出受其两端电压影响。其伏安特性可以写成

$$i=I_S-\frac{u}{R_0}\tag{2-33}$$

按式(2-33)画出伏安特性曲线如图 2.30(b)所示。随着电压 u 的增加，电流 i 逐渐减小。

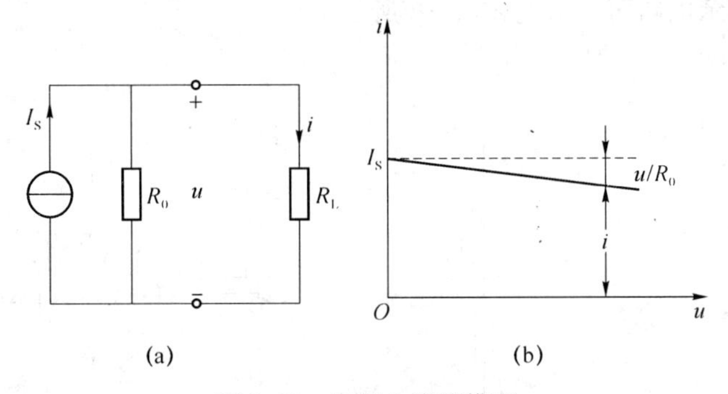

图 2.30　实际电流源模型

2. 等效变换

一个实际电源既可以用实际电压源模型来表示，又可以用实际电流源模型来表示。用两种电源模型表示同一实际电源时，其等效条件是与外电路相接的端口的伏安关系保持不变。

对式(2-33)进行变换，可得

$$u=R_0I_S-R_0i \tag{2-34}$$

将式(2-34)与式(2-32)进行比较，可知当 $I_SR_0=U_S$ 时，两个模型对外电路是等效的。

这一结论也可推广到一个电阻和理想电压源的串联组合与一个电阻和理想电流源的并联组合的等效变换。图 2.31 给出了等效变换时各参数对应的关系，也表明了电压源极性和电流源方向之间的关系。

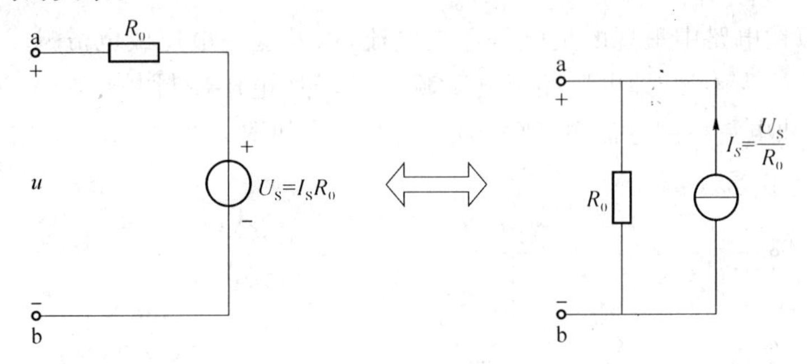

图 2.31　两种电源模型的等效变换

例 2-10　化简图 2.32 所示电路，使其成为一个电压源串联组合电路和电流源并联组合电路。

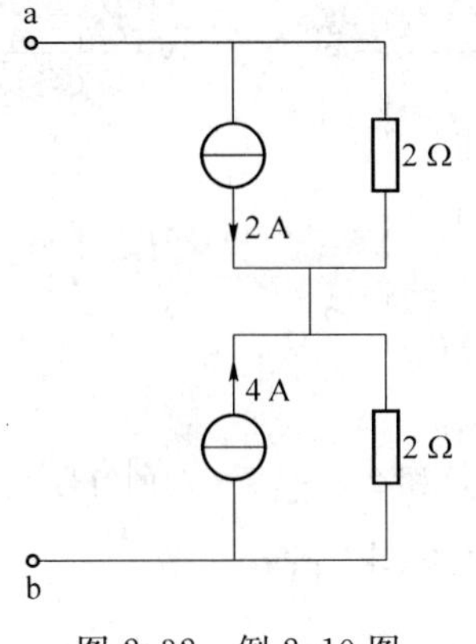

图 2.32　例 2-10 图

解:图 2.32 所示电路可等效为图 2.33 所示电路。

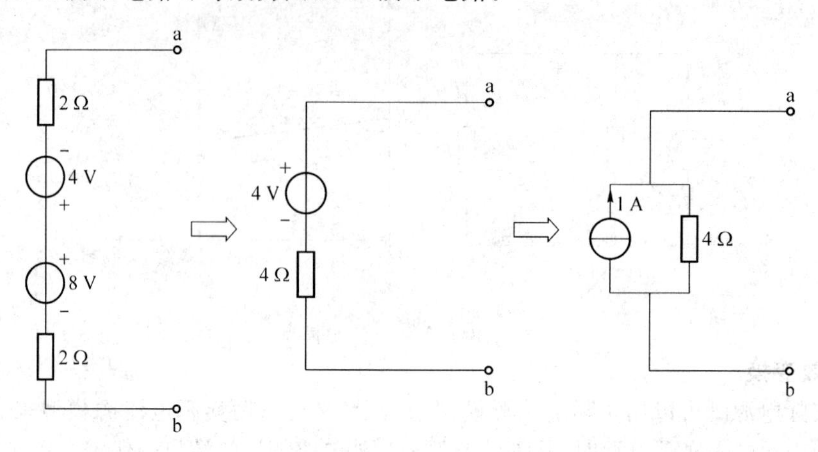

图 2.33　等效变换过程

2.6.3 受控电压源和电流源

受控电压源的电压和受控电流源的电流受电路中另一处的电压或电流控制,为非独立电源。

根据受控源在电路中呈现的是电压还是电流,以及这一电压或电流是受另一处的电压还是电流控制可分为 4 类,即电压控制电压源(VCVS)、电压控制电流源(VCCS)、电流控制电压源(CCVS)和电流控制电流源(CCCS)。图形符号如图 2.34 所示。其中,μ、γ、g、β 为相关的控制系数。

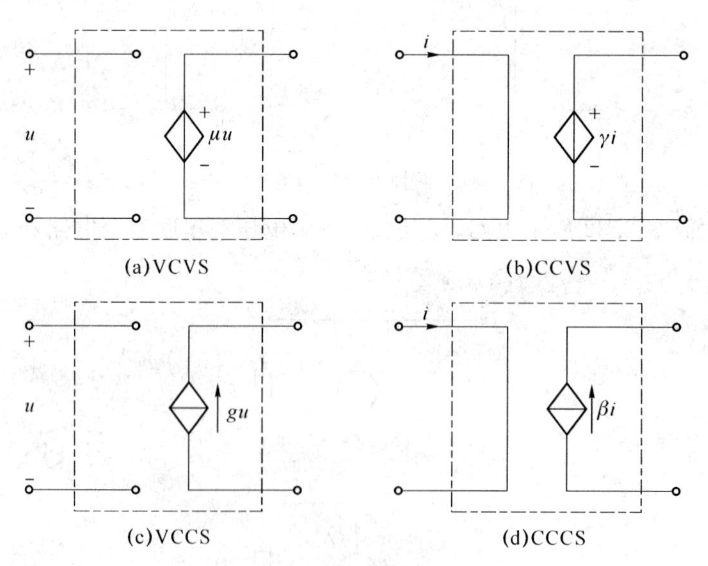

图 2.34　受控源的符号

例 2-11　根据图 2.35 所示电路,求 i_1、u_{ab}。

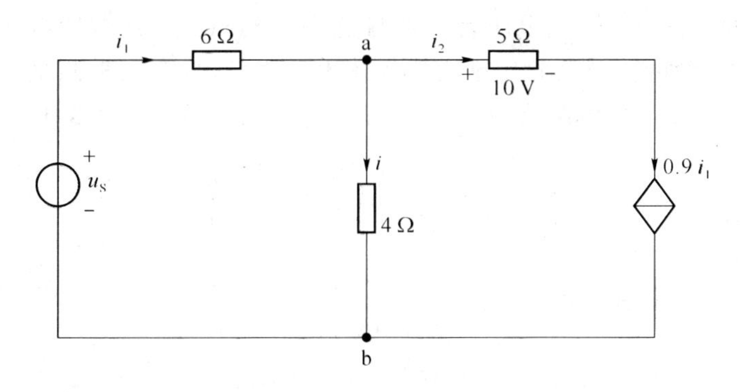

图 2.35　例 2-11 图

解:该受控源是电流控制电流源,根据部分电路欧姆定律 $i=\frac{u}{R}$ 得

$$0.9i_1=i_2=\frac{10}{5}$$

$$i_1=\frac{2}{0.9}\approx 2.22\ \text{A}$$

$$u_{ab}=R_{abi}=R_{ab}(i_1-i_2)=4\times(2.22-2)=0.88\ \text{V}$$

2.7　本章实训一　电路中电位的测量

1. 实训目的

(1) 明确电路中电位和电压的意义及相互关系。

(2) 了解参考点与电位的关系,理解电位的单值性和相对性。

(3) 掌握电路中各点电位的测量方法。

2. 实训仪器

(1) 直流稳压电源(WYJ-30/1)　2 台

(2) 电位、电压测定实验板　1 块

(3) 万用表　1 只

(4) 滑线变阻器　1 只

(5) 干电池　2 节

3. 实训原理

电路中的参考点是任意选定的,实际上参考点是一个公共点。用电压表测量电位的方法是将电压表接在参考点与被测点之间,一般电压表负端接参考点,正端接被测点,这时电压表的读数就是被测点的电位。在电路中可能有些电位相等的点,叫等位点。用导线将等位点连起来,导线中不会有电流,同时其余各点的电位以及其余部分的电流电压不变。

4. 实训步骤

(1) 将稳压器接上电源,分别调节其输出电压为 28 V、6 V。

(2) 按图 2.36 所示接线,用电压表分别测量 ab、bc、cd、de、ea 各段电压(注意电压的极性、电位的高低和读数的正负),并用毫安表测出电路中的电流,根据测量数据,计算出各段电压的代数和及 R_1、R_2、R_3 电阻值,将测量结果和计算结果填入表 2.3 中。

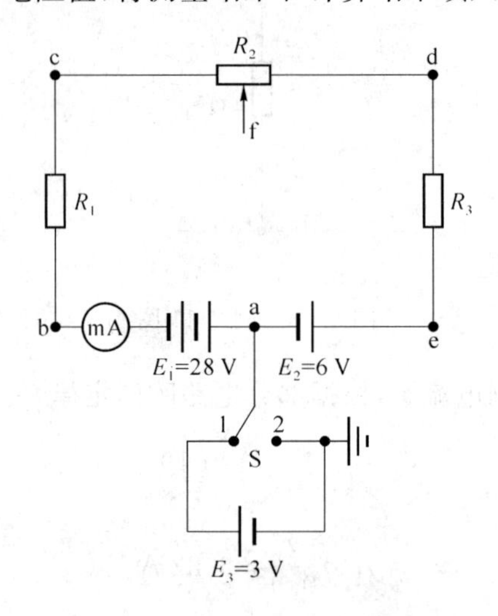

图 2.36 电位测量实验电路

表 2.3 测量数据和计算结果

测量结果						计算结果/Ω		
电压/V					电流/A			
U_{ab}	U_{bc}	U_{cd}	U_{de}	U_{ea}	I	R_1	R_2	R_3

(3) 将开关 S 拨向"2"处,令 $U_a=0$,以 a 点为参考点,分别测量 a、b、c、d、e 各点电位(注意电位的高低)并计算 ab、bc、cd、de、ea 各段电压,填入表 2.4 中,并与步骤(2)的结果比较。

(4) 将开关 S 拨向"1"处,使 a 点电位升高,仍以"2"点为参考点,重复步骤(3),将测量的数值填入表 2.4 中。

表 2.4 测量数据和计算结果

步 骤	测量数据/V					计算结果/V				
	U_a	U_b	U_c	U_d	U_e	U_{ab}	U_{bc}	U_{cd}	U_{de}	U_{ea}
3										
4										
5										

(5) 将干电池 E 的极性对调,开关 S 仍拨向"1"处,使 a 点电位降低,重复步骤(3)过程,将数据填入表 2.4 中。

(6) 在 a 点和 f 点之间接入直流电压表,调节电位器 R_2 的 f 点位置,使 $U_{fa}=U_{af}=0$,此时将电压表换成电流表,观察电流是否为零。若仍有较小电流读数,可略微调节一下电位器

R_2 使电流表读数为零，调节完毕后，将电流表拆除，用一根导线将 af 短接起来，分别测量 af 短接前后的各点电位，填入表 2.5 中，并与步骤(3)的测量结果比较，观察各点电位有否改变。

表 2.5　af 短接前后的测量数据

被测电位	U_a	U_b	U_c	U_d	U_c
af 短接前					
af 短接后					

5. 注意事项

(1) 注意万用表读数的正负。

(2) 实训步骤(6)调节电位器滑动触头 f 时，需谨慎小心，调节者应随时注意指针示值，特别是 af 间换接电流表时，更应小心，不准 f 点有大幅度的滑动。

6. 分析与思考

(1) 电路中参考点选择不同，各点的电位是否改变？

(2) 电路中参考点选择不同时，分析电路中任两点间的电压值是否改变？

(3) 等电位点短接前后，电路中各点的电位是否改变？

2.8　本章实训二　基尔霍夫定律的验证

1. 实训目的

(1) 验证基尔霍夫定律，并加深理解。

(2) 加深理解参考方向和绕行方向的意义。

2. 实训仪器

(1) 直流稳压电源(WYJ-30/1)　　2 台

(2) 电位、电压测定实验板　　1 块

(3) 万用表　　1 只

3. 实训原理

基尔霍夫定律包括基尔霍夫电流定律和基尔霍夫电压定律。其内容为：

基尔霍夫电流定律指出，流入节点的电流代数和恒等于零，即 $\sum I = 0$ 。该定律是电流连续性的反映。

基尔霍夫电压定律指出，沿电路中任一闭合回路绕行一周，各段电压降的代数和恒等于零。其数学表达式为：$\sum U = 0$ 。

4. 实训步骤

(1) 按图 2.37 所示在实验板上连接电路。

(2) 检查线路连接正确无误后，打开稳压电源开关，调节稳压电源输出旋钮，使输出电压为 6 V 和 12 V。

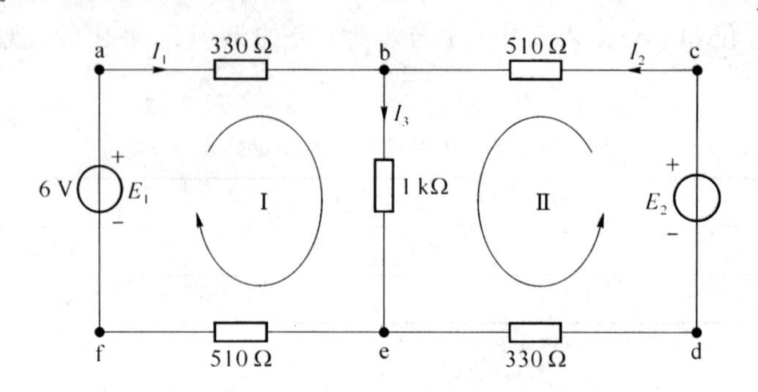

图 2.37　基尔霍夫定律实验电路

（3）用万用表分别测量 I_1、I_2、I_3 的值，记入表 2.6 中，并计算 $I_1+I_2-I_3$ 的值。

（4）改变稳压电源电压值见表 2.6，重复测量电流值。

表 2.6　电流测量值和计算值

E_1/V	E_2/V	I_1/mA		I_2/mA		I_3/mA		$I_1+I_2-I_3$	
		测量值	计算值	测量值	计算值	测量值	计算值	测量值	计算值
6	0								
	4								
	8								
	12								

（5）用万用表分别测量 U_{ab}、U_{bc}、U_{cd}、U_{de}、U_{ef}、U_{be}、U_{af} 的值，记入表 2.7 中，并计算回路Ⅰ、Ⅱ的电压和。

（6）改变稳压电源电压值见表 2.7，重复测量电压值。

表 2.7　电压测量值和计算值

E_1/V	E_2/V	U_{ab}	U_{bc}	U_{cd}	U_{de}	U_{ef}	U_{be}	U_{af}	$\sum U_I$	$\sum U_{II}$
6	0									
	4									
	8									
	12									

5. 注意事项

（1）注意万用表读数的正负。

（2）注意回路绕行方向和电流参考方向。

6. 分析与思考

（1）试分析实验中产生误差的原因。

（2）若将 e、f 之间 510 Ω 的电阻断开，能否认为回路Ⅰ仍旧满足基尔霍夫电压定律。

本 章 小 结

1. 电路一般由电源、负载和中间环节三部分组成。用理想电路元件构成的电路叫电路模型。理想电路元件，即具有某种确定的电或磁性质的假想元件。

2. 电流方向：正电荷的运动方向。电压的方向：由高电位指向低电位，即电位降方向；电动势的方向：电位升方向。参考方向是任意设定的。当实际方向与参考方向一致时，结果为正值，反之为负。

3. 在电路分析时，电路中某点的电位就是该点与参考点之间的电位差。参考点选择是任意的。电位的大小与参考点选择有关；而电路中两点间的电压大小与参考点选择无关。

4. 在电路中，当元件的 U、I 参考方向一致时，其功率 $P=UI$；当元件的 U、I 参考方向相反时，其功率 $P=-UI$。若 $P>0$，该元件吸收功率；若 $P<0$，该元件发出功率。

5. 基尔霍夫电流定律（KCL）：电路中任一瞬间某个节点或封闭面，流入某节点的电流之和等于流出此节点的电流之和。

基尔霍夫电压定律（KVL）：电路中任一瞬间某个闭合回路，沿回路绕行方向，各段电压代数和恒等于零。

6. 一个实际电源模型可等效成电压源模型和电流源模型两种。前者即一个理想电压源和内电阻的串联，后者即一个理想电流源和内电阻的并联。

习　　题

1. 电路由哪几个部分组成？各部分的作用是什么？

2. 如何选择参考方向和关联性参考方向？

3. 试述电位与电压的异同点。

4. 按图 2.38 中所示的参考方向和给定的值，做出各元件中电流实际方向和元件两端电压的实际极性，并说明各元件实际上是吸收功率还是发出功率。

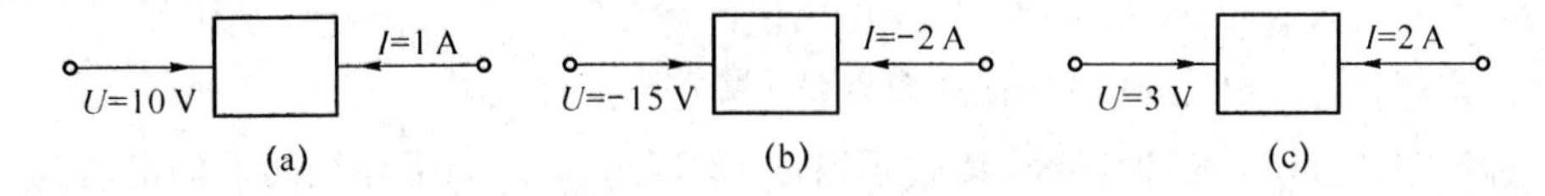

图 2.38　题 4 图

5. 如图 2.39 所示电路，图中所标电流和电压方向为参考方向。已知 $I=2\ \text{A}$，$R=2\ \Omega$，$U_S=6\ \text{V}$。试计算 U_{ab}。

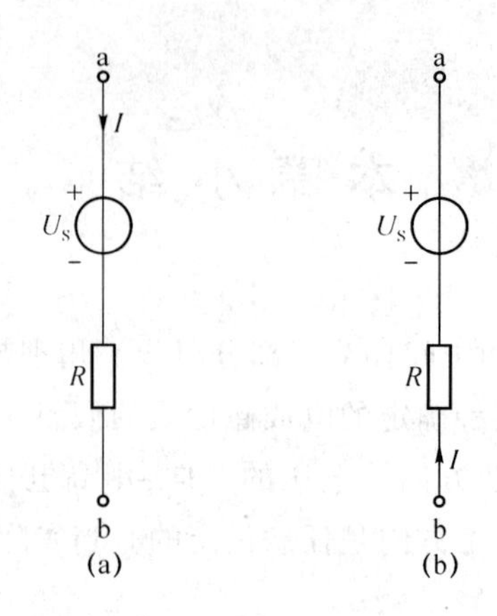

图 2.39　题 5 图

6. 由 4 个元件组成的电路如图 2.40 所示。已知元件 1 吸收功率 500 W，元件 3、4 分别发出功率 400 W 和 150 W，电流 $I=2$ A，方向如图示。求元件 2 的功率及各元件上的电压并标明极性。

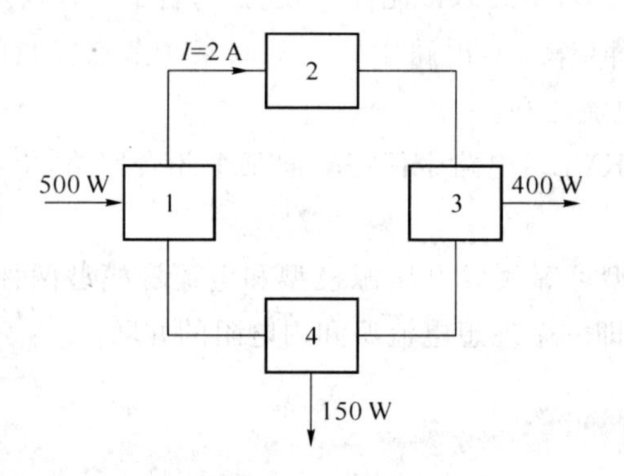

图 2.40　题 6 图

7. 在指定电压 u 和电流 i 参考方向下，写出图 2.41 所示各元件 u 和 i 的约束方程。

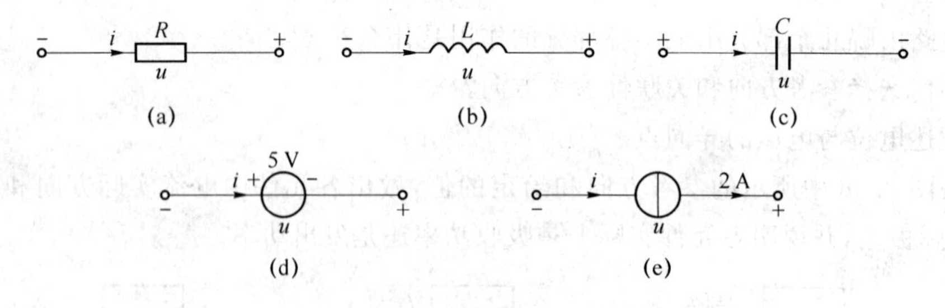

图 2.41　题 7 图

8. 有一条长 300 m 的铜导线，其截面积是 12.75 mm^2。如果导线两端的电压为 8 V，求通过这根导线的电流为多少？

9. 电气设备为什么要有额定值？一只 220 V、25 W 的电烙铁，若实际工作电压超过 220 V 会发生什么情况？若低于 220 V 又会发生什么情况？

10. 欲制作一个小电炉，需炉丝电阻为 48 Ω。现选用直径为 0.5 mm 的镍铬丝，试计算所需长度。

11. 如图 2.42 所示，已知 $E=10$ V，$r_0=0.1$ Ω，$R=9.9$ Ω，求开关在不同位置时电流表和电压表的读数各为多少？

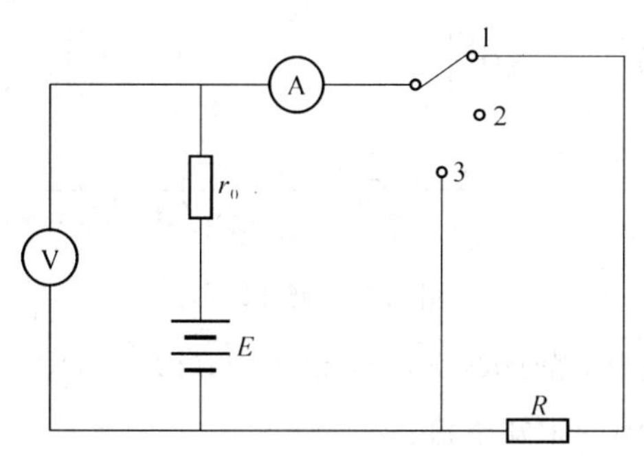

图 2.42　题 11 图

12. 求图 2.43 所示电路中的未知电流。

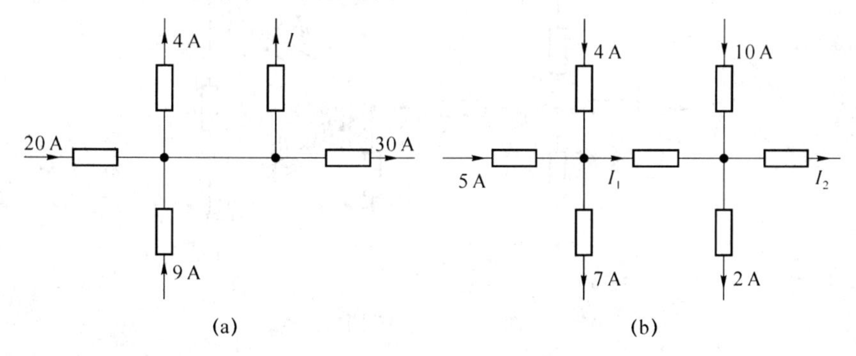

图 2.43　题 12 图

13. 如图 2.44 所示电路，该电路有几个节点？几条支路？几个回路？根据 KCL 列出所有节点的电流方程，其中几个是独立的？

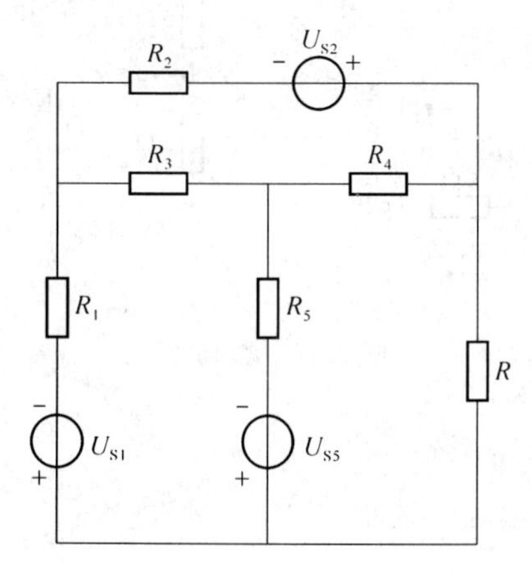

图 2.44　题 13 图

14. 电路如图 2.45 所示，求电压 U_{ab}。

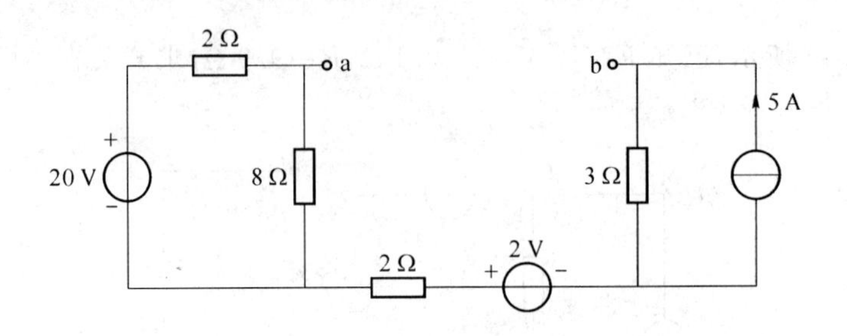

图 2.45 题 14 图

15. 如图 2.46 所示电路，若①R_1、R_2、R_3 值不定；②$R_1=R_2=R_3$。在以上两种情况下尽可能多地确定其他各电阻中的未知电流。

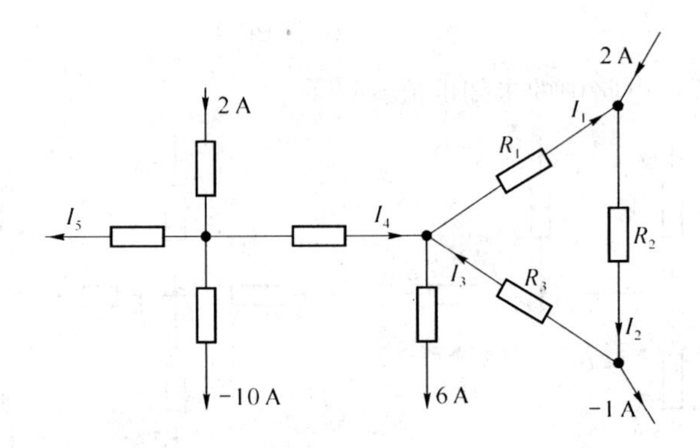

图 2.46 题 15 图

16. 如图 2.47 所示电路中，应用 KVL 求 U_{AB}。

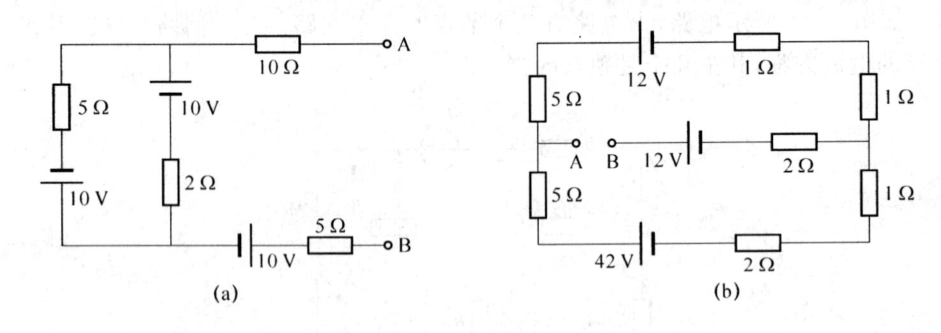

图 2.47 题 16 图

17. 如图 2.48 所示，试计算图中 A 点的电位值。

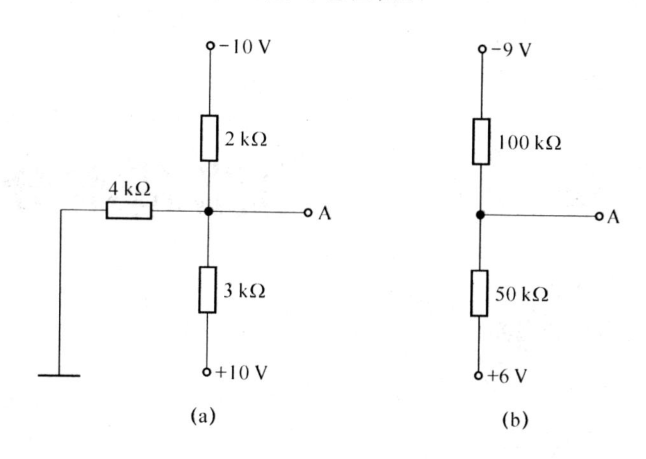

图 2.48　题 17 图

18. 如图 2.49 所示电路，分别计算图示电路中各元件上的电压、电流和功率。

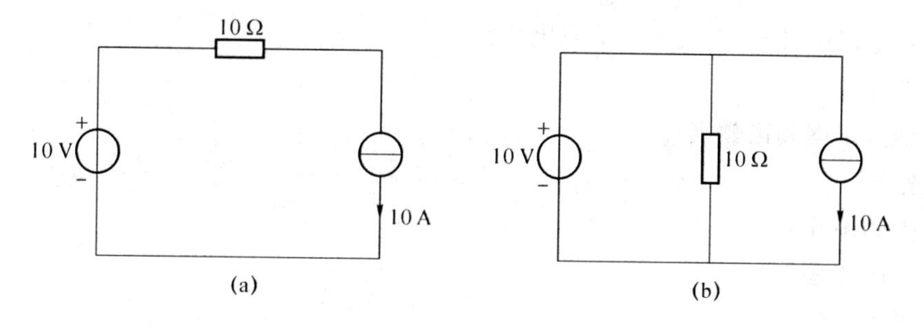

图 2.49　题 18 图

第3章 电路基本分析方法

本章要点

- 电阻的串并联
- Y-△网络等效变换
- 支路电流法、网孔电流法和节点电压法
- 叠加原理
- 戴维南定理和诺顿定理

本章重点

- 电阻的串并联
- 支路电流法
- 戴维南定理

本章难点

- Y-△网络的等效变换
- 网孔电流法和节点电压法
- 戴维南定理和诺顿定理

导言

本章主要介绍线性电路的两大分析方法：电路方程分析法和等效变换法。电路方程分析法是依据基尔霍夫定律和元件的伏安关系，选择适当的变量对电路列电压和电流方程，并联立方程组求解各条支路电流和各节点电压或其他待求量。本章将介绍三种电路方程分析法：支路电流法、网孔电流法和节点电压法。等效变换法也是依据基尔霍夫定律和元件的伏安关系，利用电路等效变换的概念，对电路进行等效变换，从而简化分析和计算。本章重点阐述等效变换的概念、电阻电路等效变换的方法及网络定理，包括叠加原理、戴维南定理和诺顿定理。本章中线性电路的分析法是围绕电阻电路展开的，其结论对其他线性电路同样适用。

3.1 电路等效

在分析计算电路过程中，等效变换非常有用。电路等效变换原理是分析电路的重要方法，这里讨论的电路等效仅是指无源电阻电路之间的等效。

3.1.1 等效及化简

对电路进行等效变换是指结构、元件参数不相同的两部分电路 N_1 和 N_2，若具有相同的伏安特性，则称它们彼此等效，如图 3.1 所示。这样，当用 N_1 代替 N_2 时，将不会改变 N_2 所在电路其他部分的电流、电压，反之亦成立。这种计算电路的方法称为电路的等效变换。等效变换采用的是变通思想，能将复杂电路或很难用简单方法解决的电路问题等效替换为简单电路，从而使整个电路得以化简。

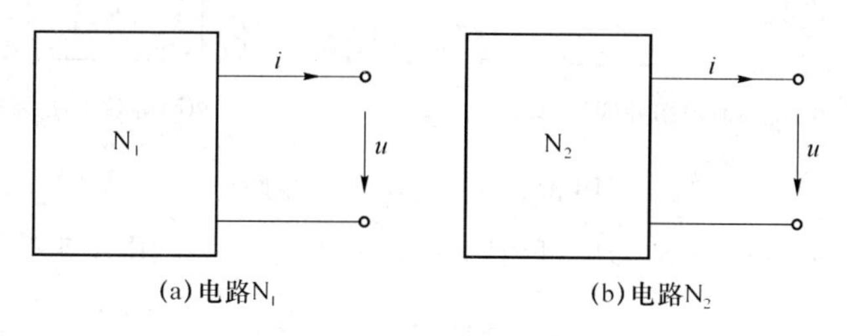

(a) 电路N_1　　(b) 电路N_2

图 3.1　电路的等效

电路中，电阻连接形式多种多样，其中最简单的形式是串联和并联。下面介绍其等效变换方法。

1. 电阻串联

几个电阻依次串起来，中间没有分支的连接方式，称为电阻的串联，如图 3.2(a)所示。

图 3.2(a)中串联的电阻 R_1、R_2 可用图 3.2(b)中一个电阻 R 来等效，电阻之间的等效关系为

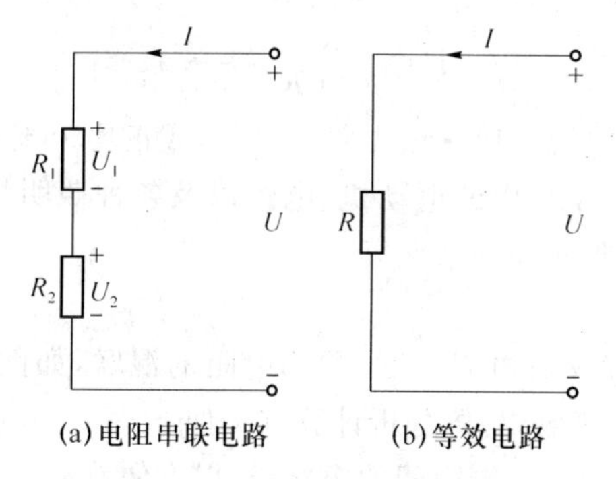

(a) 电阻串联电路　　(b) 等效电路

图 3.2　电阻串联等效电路

$$R=R_1+R_2 \tag{3-1}$$

两电阻串联电路的分压公式为

$$U_1=\frac{R_1}{R_1+R_2}U \tag{3-2}$$

$$U_2=\frac{R_2}{R_1+R_2}U \tag{3-3}$$

即电阻串联电路中各电阻上电压正比于该电阻的阻值。

电阻串联是电路中的常见形式。例如为了限制和调节电路中的电流，为了扩大电压表的量程等，都通过电阻串联来实现。

2. 电阻的并联

几个电阻跨接在相同两点的连接方式，称为电阻的并联，如图 3.3(a)所示。

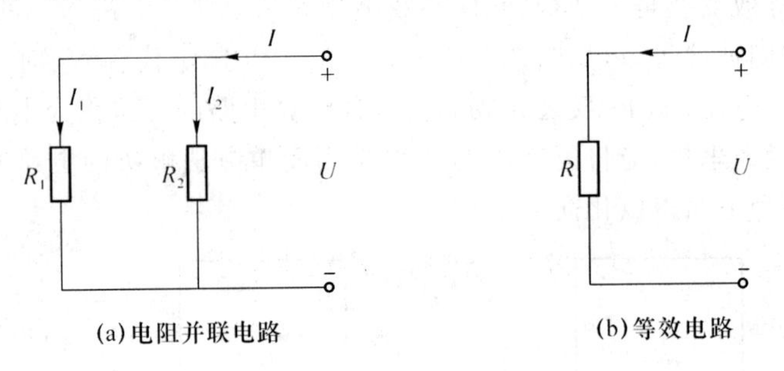

(a)电阻并联电路　　(b)等效电路

图 3.3　电阻并联等效电路

图 3.3(a)中并联的电阻 R_1、R_2 可用图 3.3(b)中的一个电阻 R 来等效。电阻之间的等效关系为

$$R=\frac{1}{\frac{1}{R_1}+\frac{1}{R_2}}=\frac{R_1R_2}{R_1+R_2} \tag{3-4}$$

$$G=G_1+G_2 \tag{3-5}$$

即等效电阻等于各电阻倒数之和的倒数，或等效电导等于各电导之和。

两电阻并联电路的分流公式为

$$I_1=\frac{R_2}{R_1+R_2}I=\frac{G_1}{G}I \tag{3-6}$$

$$I_2=\frac{R_1}{R_1+R_2}I=\frac{G_2}{G}I \tag{3-7}$$

即电阻并联电路中各支路电流反比于该支路的电阻，或正比于该支路的电导。

并联电路应用。例如，工厂中的电动机、电炉以及各种照明灯具均并联工作；为扩大电流表的量程需通过并联电阻实现的情况等。

3. 电阻的混联

电路中，既有电阻并联又有电阻串联，称为电阻的混联，如图 3.4 所示。图 3.4 中混联电阻也可用一个电阻 R 来等效，具体分析计算方法如下。

分析混联电路时首先应消去电阻间的短路线，以方便看清电阻间的连接关系；然后在电路中各电阻的连接点上标注不同的字母；再根据电阻间的串并联关系逐一化简，计算等效电阻。下面通过两个具体例子来说明。

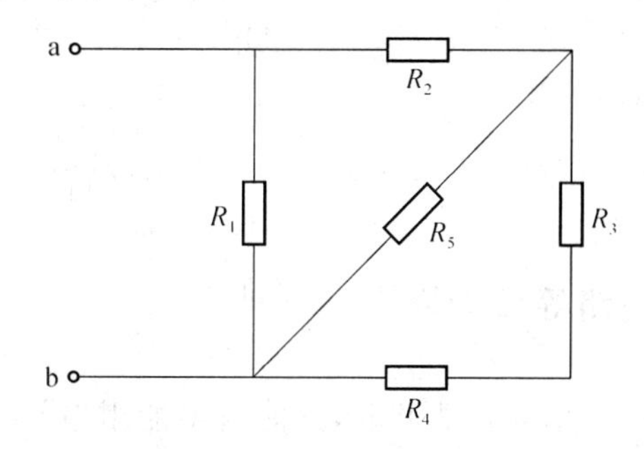

图 3.4　电阻混联电路

例 3-1　如图 3.5(a)所示电路,求 a、d 间的等效电阻(设 $R_1=R_2=R_3$)。

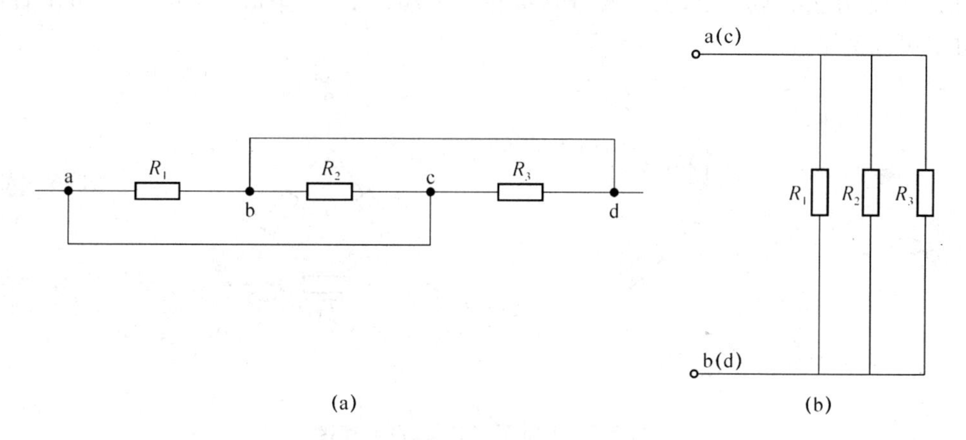

图 3.5　例 3-1 图

解:从电阻的连接关系看,3 个电阻为相互并联,如图 3.5(b)所示。故

$$R_{ad}=R_1//R_2//R_3=\frac{R_1}{3}$$

例 3-2　求图 3.6(a)所示电路的等效电阻 R_{ab}、R_{cd}。

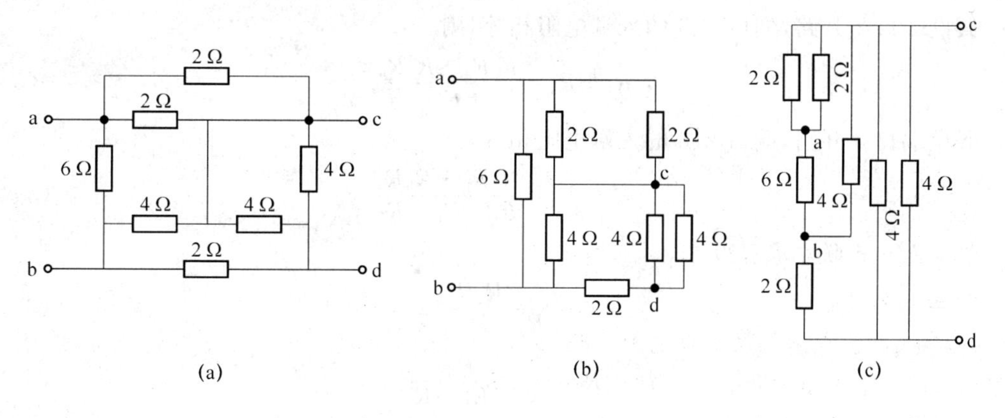

图 3.6　例 3-2 图

解:对 a、b 端口,由图 3.6(b)可知

$$R_{ab}=6//[2//2+4//(2+4//4)]=6//(1+2)=2\ \Omega$$

对 c、d 端口,由图 3.6(c)可知

$$R_{cd}=4//4//[(2//2+6)//4+2]=2//\frac{50}{11}=\frac{25}{18}\ \Omega$$

3.1.2 星形和三角形网络等效变换

有些电路中电阻连接既非串联也非并联,这时就不能用串并联进行等效化简。对于这种复杂电路可采用 Y-△网络变换进行等效。

星形(Y 形)网络和三角形(△形)网络如图 3.7(a)、图 3.7(b)所示。星形网络中,每个电阻的一端连在公共点 o 上,另一端分别接在 3 个端口上;三角形网络中,3 个电阻首尾相连,并引出 3 个端口。

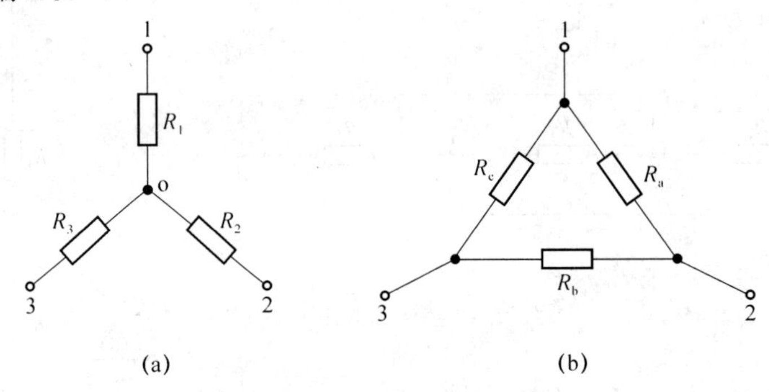

图 3.7 电阻 Y 形连接、△形连接

电阻的星形网络和三角形网络是三端口网络,只要保持对应端口之间的伏安关系不变,两者可以等效替换,即电阻 Y-△形等效变换。下面推导△形连接变换到 Y 形连接时的公式。

假设端口 3 开路,端口 1、2 的入端电阻相等,则

$$R_1+R_2=\frac{R_aR_b+R_aR_c}{R_a+R_b+R_c} \tag{3-8}$$

假设端口 2 开路,端口 1、3 的入端电阻相等,则

$$R_1+R_3=\frac{R_cR_a+R_cR_b}{R_a+R_b+R_c} \tag{3-9}$$

假设端口 1 开路,端口 2、3 的入端电阻相等,则

$$R_2+R_3=\frac{R_bR_a+R_bR_c}{R_a+R_b+R_c} \tag{3-10}$$

将上面 3 式联立求解得

$$R_1=\frac{R_aR_c}{R_a+R_b+R_c} \tag{3-11}$$

$$R_2=\frac{R_aR_b}{R_a+R_b+R_c} \tag{3-12}$$

$$R_3=\frac{R_bR_c}{R_a+R_b+R_c} \tag{3-13}$$

式(3-11)、式(3-12)、式(3-13)就是根据△连接的电阻确定Y形连接的电阻的公式。将式(3-11)、式(3-12)、式(3-13)联立,可得到电阻Y形连接变换到△形连接时的公式。

$$R_a = R_1 + R_2 + \frac{R_1 R_2}{R_3} \tag{3-14}$$

$$R_b = R_2 + R_3 + \frac{R_2 R_3}{R_1} \tag{3-15}$$

$$R_c = R_1 + R_3 + \frac{R_1 R_3}{R_2} \tag{3-16}$$

当进行Y-△形等效变换的3个电阻相等时,有

$$R_\Delta = 3R_Y \tag{3-17}$$

例 3-3　求图3.8(a)电路中的R_{ab}和U_{ab}。

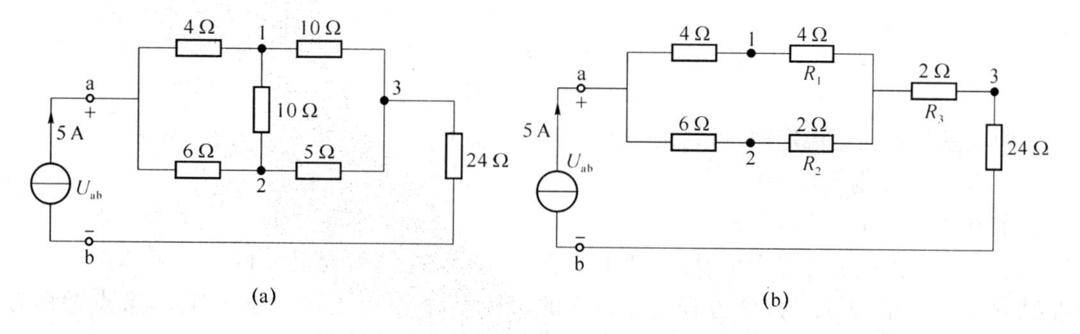

图3.8　例3-3图

解:利用Y-△等效变换,得到图3.8(b)所示的等效电路,其中

$$R_1 = \frac{10 \times 10}{10+10+5} = 4\ \Omega$$

$$R_2 = \frac{10 \times 5}{10+10+5} = 2\ \Omega$$

$$R_3 = \frac{10 \times 5}{10+10+5} = 2\ \Omega$$

图3.8(b)中a、b两端的等效电阻R_{ab}为

$$R_{ab} = \left(\frac{8 \times 8}{8+8} + 2 + 24\right) = 30\ \Omega$$

则a、b两点间电压U_{ab}为

$$U_{ab} = 5 \times R_{ab} = 5 \times 30 = 150\ \text{V}$$

3.2　支路电流法

3.2.1　支路电流法

支路电流法是以各条支路电流为未知量,运用基尔霍夫定律列出方程组,并联立求解出

各未知量。它是分析复杂电路的基本方法之一。下面通过一个具体例子来说明运用支路电流法解题的步骤和要点。

如图 3.9 所示电路，该电路有 3 条支路、2 个节点和 3 个回路，各支路电流的参考方向和回路的绕行方向标于图中，其中 $U_{S1}=70\ \text{V}$，$U_{S2}=6\ \text{V}$，$R_1=R_3=7\ \Omega$，$R_2=11\ \Omega$。

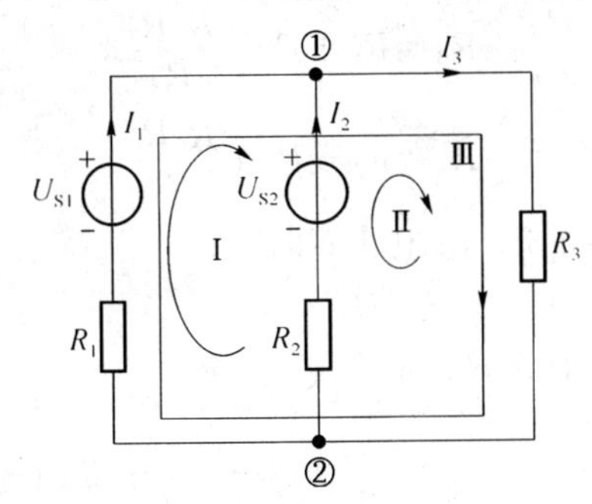

图 3.9　支路电流法

根据基尔霍夫电流定律，可列出如下节点电流方程。

节点①：$I_1+I_2-I_3=0$

节点②：$I_3-I_1-I_2=0$

从两个节点电流方程中可看出，两个方程中只有一个方程是独立的。如果节点①方程是独立节点方程，那么节点②方程是非独立的。相应地，节点①称为独立节点，节点②称为参考节点。根据数学知识可知，对于有 n 个节点的电路，其独立节点数目为 $n-1$ 个。

根据基尔霍夫电压定律可列出 3 个回路电压方程，具体如下。

回路Ⅰ：$7I_1-11I_2=70-6$

回路Ⅱ：$11I_2+7I_3=6$

回路Ⅲ：$7I_1+7I_3=70$

把回路Ⅰ和回路Ⅱ的电压方程相加即可得回路Ⅲ的方程。这说明 3 个回路电压方程中只有两个是独立的。如果回路Ⅰ、Ⅱ方程作为独立回路电压方程，则回路Ⅲ方程为非独立的。对应的回路Ⅰ、Ⅱ称为独立回路。对于具有 b 条支路、n 个节点的电路，其独立回路数目为 $b-n+1$ 个。网孔是独立回路。

将上述 3 个独立方程联立，可得如下方程组：

$$\begin{cases} I_1+I_2-I_3=0 \\ 7I_1-11I_2=70-6 \\ 11I_2+7I_3=6 \end{cases}$$

联立求解得：$I_1=6\ \text{A}$

$I_2=-2\ \text{A}$

$I_3=4\ \text{A}$

求得各支路电流后，还可求解各支路上电压。如 R_3 支路电压

$$U_3=R_3I_3=4\times7=28\ \text{V}$$

从以上分析中可总结出支路电流法的解题步骤：

(1) 确定电路中支路数目，并选取合适的独立节点和独立回路。

(2) 设定各支路电流的参考方向和独立回路的绕行方向。

(3) 依据 KCL 列出独立节点的电流方程。

(4) 依据 KVL 列出独立回路的电压方程。

(5) 联立求解方程组,得各支路电流。

(6) 依据元件的伏安关系(VCR),求解各支路电压。

3.2.2 应用举例

例 3-4　如图 3.10 所示电路。用支路电流法求解各支路电流。

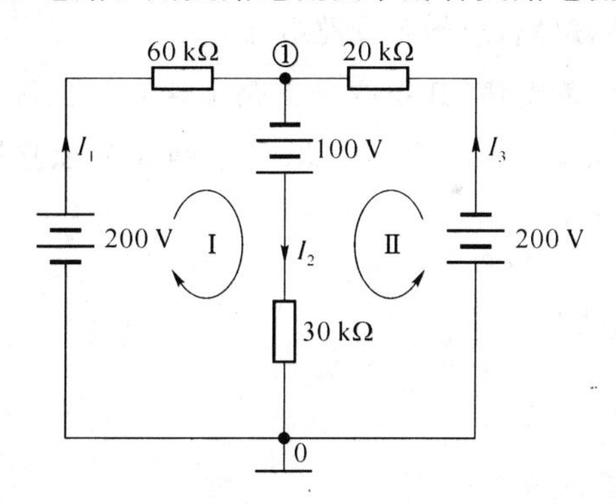

图 3.10　例 3-4 图

解:本题有 3 条支路、2 个节点和 3 个回路。独立节点、独立回路及各支路电流的参考方向和独立回路绕行的方向如图 3.10 所示。

根据 KCL 和 KVL 可列出以下方程。

节点①:$I_1+I_3=I_2$

回路Ⅰ:$60I_1+30I_2=200+100$

回路Ⅱ:$30I_2+20I_3=-200+100$

联立求解方程组,得

$$I_1=5\text{ mA}\quad I_2=0\text{ mA}\quad I_3=-5\text{ mA}$$

例 3-5　利用支路电流法求解图 3.11 所示电路中各支路电流。

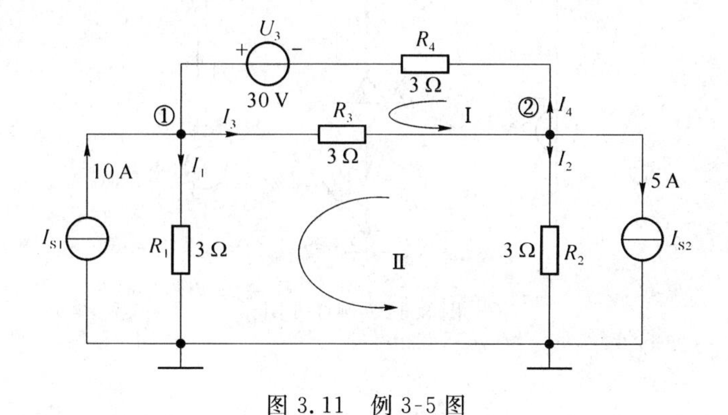

图 3.11　例 3-5 图

解:本题有 3 个节点,6 条支路,其中两条支路中含有两个电流源 I_{S1}、I_{S2},因此只有 4 个未知电流,如图 3.11 所示,分别为 I_1、I_2、I_3、I_4。根据 KCL 和 KVL 可列出下列方程。

节点①:$I_1+I_3-I_4=10$

节点②:$I_2-I_3+I_4=-5$

回路Ⅰ:$I_3R_3+I_4R_4=U_3$

回路Ⅱ:$I_1R_1-I_2R_2-I_3R_3=0$

将电阻值代入方程,并联立求解方程组,得

$$I_1=6\ \text{A}\quad I_2=-1\ \text{A}\quad I_3=7\ \text{A}\quad I_4=3\ \text{A}$$

例 3-6 如图 3.12 所示电路,求解各支路电流。

解:本题有 4 个节点,6 条支路,其中两条支路中含有受控源,因此需列 2 个补充方程。各支路电流参考方向如图 3.12 所示,并且选取 3 个网孔为独立回路,按顺时针方向绕行。根据 KCL 和 KVL 可列出下列方程。

节点 a:$I_1-I_2-I_4=0$

节点 b:$I_4-I_5-I_6=0$

节点 c:$I_2+I_5-I_3=0$

网孔 aboa:$2I_4=3-U_x$

网孔 bceob:$I_5+I_3=U_x-6$

网孔 adcba:$I_2-I_5-2I_4=U$

补充方程:$I_6=2U$

$U=2I_4$

联立方程组求解得

$$I_1=2\ \text{A}\quad I_2=1\ \text{A}\quad I_3=-2\ \text{A}\quad I_4=1\ \text{A}\quad I_5=-3\ \text{A}\quad I_6=4\ \text{A}$$

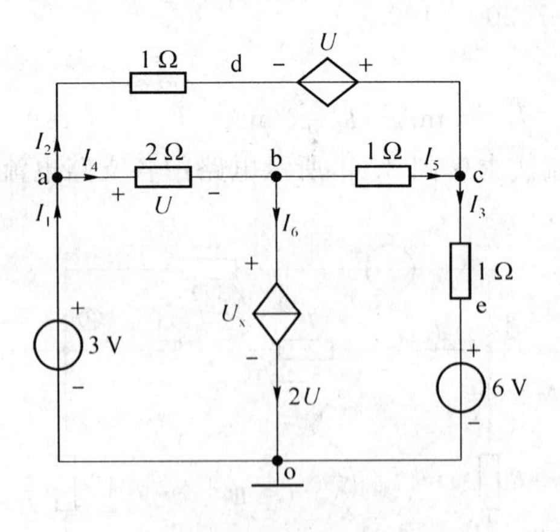

图 3.12 例 3-6 图

3.3 网孔电流法

网孔电流法是以网孔电流作为电路的独立变量，它仅适用于平面电路。

3.3.1 网孔电流法

图 3.13 所示电路共有 3 条支路，电流参考方向和网孔电流(绕行)方向已标于图中。

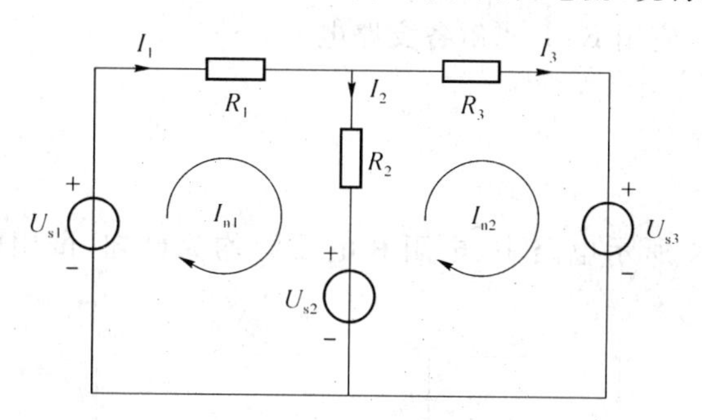

图 3.13　网孔电流法

对节点应用 KCL，有

$$I_2=I_1-I_3$$

可见 I_2 不是独立的，它由 I_1、I_3 决定。现在假想有两个电流 I_{n1} 和 I_{n2} 分别是两个网孔电流。那么有如下分析：左边支路只有电流 I_{n1} 流过，$I_1=I_{n1}$；右边支路只有 I_{n2} 流过，$I_3=I_{n2}$；而中间支路有两个网孔电流同时流过，$I_2=I_{n1}-I_{n2}=I_1-I_3$。如果把各支路电流当作网孔电流的代数和，则用网孔电流作为电路变量，就只需列 KVL 方程。

以网孔电流为未知量，根据 KVL 列网孔电压方程，求得各网孔电流的方法称为网孔电流法。

设图 3.13 所示电路中的网孔电流方向为绕行方向，对网孔列出 KVL 方程

$$\begin{aligned}(R_1+R_2)I_{n1}-R_2I_{n2}&=U_{s1}-U_{s2}\\ -R_2I_{n1}+(R_2+R_3)I_{n2}&=U_{s2}-U_{s3}\end{aligned}\tag{3-18}$$

令 R_{11} 和 R_{22} 分别代表两网孔所有电阻之和，即自电阻，这样

$$R_{11}=R_1+R_2$$

$$R_{22}=R_2+R_3$$

令 R_{12} 和 R_{21} 代表两个网孔的共有电阻，即网孔的互阻，那么

$$R_{12}=R_{21}=-R_2$$

当互电阻上的网孔电流参考方向相同时，互阻取正；反之取负。如果两个网孔之间没有共有支路，或者有共有支路但其电阻为零，则互阻为零。如果将所有网孔电流都取为顺(逆)时针方向，则所有互阻总是负的。

由此，(3—18)式可改写为

$$\begin{aligned} R_{11}I_{n1}+R_{12}I_{n2}&=u_{s11} \\ R_{21}I_{n1}+R_{22}I_{n2}&=u_{s22} \end{aligned} \tag{3-19}$$

式(3-19)右边的 u_{s11}、u_{s22} 为网孔的总电压源的电压，各电压源的方向(电位升)与网孔电流一致时，前面取"＋"号，反之取"－"号。

从以上分析中可总结出网孔电流法的解题步骤：

(1) 确定电路网孔数目；

(2) 设定各网孔电流的参考方向；

(3) 列出网孔电流方程；

(4) 联立求解方程组，得各网孔电流；

(5) 依据电路节点，应用 KCL 求解各支路电流。

3.3.2 应用举例

例 3-7 在图 3.14 所示电路中，电阻和电压源均为已知，试用网孔电流法求各支路电流。

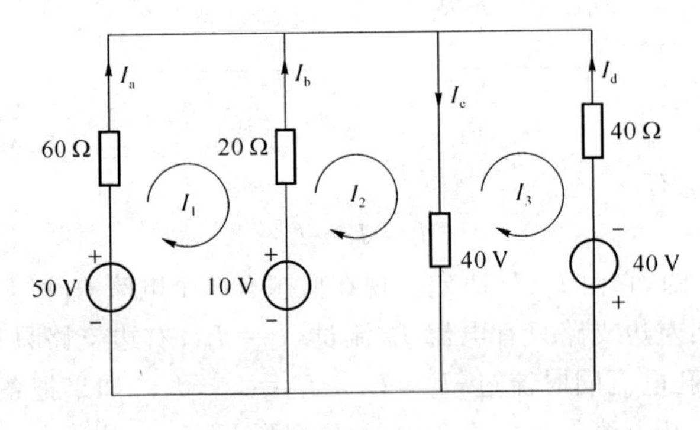

图 3.14 例 3-7 图

解：(1) 网孔电流 I_1、I_2、I_3 如图所示，为顺时针方向。

(2) 列出网孔电流方程

$$(60+20)I_1-20I_2-0\times I_3=50-10$$

$$-20I_1+(20+40)I_2-40I_3=10$$

$$-0\times I_1-40I_2+(40+40)I_3=40$$

(3) 求解方程组，得

$$I_1=0.786\ \text{A}$$

$$I_2=1.143\ \text{A}$$

$$I_3=1.071\ \text{A}$$

(4) 求各支路电流，有

$$I_a=I_1=0.786\ \text{A}$$

$$I_b=I_2-I_1=0.357\ \text{A}$$

$$I_c = I_2 - I_3 = 0.072\ \text{A}$$

$$I_d = -I_3 = -1.071\ \text{A}$$

3.4 节点电压法

3.4.1 节点电压法

节点电压法是以节点电压为未知量的电路分析方法。下面也通过一个具体例子来说明节点电压法的解题步骤和要点。

图3.15所示电路中共有3个节点。设节点o为参考节点，节点①、②的电压为U_1、U_2，其方向指向参考节点。各支路电流的参考方向见图3.15。根据KCL，可列出独立节点电流方程

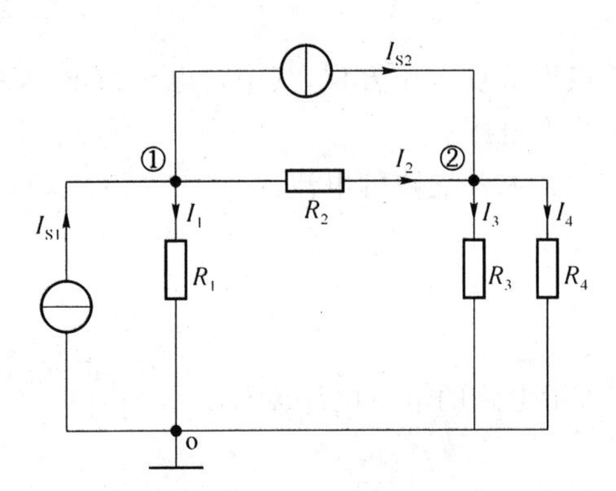

图3.15　节点电压法

$$I_{S1} = I_{S2} + I_1 + I_2 \tag{3-20}$$

$$I_{S2} + I_2 = I_3 + I_4 \tag{3-21}$$

用节点电压表示各支路电流，分别为

$$I_1 = \frac{U_1}{R_1} \tag{3-22}$$

$$I_2 = \frac{U_1 - U_2}{R_2} \tag{3-23}$$

$$I_3 = \frac{U_2}{R_3} \tag{3-24}$$

$$I_4 = \frac{U_2}{R_4} \tag{3-25}$$

将式(3-22)、式(3-23)、式(3-24)、式(3-25)分别代入式(3-20)和式(3-21)，并整理得

$$\left(\frac{1}{R_1} + \frac{1}{R_2}\right)U_1 - \frac{1}{R_2}U_2 = I_{S1} - I_{S2}$$

$$-\frac{1}{R_2}U_1+\left(\frac{1}{R_2}+\frac{1}{R_3}+\frac{1}{R_4}\right)U_2=I_{S2}$$

即
$$(G_1+G_2)U_1-G_2U_2=I_{S1}-I_{S2}$$
$$-G_2U_1+(G_2+G_3+G_4)U_2=I_{S2}$$

设 $G_{11}=G_1+G_2$，称为节点①的自电导，是连接到节点①的各支路电导之和。$G_{22}=G_2+G_3+G_4$，称为节点②的自电导，是连接到节点②的各支路电导之和。

$G_{12}=G_{21}=-G_2$，称为节点①和节点②之间的互电导，是连接在节点①和节点②之间各支路电导之和的负值。$I_{S11}=I_{S1}-I_{S2}$ 是连接到节点①各支路的独立电源产生的电流代数和。流入该节点为正，流出该节点为负。$I_{S22}=I_{S2}$ 是连接到节点②各支路的独立电源产生电流的代数和。这样可得节点电压方程的一般形式

$$G_{11}U_1+G_{12}U_2=I_{S11}$$
$$G_{21}U_1+G_{22}U_2=I_{S22}$$

求解该方程，可得节点电压，并进一步求得各支路电流。

节点电压法解题步骤：

(1) 选定参考点，对其余节点编号，其余节点对参考点的电压为节点电压，方向指向参考点。

(2) 对 $n-1$ 个独立节点列节点电压方程，其中自电导为正，互电导为负。

(3) 求解方程组，得各节点电压。

(4) 根据支路的伏安关系，求各支路的电流。

3.4.2 应用举例

例 3-8 列出图 3.16 所示电路的节点电压方程。

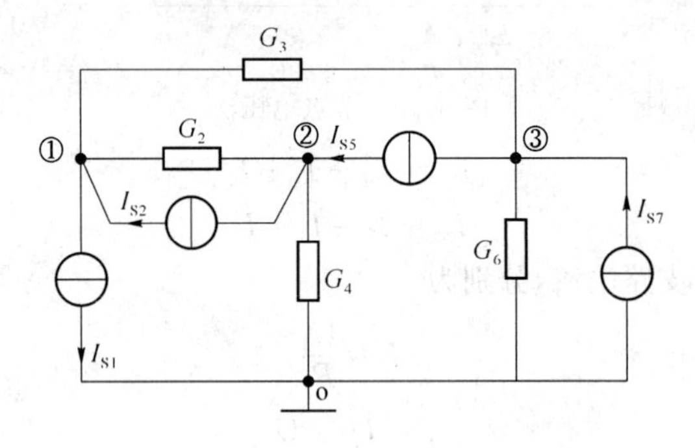

图 3.16 例 3-8 图

解：选择参考节点如图 3.16 示。节点①、②、③电压分别为 U_1、U_2、U_3。根据节点电压公式，得各节点电压方程如下：

$$(G_2+G_3)U_1-G_2U_2-G_3U_3=I_{S2}-I_{S1}$$
$$-G_2U_1+(G_2+G_4)U_2=I_{S5}-I_{S2}$$
$$-G_3U_1+(G_3+G_6)U_3=I_{S7}-I_{S5}$$

例 3-9 应用节点电压法求图 3.17 所示电路中的 U_{ab}。

解:选取 b 点为参考点,则根据节点电压公式有

$$\left(\frac{1}{50}+\frac{1}{50}+\frac{1}{50}\right)U_{a}=-\left(\frac{25}{50}+\frac{100}{50}+\frac{25}{50}\right)$$

$$U_{a}=-50\ \mathrm{V}$$

即
$$U_{ab}=-50\ \mathrm{V}$$

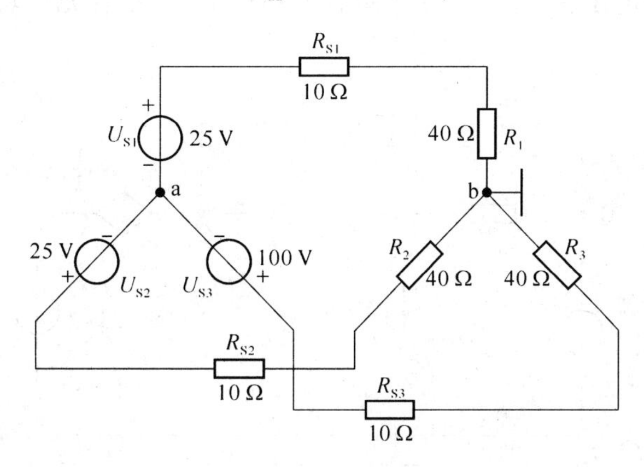

图 3.17　例 3-9 图

例 3-10　应用节点电压法求图 3.18 所示电路中各支路电流,并求电源输出功率。

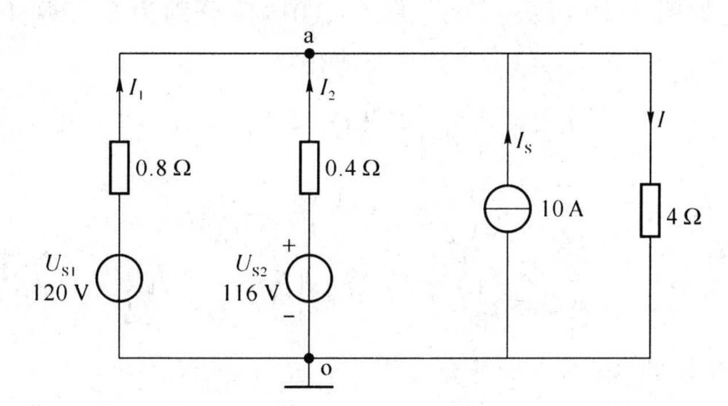

图 3.18　例 3-10 图

解:选择参考节点如图 3.18 所示。根据节点电压公式得

$$\left(\frac{1}{0.8}+\frac{1}{0.4}+\frac{1}{4}\right)U_{a}=\frac{120}{0.8}+\frac{116}{0.4}+10$$

$$U_{a}=112.5\ \mathrm{V}$$

各支路电流参考方向如图 3.18 所示,则各支路电流为

$$I_{1}=\frac{120-112.5}{0.8}=9.38\ \mathrm{A}$$

$$I_{2}=\frac{116-112.5}{0.4}=8.75\ \mathrm{A}$$

$$I_{S}=10\ \mathrm{A}$$

$$I=\frac{112.5}{4}=28.13\ \mathrm{A}$$

电源输出功率为

$$P_1=112.5\times 9.38=1\ 055\ \text{W}$$

$$P_2=112.5\times 8.75=984\ \text{W}$$

$$P_3=112.5\times 10=1\ 125\ \text{W}$$

例 3-11 用节点电压法求图 3.19 所示各支路电流,并求各元件功率且校验功率是否平衡。

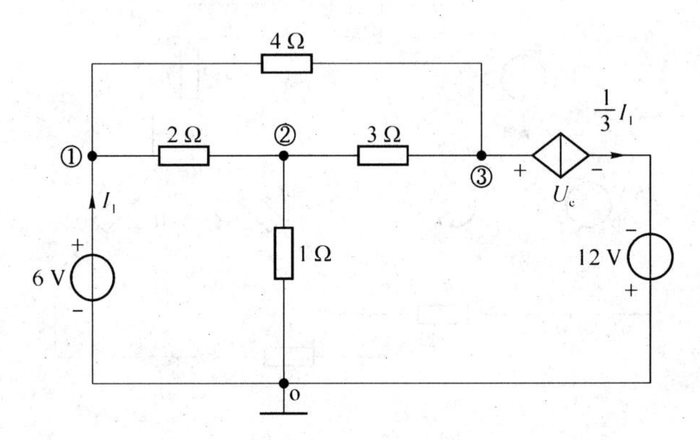

图 3.19 例 3-11 图

解:选择参考点如图 3.19 所示。节点①、②、③电压分别为 U_1、U_2、U_3。列出节点电压方程如下

$$\left(\frac{1}{2}+\frac{1}{4}\right)U_1-\frac{1}{2}U_2-\frac{1}{4}U_3=I_1$$

$$-\frac{1}{2}U_1+\left(\frac{1}{2}+1+\frac{1}{3}\right)U_2-\frac{1}{3}U_3=0$$

$$-\frac{1}{4}U_1-\frac{1}{3}U_2+\left(\frac{1}{3}+\frac{1}{4}\right)U_3=-\frac{1}{3}I_1$$

一条支路中含受控源,需列一个补充方程。补充方程:$U_1=6\ \text{V}$

联立求解得 $U_2=2\ \text{V}\quad U_3=2\ \text{V}\quad I_1=3\ \text{A}$

各元件的功率为 $P_{6\text{V}}=-6\times 3=-18\ \text{W}$

$$P_{12\text{V}}=-12\times 1=-12\ \text{W}$$

$$P_{1\Omega}=\frac{U_2^2}{R}=\frac{4}{1}=4\ \text{W}$$

$$P_{3\Omega}=\frac{(U_2-U_3)^2}{R}=0\ \text{W}$$

$$P_{2\Omega}=\frac{(U_1-U_2)^2}{2}=8\ \text{W}$$

$$P_{4\Omega}=\frac{(U_1-U_3)^2}{4}=4\ \text{W}$$

受控源功率为 $P_c=U_c\times\frac{1}{3}I_1=(U_3+12)\times\frac{1}{3}\times 3=14\ \text{W}$

电路总功率为 $P=-18+(-12)+4+8+4+14=0\ \text{W}$

3.5 叠加原理

3.5.1 叠加原理

叠加原理又称叠加定理,是分析线性电路的一个重要原理,可表述为:在线性电路中,如果有多个独立源同时作用,任何一条支路的电流或电压等于各个电源单独作用时对该支路所产生的电流或电压的代数和。

下面通过一个例子来证明。如图 3.20 所示,该电路可用支路电流法求解。

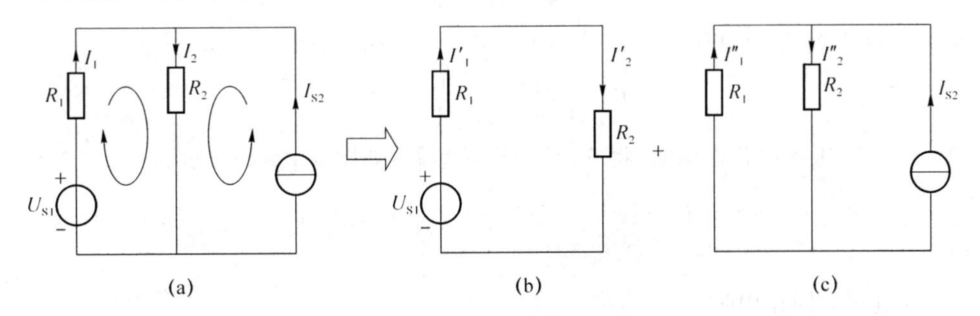

图 3.20　叠加原理应用图解

由图 3.20(a)可得方程

$$I_2=I_1+I_{S2}$$

$$R_1I_1+R_2I_2=U_{S1}$$

解方程得

$$I_1=\frac{U_{S1}}{R_1+R_2}-\frac{R_2}{R_1+R_2}I_{S2}=I_1'+I_1''$$

$$I_2=\frac{U_{S1}}{R_1+R_2}+\frac{R_1}{R_1+R_2}I_{S2}=I_2'+I_2''$$

其中 $I_1'=I_2'=\frac{U_{S1}}{R_1+R_2}$为电压源 U_{S1} 单独作用时各支路电流。

$I_1''=-\frac{R_2}{R_1+R_2}I_{S2}$,$I_2''=\frac{R_1}{R_1+R_2}I_{S2}$为电流源 I_{S2} 单独作用时各支路电源。

从上述分析可知,在线性电路中叠加原理成立。运用叠加原理时,必须注意以下几点。

(1) 叠加原理只适合用于线性电路,不适用于非线性电路。

(2) 叠加原理只适用于计算电压和电流,不适用于计算功率。

(3) 叠加时,必须注意电压和电流的参考方向。

(4) 所谓电源单独作用是指当一个电源单独作用时,其他电源置零。其中,理想电压源置零,相当于短路;理想电流源置零,相当于开路。

叠加原理一般不用作解题，主要用来帮助掌握线性电路性质。

3.5.2 应用举例

例 3-12 电路如图 3.21(a)所示，试用叠加原理求电流 I。

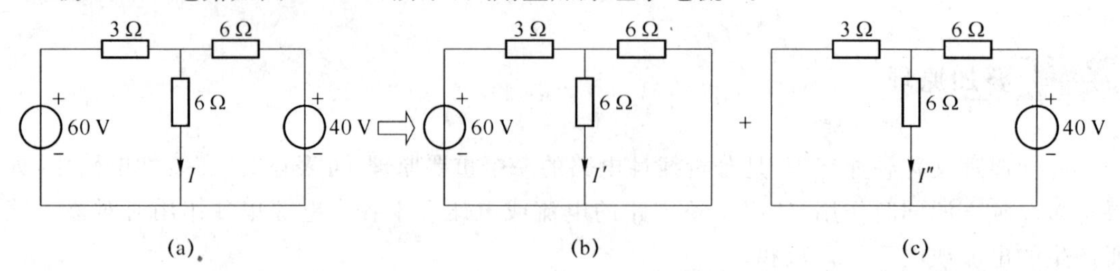

图 3.21 例 3-12 图

解：(1) 60 V 电压源单独工作时，将 40 V 电压源短路，如图 3.21(b)所示。

$$I'=\frac{60}{3+6//6}\times\frac{1}{2}=5\ \mathrm{A}$$

(2) 40 V 电压源单独作用时，将 60 V 电压源短路，如图 3.21(c)所示。

$$I''=\frac{40}{\frac{3\times6}{3+6}+6}\times\frac{3}{3+6}=\frac{5}{3}\approx1.67\ \mathrm{A}$$

(3) 两电源共同作用时，由于方向一致，所以

$$I=I'+I''=5+1.67=6.67\ \mathrm{A}$$

例 3-13 用叠加定理求图 3.22(a)所示电路中的电流 I。

解：(1) 3 V 电压源单独作用时，将 1 A 的电流源开路，如图 3.22(b)所示。

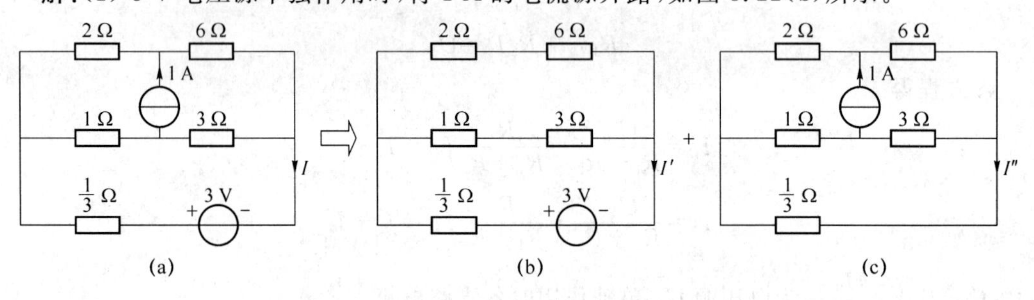

图 3.22 例 3-13 图

$$I'=\frac{3}{\frac{1}{3}+\frac{4\times8}{4+8}}=1\ \mathrm{A}$$

(2) 1 A 电流源单独作用时，将 3 V 电压源短路，如图 3.22(c)所示。该电路为一平衡电桥电路，则

$$I''=0\ \mathrm{A}$$

(3) 两电源同时作用时

$$I=I'+I''=1+0=1\ \mathrm{A}$$

例 3-14　应用叠加原理求图 3.23(a)电路的电压 U。

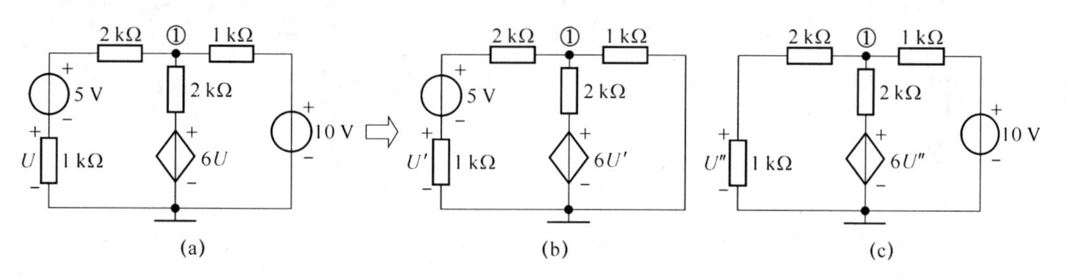

图 3.23　例 3-14 图

解:(1) 5 V 电压源单独作用时,如图 3.23(b)所示。列节点电压方程,得

$$\left(\frac{1}{3}+\frac{1}{2}+1\right)U_1=\frac{5}{3}+\frac{6U'}{2}$$

$$U'=\frac{1}{3}(U_1-5)$$

联立方程组,求解得

$$U'=-3\ \mathrm{V}$$

(2) 10 V 电压源单独工作时,如图 3.23(c)所示。列节点电压方程,得

$$\left(\frac{1}{3}+\frac{1}{2}+1\right)U_1=10+\frac{6U''}{2}$$

$$U''=\frac{1}{3}U_1$$

联立方程组,求解得

$$U''=4\ \mathrm{V}$$

(3) 两个电源共同作用时,得

$$U=U'+U''=-3+4=1\ \mathrm{V}$$

3.6　等效电源定理

在一些复杂电路计算中,有时只需求解某条支路的电流,如果仍用支路电流法、网孔电流法、节点电压法等方法求解,计算就太烦琐了。这时可以把这条支路以外的电路用等效电源定理进行化简。等效电源定理又称二端网络定理。

所谓二端网络是指具有两个引出端的部分电路。

不含电源的二端网络称为无源二端网络,如图 3.24 所示。无源二端网络可用一个等效电阻代替。

含有电源的二端网络称为有源二端网络,如图 3.25 所示。有源二端网络可用电源和电阻的组合来等效代替。

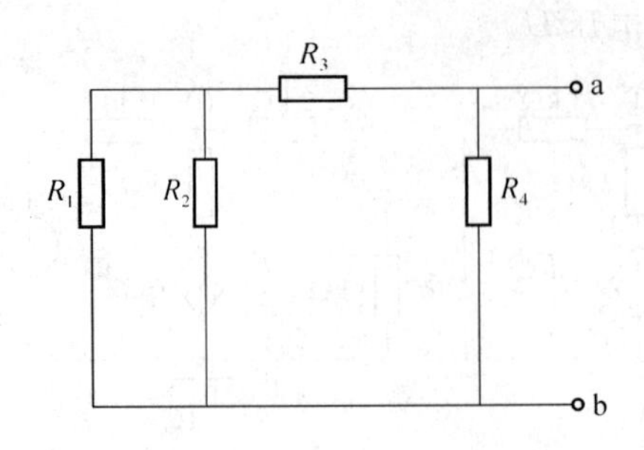

图 3.24　无源二端网络

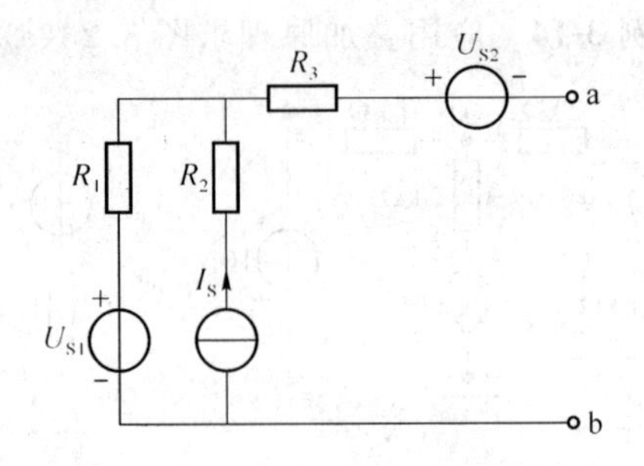

图 3.25　有源二端网络

3.6.1 戴维南定理

戴维南定理指出：任何一个线性有源二端网络，就其外部特性而言，总可以用一个电压源与电阻的串联组合来等效代替。电压源的数值和极性与引出端开路时的开路电压 U_{oc} 相同；电阻等于该有源二端网络中所有独立源置零（电压源短路、电流源开路）时从引出端看进去的电阻，又称入端电阻 R_i，如图 3.26 所示。

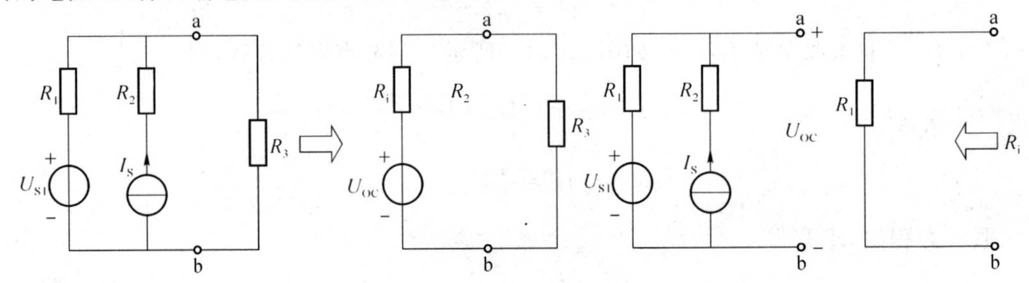

图 3.26　戴维南定理

例 3-15　求图 3.27(a)所示电路的戴维南等效电路。

解：(1) ab 两端开路电压 U_{oc}：

$$U_{oc}=\left(\frac{12-6}{6+3}\right)\times 3+6+4=12\ \mathrm{V}$$

(2) ab 两端入端电阻 R_i：

$$R_i=\left(\frac{3\times 6}{3+6}\right)+1=3\ \Omega$$

(3) 戴维南等效电路如图 3.27(b)所示。

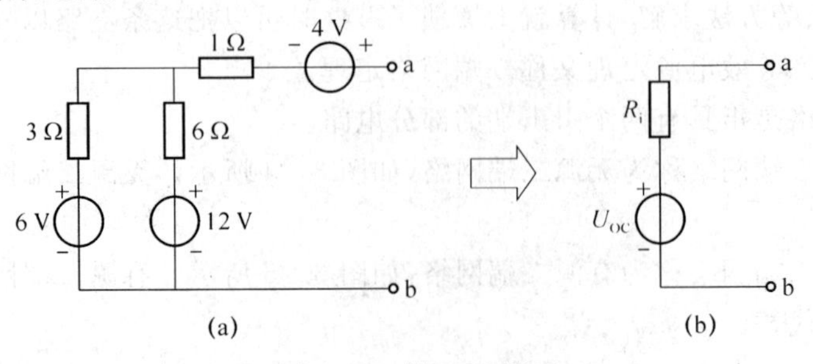

图 3.27　例 3-15 图

例 3-16　用戴维南定理计算图 3.28(a)所示电路中电流 I。

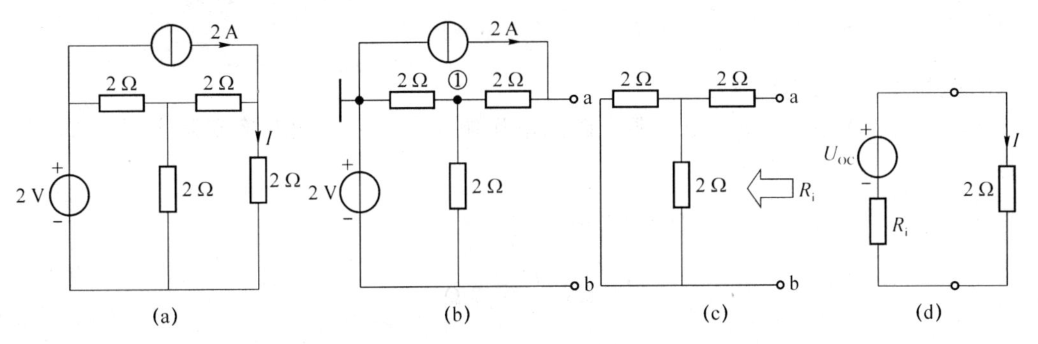

图 3.28　例 3-16 图

解：(1) ab 两端开路电压 U_{oc}：

选定如图 3.28(b)所示参考点，用节点电压法求节点①电压

$$\left(\frac{1}{2}+\frac{1}{2}\right)U_1=2-1$$

$$U_1=1\ \text{V}$$

则

$$U_{oc}=2\times2+1+2=7\ \text{V}$$

(2) ab 两端入端电阻 R_i[如图 3.28(c)所示]：

$$R_i=\frac{2\times2}{2+2}+2=3\ \Omega$$

(3) 画出戴维南等效电路[如图 3.28(d)所示]，则电流 I：

$$I=\frac{7}{3+2}=\frac{7}{5}\ \text{A}$$

例 3-17　求图 3.29(a)所示电路中的电流 I。

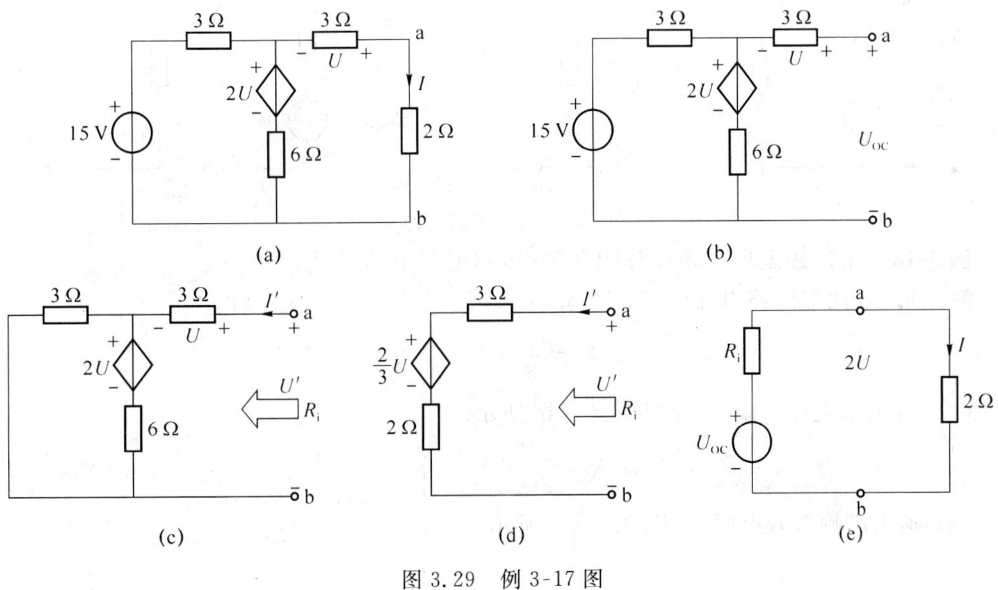

图 3.29　例 3-17 图

解:(1) ab 两端开路电压 U_{oc}[如图 3.29(b)所示]:

$$U_{oc}=\frac{15}{3+6}\times 6=10\ \text{V}$$

(2) ab 两端入端电阻 R_i:

将图 3.29(c)所示电路中受控源支路用电压源与电流源等效互换变换成图 3.29(d)所示的形式。

$$U'=3I'+\frac{2}{3}\times 3I'+2I'=7I'$$

$$R_i=\frac{U'}{I'}=7\ \Omega$$

$$U_{\alpha}=\frac{6}{6+3}\times 15=10\ \text{V}$$

(3) 画出戴维南等效电路如图 3.29(e)所示,则电流 I:

$$I=\frac{10}{7+2}=\frac{10}{9}\ \text{A}$$

注意:求入端电阻时,只能将独立源置零,不能将受控源置零。由于受控源存在,ab 两端入端电阻 R_i 不能利用电阻串并联求得。可采用另外一种方法,即在 ab 两端施加电压 U',求出入端电流 I',由此得到 $R_i=U'/I'$。如图 3.29(c)所示。

3.6.2 诺顿定理

诺顿定理指出:任何一个线性有源二端网络,就其外部特性而言,总可以用一个电流源和电阻的并联组合来等效代替。电流源数值和极性与引出端短路时的短路电流 I_{sc} 相同;电阻等于该有源二端网络中所有独立源置零值时从引入端得到的入端电阻 R_i(如图 3.30 所示)。

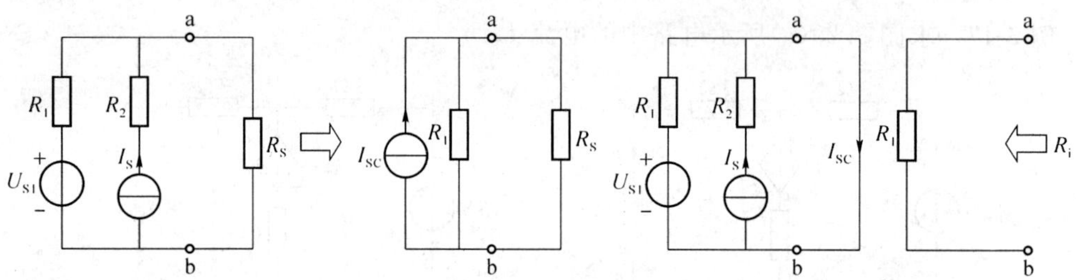

图 3.30 诺顿定理

例 3-18 用诺顿定理重新计算图 3.28 所示电路中的电流 I。

解:(1) ab 两端短路电流 I_{sc},如图 3.31(a)所示,用叠加定理求得

$$I_{sc}=\frac{1}{3}+2=\frac{7}{3}\ \text{A}$$

(2) ab 两端入端电阻 R_i,如图 3.31(b)所示

$$R_i=\frac{2\times 2}{2+2}+2=3\ \Omega$$

(3) 画出诺顿等效电路,如图 3.31(c)所示

$$I=\frac{3}{3+2}\times\frac{7}{3}=\frac{7}{5}\ \text{A}$$

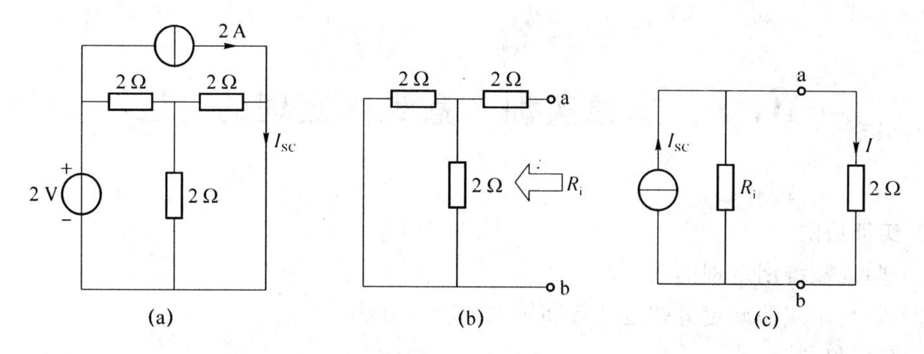

图 3.31　例 3-18 图

例 3-19　用诺顿定理重做图 3.29 所示电路。

解：(1) ab 两端短路电流 I_{sc}

用节点电压法列节点电压方程

$$\left(\frac{1}{3}+\frac{1}{6}+\frac{1}{3}\right)U_c=\frac{15}{3}+\frac{2U}{6}$$

$$U_c=-U$$

求解方程得

$$U_c=\frac{30}{7}\mathrm{V}$$

则

$$I_{sc}=\frac{\frac{30}{7}}{3}=\frac{10}{7}\mathrm{A}$$

(2) ab 两端入端电阻 R_i

ab 两端的入端电阻 R_i 还可以用另外一种方法 $R_i=\frac{U_{oc}}{I_{sc}}$求解。

$$R_i=\frac{U_{oc}}{I_{sc}}=\frac{10}{\frac{10}{7}}=7\ \Omega$$

(3) 画出诺顿等效电路，如图 3.32(b)所示。

$$I=\frac{10}{7}\times\frac{7}{2+7}=\frac{10}{9}\mathrm{A}$$

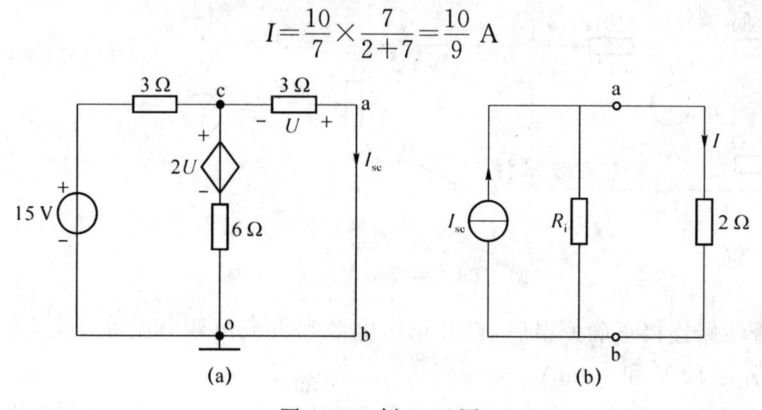

图 3.32　例 3-19 图

3.7 本章实训 戴维南定理的验证

1. 实训目的

(1) 验证戴维南定理的正确性。

(2) 掌握用实验确定等效电动势和等效内阻的方法。

2. 实训仪器

(1) 直流稳压电源 2台

(2) 直流可调电流源 1台

(3) 戴维南定理电路实验板 1块

(4) 万用表 1只

(5) 滑线变阻器 1只

3. 实训内容

戴维南定理指出:任何一个线性有源二端网络,就其外部特性而言,总可以用一个电压源与电阻的串联组合来等效代替。电压源的数值和极性与引出端开路时的开路电压 U_{oc} 相同;电阻等于该有源二端网络中所有独立源置零(电压源短路、电流源开路)时从引出端看进去的电阻,又称入端电阻 R_i。

如果已知有源二端网络的结构和参数,可以通过叠加原理、节点电压法等来计算确定该有源二端网络的开路电压和入端电阻,也可以用实验方法来测量。常用的有开路电压法、短路电流法。即在有源二端网络输出端开路时,用数字万用表测量输出端的开路电压 U_{oc},然后将输出端短路,用电流表测量短路电流 I_{sc},则 $R_i=U_{oc}/I_{sc}$。

4. 实训步骤

(1) 按图 3.33(a)在实验板上连接线路。

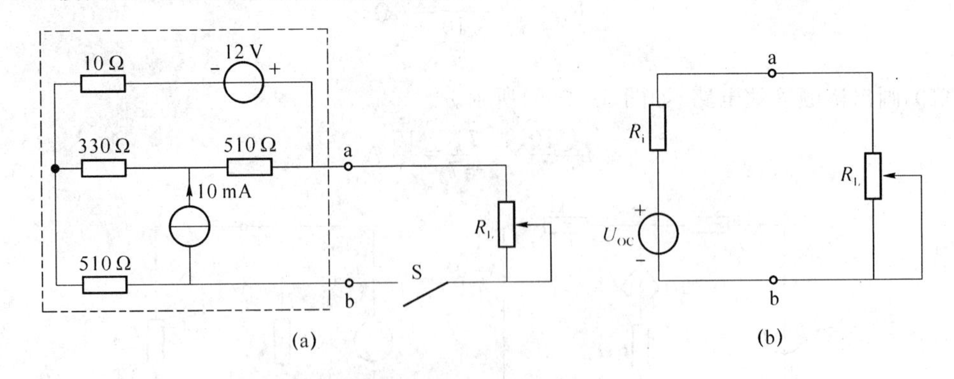

图 3.33 戴维南定理实验电路

(2) 检查线路连接正确无误后,打开稳压电源和直流可调电流源开关,调节输出旋钮,使其输出分别为 12 V 和 10 mA。

(3) 断开开关 S,用数字万用表测量 ab 两端开路电压 U_{oc};将 ab 两端短接,测量短路电

流 I_{sc}，则 $R_i=\frac{U_{oc}}{I_{sc}}$。

(4) 合上开关S，改变滑线变阻器 R_L 的值，测量 U_{R_L}、I_{R_L} 的值，记入表3.1，并绘制外特性曲线。

表3.1　测量结果

	1	2	3	4	5	6	7	8	9	10
U_{R_L}										
I_{R_L}										

(5) 用一可调电位器(其值调整到有源二端网络的入端电阻 R_i)，与直流稳压电源串联[其输出电压为步骤(3)测得的开路电压 U_{oc}]的模型来替代图3.33(a)中虚线框内的有源二端网络，如图3.33(b)所示，重复步骤(4)实验，并将结果记入表3.2，绘制外特性曲线。

表3.2　测量结果

	1	2	3	4	5	6	7	8	9	10
U_{R_L}										
I_{R_L}										

5. 注意事项

短路时，电流不允许超过设备额定值。

6. 分析与思考

(1) 比较步骤(4)、步骤(5)的结果，可得出什么结论？

(2) 确定 R_i 还有什么方法？

本章小结

1. 两电阻串联，电阻上电压正比于该电阻的阻值。电路的分压公式为

$$U_1=\frac{R_1}{R_1+R_2}U \quad U_2=\frac{R_2}{R_1+R_2}U$$

2. 两电阻并联，电阻上电流正比于该电阻的电导。电路的分流公式为

$$I_1=\frac{G_1}{G_1+G_2}I \quad I_2=\frac{G_2}{G_1+G_2}I$$

3. 支路电流法是以各支路电流为未知量，运用基尔霍夫定律列出方程组，并联立求解出各未知量。对于具有 b 条支路、n 个节点的电路，可利用KCL列出 $n-1$ 个独立节点电流方程，利用KVL列出 $b-n+1$ 个独立回路电压方程。

4. 以假想的网孔电流为未知量，根据 KVL 对全部网孔列出独立的网孔电压方程，这种方法称为网孔电流法。每个网孔中所有电阻之和称为自阻，两个网孔的共有电阻称为互阻。

5. 节点电压法是以节点电压为未知量的电路分析方法。选定参考点，对其余节点编号，其余节点对参考点的电压为节点电压，方向指向参考点。可列出 $n-1$ 个独立节点电压方程，并联立求解出各未知量。

6. 在线性电路中，依据叠加定理，可将多个独立源同时作用下产生的电流或电压，分解为各个电源单独作用时对该支路所产生的电流或电压的代数和。如理想电压源置零，则相当于短路；如理想电流源置零，则相当于开路。

7. 戴维南定理和诺顿定理适用于求解复杂电路中某一支路的电压、电流。戴维南定理把一个线性有源二端网络，等效成一个电压源与电阻的串联。诺顿定理把一个线性有源二端网络，等效成一个电流源和电阻的并联。

习　题

1. 计算图 3.34 所示各电路 a、b 端的等效电阻。

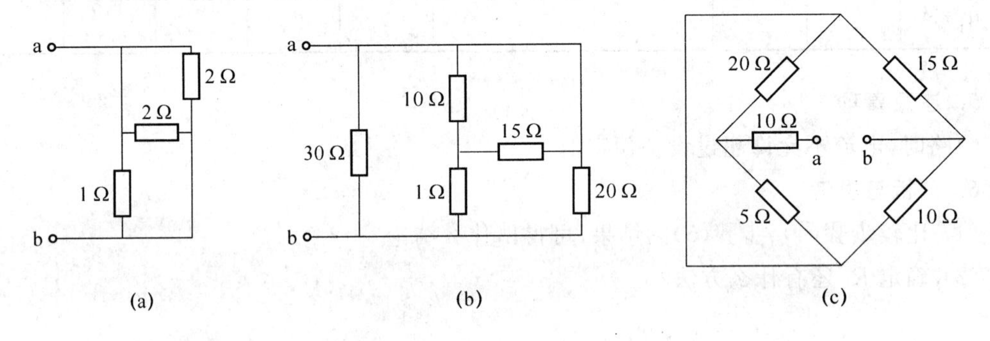

图 3.34　题 1 图

2. 试用两种方法（Y/△，△/Y）求图 3.35 所示电路的等效电阻。

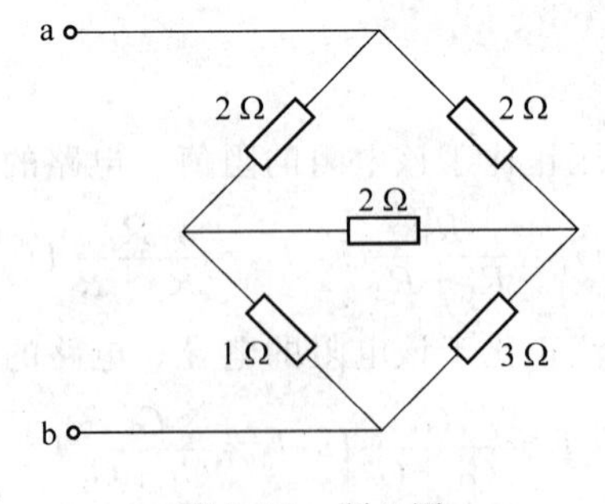

图 3.35　题 2 图

3. 如图 3.36 所示，已知 $R_1=R_4=5\ \Omega$，$R_2=R_3=10\ \Omega$，$E_1=10$ V，$E_2=5$ V。试求各支路电流。

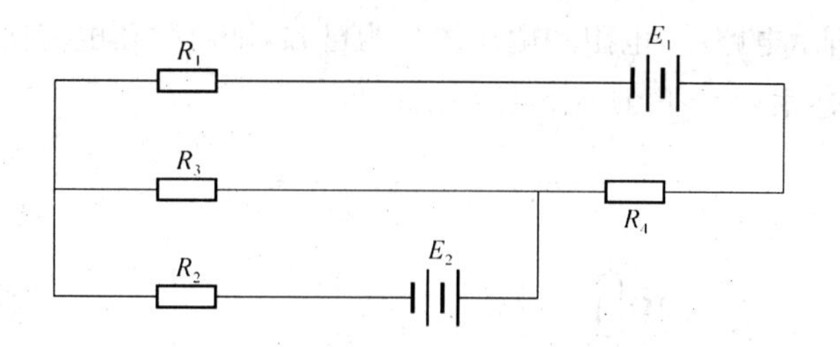

图 3.36　题 3 图

4. 电路如图 3.37 所示，求各支路电流和元件功率。

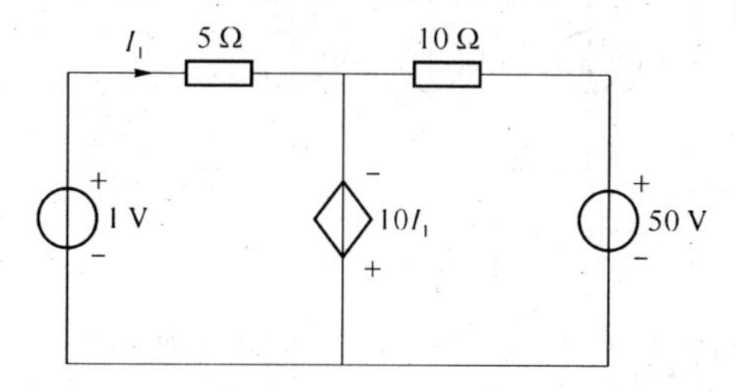

图 3.37　题 4 图

5. 用支路电流法求图 3.38 所示电路各支路电流及电流源两端电压。

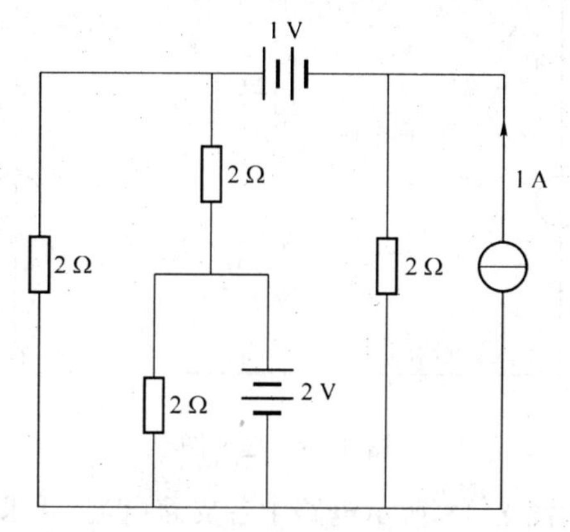

图 3.38　题 5 图

6. 利用支路电流法求图 3.39 所示电路各支路电流。

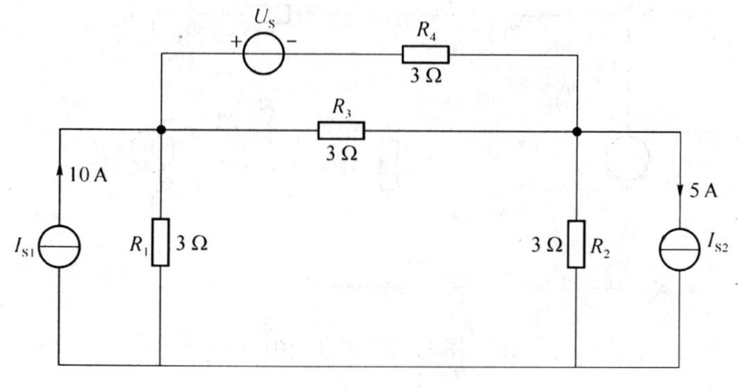

图 3.39　题 6 图

7. 在图 3.14 所示电路中，电阻和电压源均为已知，试用网孔电流法求各支路电流。

8. 用节点电压法求图 3.40 所示电路中的电流 I。

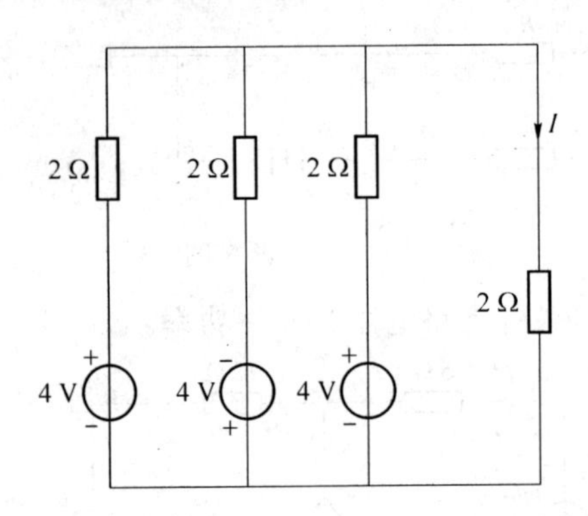

图 3.40　题 8 图

9. 用节点电压法求解图 3.41 所示电路中各支路电流。

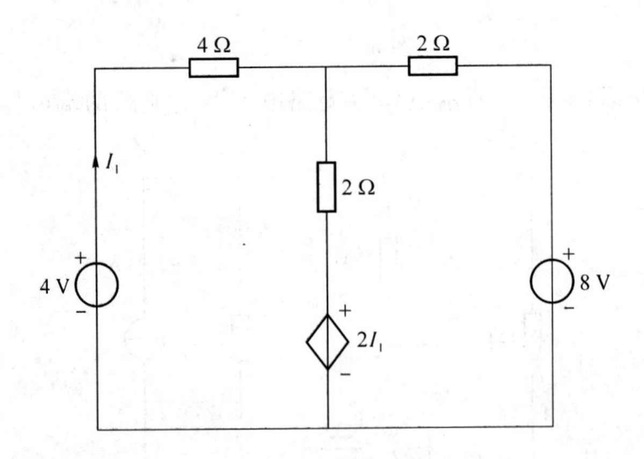

图 3.41　题 9 图

10. 应用节点电压法求图 3.18 所示电路中各支路电流，并求电源输出功率。

11. 电路如图 3.42 所示，用叠加原理计算 1 Ω 电阻支路中的电流。

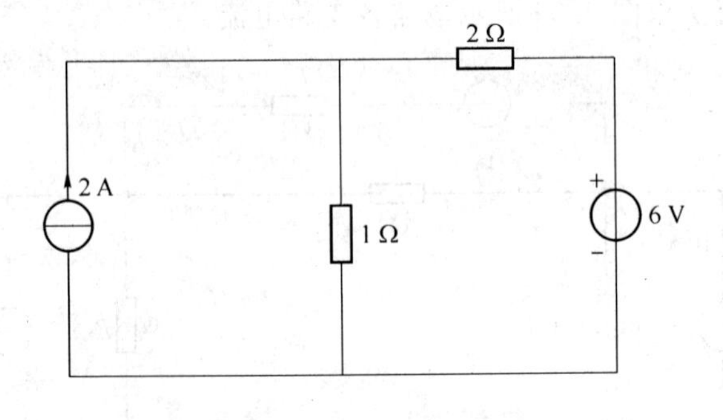

图 3.42　题 11 图

12. 电路如图 3.43 所示，试用叠加原理求 U_0。

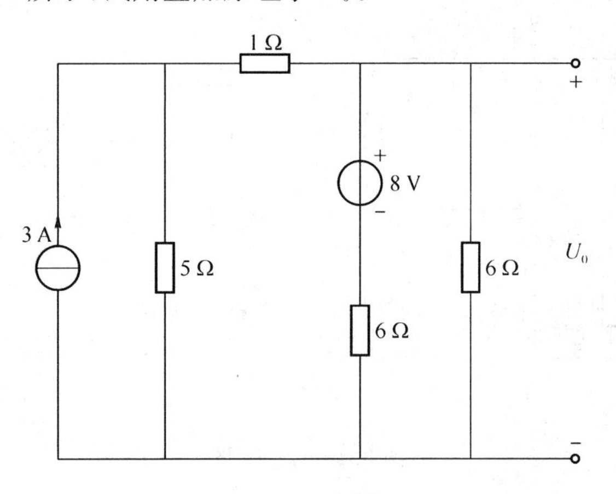

图 3.43　题 12 图

13. 求图 3.44 中 2 Ω 电阻两端电压 U。

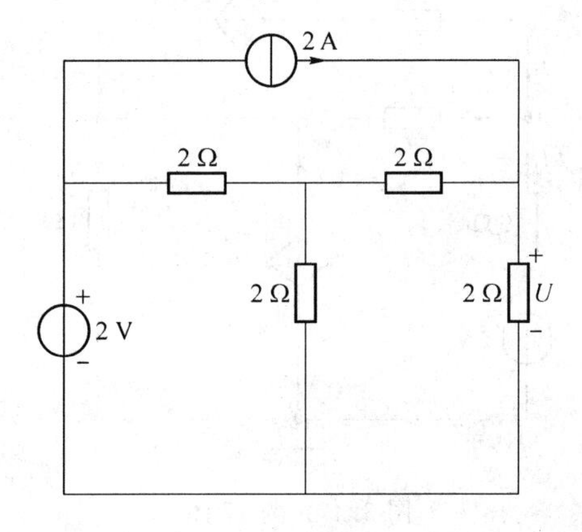

图 3.44　题 13 图

14. 用诺顿定理计算图 3.28 所示电路中的电流 I。

15. 有源二端网络如图 3.45 所示，分别用戴维南定理和诺顿定理求各图等效电路。

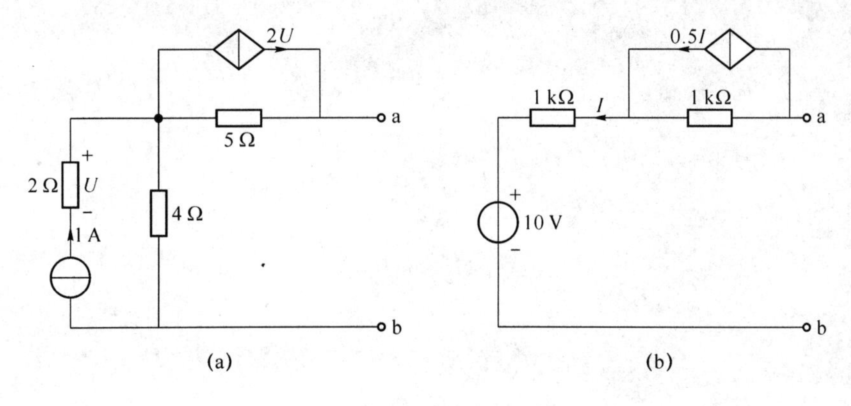

图 3.45　题 15 图

16. 试用最简便的方法求图 3.46 中各电路中的 I 值。

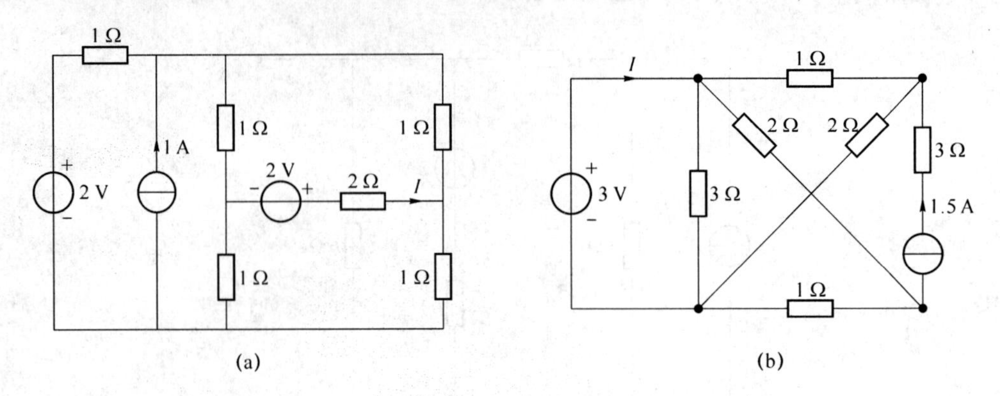

图 3.46　题 16 图

17. 电路如图 3.47 所示，求各支路电流 I_1、I_2、I_3、和 I_5。

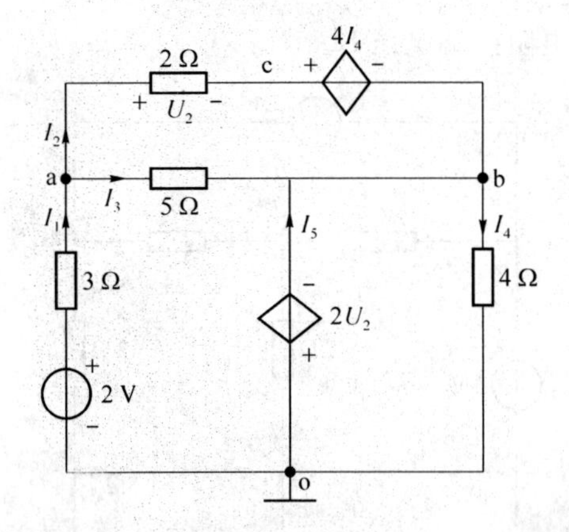

图 3.47　题 17 图

正弦交流电路

本章要点

- 正弦量的基本概念
- 正弦量的三要素及相量表示法
- KCL、KVL 及元件伏安关系的相量形式
- 单一参数电路和 RLC 电路
- 阻抗电路等效
- 非正弦周期信号电路分析

本章重点

- KCL、KVL 及元件伏安关系的相量形式
- 单一参数电路和 RLC 电路
- 阻抗电路等效

本章难点

非正弦周期信号电路分析

导言

本章介绍正弦交流电路。正弦交流电路是指含正弦交流电源，而且电路中各支路都按正弦规律变化的电路。常用的正弦交流电源有交流发电机和正弦信号发生器等，广泛应用在工业生产和日常生活中。正弦交流电路的学习是研究三相电路的基础，在电工学中占有非常重要的地位。正弦交流电路不同于前面讨论的直流电路，在学习过程中应建立交流的概念，对于本章所讨论的基本理论和基本分析方法，应很好地掌握。

4.1 正弦量

所谓正弦交流电，是指大小和方向都随时间按正弦规律作周期性变化的电流、电压或电动势，简称交流电。正弦交流电广泛应用在现代生产和日常生活中。本节讨论正弦量的三要素、相位差和有效量。

4.1.1 正弦量的三要素

在正弦交流电路中，大小和方向随时间按正弦规律变化的正弦电流、正弦电压、正弦电动势等物理量统称为正弦量。正弦量的特征表现在变化的大小、快慢和先后3个方面，分别可以用正弦量的幅值（或最大值）、频率（或角频率、或周期）和初相位来表示。因此，幅值、频率和初相位就称为正弦量的三要素。

正弦量在任一瞬时的值称为瞬时值，用小写字母表示，如 i、u、e。一个正弦交流电压如图4.1所示，在某一时刻 t 的瞬时值可用三角函数式（解析式）来表示，即

$$u(t) = U_{\mathrm{m}}\sin(\omega t+\psi_u) \tag{4-1}$$

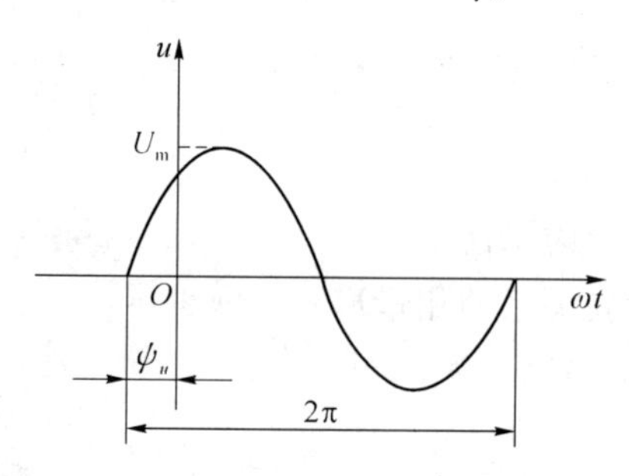

图4.1　正弦交流电压

类似地，电流和电动势可分别表示为

$$i(t) = I_{\mathrm{m}}\sin(\omega t+\psi_i) \tag{4-2}$$

$$e(t) = E_{\mathrm{m}}\sin(\omega t+\psi_e) \tag{4-3}$$

1. 幅值（或有效值）

式(4-1)、式(4-2)和式(4-3)中，U_{m}、I_{m}、E_{m} 分别叫做正弦电压、电流、电动势的幅值（也叫做峰值或最大值），是用带小写下标 m 的大写字母来表示的，反映了正弦量变化的大小。电流的单位为安[培](A)，电压和电动势的单位为伏[特](V)。

2. 频率（或角频率、或周期）

正弦交流电完成一次循环变化所用的时间叫做周期，用字母 T 表示，单位为秒(s)。显然正弦交流电流或电压相邻的两个最大值（或相邻的两个最小值）之间的时间间隔即为周期，由三角函数知识可知

$$T=\frac{2\pi}{\omega} \tag{4-4}$$

正弦量在单位时间内作周期性变化的次数称为频率，用字母 f 表示，单位为赫[兹](Hz)。周期和频率都表征交流电交替变化的速率（快慢），周期越短，表明正弦量变化越快，而频率越高，也表明正弦量变化越快。可见，频率是交流电周期的倒数，即

$$f=\frac{1}{T} \tag{4-5}$$

在我国和大多数国家都采用50 Hz作为电力标准频率，有些国家（如美国、日本等）采用60 Hz，这种频率也称为工频。在很多领域里还使用着其他不同的频率，例如，高速电动机的

频率为150 Hz到2 000 Hz，声音信号频率大约为20 Hz到20 000 Hz，广播中波段频率大约为530 kHz到1 600 kHz，短波段为2.3 MHz到23 MHz。

角频率表示单位时间内正弦量变化的弧度数，用字母ω表示，单位为弧度/秒(rad/s)。角频率同样可以表示正弦量变化的快慢。

角频率与周期、频率之间的关系为

$$\omega=2\pi f=\frac{2\pi}{T} \tag{4-6}$$

注意角频率与角速度是两个不同的概念，角速度是机械上的空间旋转角速度，而角频率泛指任何随时间作正弦变化量的频率f与2π的乘积。

例4-1　已知某电网供电频率f为50 Hz，试求角频率ω及周期T。

解：角频率为

$$\omega=2\pi f=2\pi\times 50=100\pi=314\ \text{rad/s}$$

周期为

$$T=\frac{1}{f}=\frac{1}{50}=0.02\ \text{s}$$

3. 初相位

在式(4-1)、式(4-2)、式(4-3)中$(\omega t+\psi_u)$、$(\omega t+\psi_i)$、$(\omega t+\psi_e)$分别叫做正弦电压、电流、电动势的相位角，简称相位或相，单位为弧度rad或度(°)，用字母α表示。相位反映出正弦量变化的进程。当相位角随时间作连续变化时，正弦量的瞬时值也随之作相应变化。

正弦量是随时间而变化的，但所取的计时起点不同，正弦量的初始值($t=0$的值)就不同，到达幅值或某一特定值所需时间也就不同。把$t=0$时的相位角称为初相位角，简称初相位或初相，用字母ψ表示，在式(4-1)、式(4-2)、式(4-3)中ψ_u、ψ_i、ψ_e分别为正弦电压、电流、电动势的初相位，表示初始时刻($t=0$时)正弦交流电所处的电角度。初相位的大小与计时起点的选择有关，表明正弦量开始计时的状态。通常，选择初相位的绝对值小于π，可正，也可负。

例4-2　已知$u=311\sin(314t-60°)$ V，求幅值U_m、频率f、角频率ω、初相位ψ。

解：根据式(4-1) $u(t)=U_m\sin(\omega t+\psi_u)$，可知

幅值为

$$U_m=311\ \text{V}$$

频率为

$$f=\frac{314}{2\pi}=50\ \text{Hz}$$

角频率为

$$\omega=314\ \text{rad/s}$$

初相位为

$$\psi=-60°=-\frac{1}{3}\pi$$

4.1.2　正弦量的相位差

在线性电路中，如果正弦电动势的频率为f，则电路中各部分的电流、电压都是频率为

f 的正弦量。两个同频率正弦量的相位角之差，称为相位差，用 φ 表示。并规定

$$|\varphi_{12}| \leqslant 180° \quad 或 \quad |\varphi_{12}| \leqslant \pi$$

例如，i_1 和 i_2 为两个同频率电流，

$$i_1 = I_{m1}\sin(\omega t + \psi_1)$$
$$i_2 = I_{m2}\sin(\omega t + \psi_2)$$

则这两个正弦量的相位差为

$$\varphi_{12} = (\omega t + \psi_2) - (\omega t + \psi_2) = \psi_1 - \psi_2 \tag{4-7}$$

可见，两个同频率正弦量的相位差即为初相位之差。相位差实质上反映了两个同频率正弦量变化进程的差异，表明在时间上的先后关系。

两个同频率正弦量的相位关系有如下几种：

（1）当 $\varphi_{12} > 0$ 时，i_1 比 i_2 先到达正最大值，此时称第 1 个正弦量比第 2 个正弦量的相位超前角 φ_{12}，如图 4.2(a)所示；

（2）当 $\varphi_{12} < 0$ 时，i_1 比 i_2 后到达正最大值，此时称第 1 个正弦量比第 2 个正弦量的相位滞后角 $|\varphi_{12}|$；此时相位差须用绝对值不大于 180°的角度来描述；

（3）当 $\varphi_{12} = 0$ 时，i_1 和 i_2 同时到达正最大值，此时称第 1 个正弦量与第 2 个正弦量同相，如图 4.2 (b)所示；

（4）当 $\varphi_{12} = \pm\pi$ 或 ±180°时，一个正弦量到达正最大值时，另一个正弦量到达负最大值，此时称第 1 个正弦量与第 2 个正弦量反相，如图 4.2(c)所示；

（5）当 $\varphi_{12} = \pm\pi/2$ 或 ±90°时，一个正弦量到达零时，另一个正弦量到达正最大值（或负最大值），此时称第 1 个正弦量与第 2 个正弦量正交，如图 4.2(d)所示。

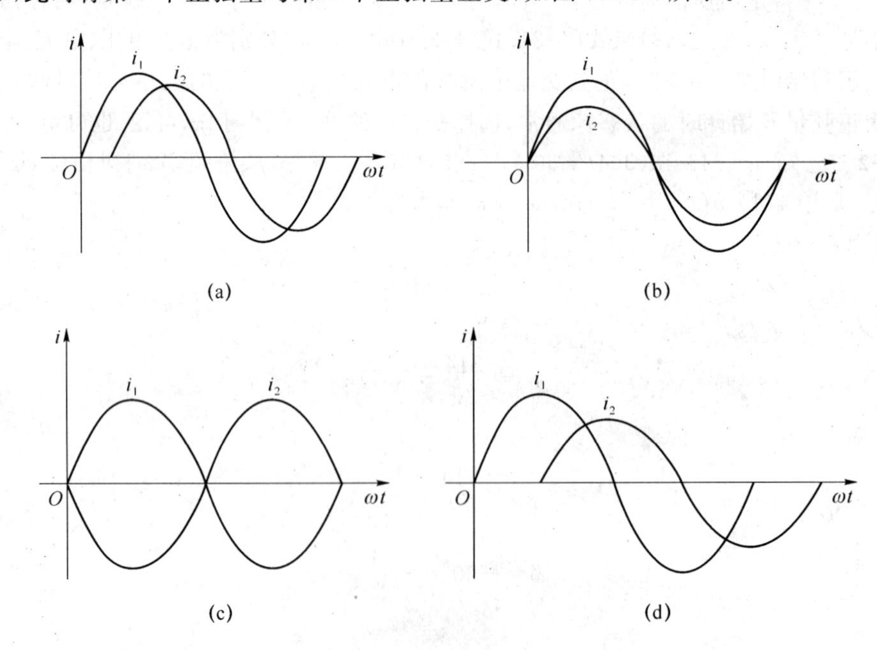

图 4.2　两同频率正弦量的相位关系

例 4-3　已知两正弦量 $u = 311\sin(314t - 30°)$ V，$i = 5\sin(314t + 90°)$ A，请指出两者的

相位关系，并求当计时起点改为 $t=0.00333\ \text{s}$ 时，u 和 i 的初相位、瞬时值及其相位关系。

解：相位差为

$$\varphi_{ui}=(-30^\circ)-(+90^\circ)=-120^\circ$$

相位关系为，u 比 i 滞后 120°，或 i 比 u 超前 120°。

当计时起点改为 $t=0.00333\ \text{s}$ 时，u 和 i 的初相位分别为

$$\psi_u=314\times0.00333-30^\circ=\frac{1}{3}\pi-\frac{1}{6}\pi=\frac{1}{6}\pi$$

$$\psi_i=314\times0.00333+90^\circ=\frac{1}{3}\pi+\frac{1}{2}\pi=\frac{5}{6}\pi$$

相位关系为

$$\varphi_{ui}=\psi_u-\psi_i=\frac{1}{6}\pi-\frac{5}{6}\pi=-\frac{2}{3}\pi=-120^\circ$$

u 和 i 的瞬时值分别为

$$u=311\sin(314t-30^\circ)=311\sin(314\times0.00333-30^\circ)=311\sin\left(\frac{1}{6}\pi\right)=115.5\ \text{V}$$

$$i=5\sin(314t+90^\circ)=5\sin(314\times0.00333+90^\circ)=5\sin\left(\frac{5}{6}\pi\right)=2.5\ \text{A}$$

可见，当两个同频率正弦量的计时起点变化时，各自的初相位将发生变化，但其相位差不变。说明初相位的大小与计时起点的选择有关，而相位差与计时起点的选择无关。

4.1.3 正弦量的有效量

正弦交流电流和直流电流通过电阻时，电阻都要消耗电能，因此可以规定一个特定值——有效值来表征交流电流大小，而不需要知道交流电的瞬时值。

设正弦交流电流 i 在一个周期 T 时间内，使一电阻 R 消耗的电能为 $Q_R=\int_0^T i^2R\mathrm{d}t$，另有一相应的直流电流 I 在相同时间 T 内也使该电阻 R 消耗相同的电能，即 $Q_R=I^2RT$。

若这两个电流（i 与 I）在热效应方面等效，则该直流电流 I 的数值可以表示交流电流 i 的大小，于是把这一特定的数值 I 称为交流电流 i 的有效值。用大写英文字母 I 表示交流电流的有效值。

根据交流电流有效值的定义，交流电流 i 的有效值为

$$I=\sqrt{\frac{1}{T}\int_0^T i^2\mathrm{d}t} \tag{4-8}$$

由式(4-8)可知，交流电流的有效值也称为方均根值。其适用于周期性变化的物理量，但不能用于非周期性物理量。

同样，交流电压和交流电动势的有效值为

$$U=\sqrt{\frac{1}{T}\int_0^T u^2\mathrm{d}t} \tag{4-9}$$

$$E=\sqrt{\frac{1}{T}\int_0^T \mathrm{e}^2\mathrm{d}t} \tag{4-10}$$

若 i 为正弦交流电流，即 $i=I_{\rm m}\sin\omega t$，则

$$I=\sqrt{\frac{1}{T}\int_0^T i^2\,\mathrm{d}t}=\sqrt{\frac{1}{T}\int_0^T I_{\rm m}^2\sin^2\omega t\,\mathrm{d}t}=\sqrt{\frac{I_{\rm m}^2}{T}\int_0^T \frac{1-\cos 2\omega t}{2}\mathrm{d}t}=\sqrt{\frac{I_{\rm m}^2}{T}\cdot\frac{T}{2}}=\frac{I_{\rm m}}{\sqrt{2}}$$

即

$$I=\frac{I_{\rm m}}{\sqrt{2}}=0.707I_{\rm m}\quad 或\quad I_{\rm m}=\sqrt{2}I=1.414I \tag{4-11}$$

可见，正弦交流电流的有效值等于最大值的 $1/\sqrt{2}$ 倍或 0.707 倍。

同理，正弦交流电压的有效值为

$$U=\frac{U_{\rm m}}{\sqrt{2}}=0.707U_{\rm m} \tag{4-12}$$

正弦交流电动势的有效值为

$$E=\frac{E_{\rm m}}{\sqrt{2}}=0.707E_{\rm m} \tag{4-13}$$

例如，正弦交流电流 $i=2\sin(\omega t-30°)$ A 的有效值 $I=2\times0.707=1.414$ A，如果交流电流 i 通过 $R=10\ \Omega$ 的电阻时，在 1 s 时间内电阻消耗的电能（又叫做平均功率）为 $P=I^2R=20$ W，即与 $I=1.414$ A 的直流电流通过该电阻时产生相同的电功率。

一般所指的正弦电流、电压或电动势的大小，都是指的有效值。例如，交流电流表和电压表测出的值是有效值，电气设备铭牌上标注的额定值也是有效值。我国工业和民用交流电源电压的有效值为 220 V、频率为 50 Hz，因而通常将这一交流电压简称为工频电压。

因为正弦交流电的有效值与最大值（振幅值）之间有确定的比例系数，所以有效值、频率、初相这 3 个参数也可以合在一起叫做正弦交流电的三要素。

例 4-4　已知某正弦交流电压 $u(t)=311\sin(200\pi t+30°)$ V，试求电压的有效值和频率。

解：根据式(4-12)，电压的有效值为

$$U=\frac{U_{\rm m}}{\sqrt{2}}=\frac{311}{\sqrt{2}}=220\ \text{V}$$

电压的频率为

$$f=\frac{\omega}{2\pi}=\frac{200\pi}{2\pi}=100\ \text{Hz}$$

4.2　正弦量的相量表示

正弦量的相量表示法是用相量来表示相应的正弦量，它是线性电路正弦稳态分析的一种简便而又有效的方法，该方法可以将烦琐的三角函数运算进行简化，从而能够方便正弦电流电路的分析运算，这需要运用复数来实现。本节先讨论复数及其运算，然后讨论正弦量的相量表示法。

4.2.1 复数及其运算

1. 复数的概念

例如，$x^2+9=0$ 这样一类方程式，其解为 $x=\pm\sqrt{-9}=\pm\sqrt{-1}\times\sqrt{9}=\pm j3$。

式中，$j=\sqrt{-1}$ 为虚数单位，用字母 j 代表，虚数有如下性质：

$$j=\sqrt{-1},\ j^2=-1,\ j^3=-j,\ j^4=1,\ j^5=j,\cdots$$

在直角坐标系中，以横轴为实数轴，用 +1 表示，纵轴为虚数轴，用 +j 表示，这样就组成了复平面，复数可以表示为复平面上的一点 $A(a,b)$，参见图 4.3，在复平面上可以用一条从原点 O 出发，指向 A 点的有向线段表示，其复数为 $A=a+jb$。

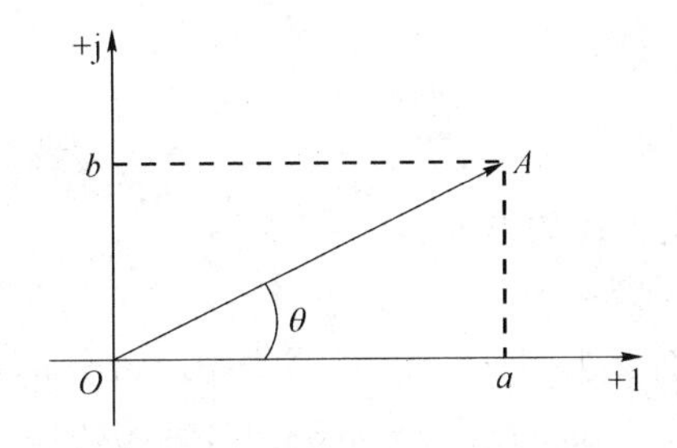

图 4.3　复数在复平面上的表示

根据图 4.3，一个复数 A 有以下 4 种表达式。

(1) 代数形式

$$A=a+jb \tag{4-14}$$

式中，a 叫做复数 A 的实部，b 叫做复数 A 的虚部。a、b 可分别记为

$$a=\mathrm{Re}[A]\quad b=\mathrm{Im}[A]$$

式中，Re[ ]表示“取实数部分”，Im[ ]表示“取虚数部分”。

在直角坐标系中，以横坐标为实数轴，纵坐标为虚数轴，这样构成的平面叫做复平面。任意一个复数都可以在复平面上表示出来。

(2) 三角函数式

在图 4.3 中，复数 A 与 x 轴存在夹角，因此可以写成

$$A=a+jb=|A|(\cos\theta+j\sin\theta) \tag{4-15}$$

式中，$|A|$ 叫做复数 A 的模，θ 叫做复数 A 的辐角，从图 4.3 中可以看出，复数 A 的实部 a、虚部 b 与模 $|A|$ 成一个直角三角形。三者之间的关系为

$$|A|=\sqrt{a^2+b^2}$$

$$\theta=\arctan\frac{b}{a}$$

$$a=|A|\cos\theta$$

$$b=|A|\sin\theta$$

(3) 指数形式

利用欧拉公式,$e^{j\theta}=\cos\theta+j\sin\theta$,可以把复数的三角函数式改写成指数形式,即

$$A=|A|(\cos\theta+j\sin\theta)=|A|e^{j\theta} \tag{4-16}$$

(4) 极坐标形式

$$A=|A|\angle\theta \tag{4-17}$$

以上复数的 4 种形式均可以相互转换,即可以从其中任意一种形式转化为其他 3 种形式。

例 4-5 将下列复数转化为极坐标形式:

(1) $Z_1=5$; (2) $Z_2=-j3$; (3) $Z_3=16-j12$

解:利用关系式 $Z=a+jb=|Z|\angle\theta$,$|Z|=\sqrt{a^2+b^2}$,$\theta=\arctan\dfrac{b}{a}$,计算结果如下:

(1) $Z_1=5=5\angle 0°$

(2) $Z_2=-j3=3\angle -90°$

(3) $Z_3=16-j12=20\angle -36.9°$

例 4-6 将下列复数转化为代数形式:

(1) $Z_1=50\angle 53.1°$;(2) $Z_2=10\angle -120°$

解:利用关系式 $Z=|Z|\angle\theta=|Z|(\cos\theta+j\sin\theta)=a+jb$,计算如下:

(1) $Z_1=50\angle 53.1°=50(\cos 53.1°+j\sin 53.1°)=50(0.6+j0.8)=30+j40$

(2) $Z_2=10\angle -120°=10(\cos 120°-j\sin 120°)=10(-0.5-j0.866)=-5-j8.66$

2. 复数的运算

复数的运算规则和实数相同。设 $A_1=a_1+jb_1=|A_1|\angle\theta_1$,$A_2=a_2+jb_2=|A_2|\angle\theta_2$,则

(1) 复数的加、减法运算。复数的加、减法运算须采用代数形式进行。运算时,应该把复数的实数部分与实数部分相加、减,虚数部分与虚数部分相加、减。

则两复数的和差分别为

$$\begin{aligned}A_1\pm A_2&=(a_1+jb_1)\pm(a_2+jb_2)\\&=(a_1\pm a_2)+j(b_1\pm b_2)\end{aligned} \tag{4-18}$$

在复平面上,用平行四边形法也可以实现两个复数的加、减。

(2) 复数的乘法运算。复数的乘法运算既可以采用代数形式,也可以采用指数形式(或极坐标形式)。

当两复数相乘,用代数形式时

$$\begin{aligned}A_1\times A_2&=(a_1+jb_1)\times(a_2+jb_2)\\&=(a_1a_2-b_1b_2)+j(a_1b_2+a_2b_1)\end{aligned}$$

当用指数形式时,就比较方便

$$\begin{aligned}A_1\times A_2&=|A_1|\ e^{j\theta_1}\times|A_2|\ e^{j\theta_2}\\&=|A_1|\times|A_2|\ e^{j(\theta_1+\theta_2)}\\&=|A_1||A_2|\angle(\theta_1+\theta_2)\end{aligned} \tag{4-19}$$

可见,两个复数乘积的模值等于这两个复数的模值的乘积,而其辐角等于这两个复数辐角的和。

(3) 复数的除法运算。对于两个复数的除法运算,与乘法运算一样也有两种方法。

当用代数形式运算时,由于分母里出现了复数,为了使分母为实数,必须在分子分母同乘上分母的共轭复数 a_2-jb_2,则

$$\frac{A_1}{A_2}=\frac{a_1+jb_1}{a_2+jb_2}=\frac{(a_1+jb_1)(a_2-jb_2)}{(a_2+jb_2)(a_2-jb_2)}$$

$$=\frac{a_1a_2+b_1b_2}{(a_2)^2+(b_2)^2}+j\frac{a_2b_1-a_1b_2}{(a_2)^2+(b_2)^2}$$

当用指数形式(或极坐标形式)运算时

$$\frac{A_1}{A_2}=\frac{|A_1|e^{j\theta_1}}{|A_2|e^{j\theta_2}}=\frac{|A_1|}{|A_2|}e^{j(\theta_1-\theta_2)}=\frac{|A_1|}{|A_2|}\angle(\theta_1-\theta_2) \tag{4-20}$$

可见,两个复数相除的模值等于这两个复数的模值相除,而其辐角等于这两个复数辐角的差。比较乘、除运算,可以发现采用指数形式进行除法运算更具优越性。

(4) 复数的乘方运算。复数的乘方运算类似于乘法运算,采用指数形式(或极坐标形式)运算才方便。

$$(A_1)^n=(|A_1|e^{j\theta_1})^n=|A_1|^n e^{jn\theta_1}=|A_1|^n\angle n\theta_1 \tag{4-21}$$

可见,复数乘方的模值等于这 n 个复数的模值的乘积,而其辐角等于这 n 个复数辐角的和。

例 4-7 已知 $Z_1=4+j3$, $Z_2=6-j8$。试求:(1) Z_1+Z_2;(2) Z_1-Z_2;(3) $Z_1\cdot Z_2$;(4) Z_1/Z_2;(5) $(Z_1)^2$。

解:(1) $Z_1+Z_2=(4+j3)+(6-j8)=10-j5=11.18\angle-26.6°$

(2) $Z_1-Z_2=(4+j3)-(6-j8)=-2+j11=11.18\angle100.3°$

(3) $Z_1\cdot Z_2=(5\angle36.9°)\times(10\angle-53.1°)=50\angle-16.2°$

(4) $Z_1/Z_2=(5\angle36.9°)\div(10\angle-53.1°)=0.5\angle90°$

(5) $(Z_1)^2=(5\angle36.9°)^2=25\angle73.8°$

4.2.2 正弦量的相量表示法

有一复数 $A(t)=|A|e^{j(\omega t+\psi)}$,该复数和一般的复数不同,不仅是复数,而且辐角还是时间的函数,称为复指数函数。按指数关系

$$A(t)=|A|e^{j(\omega t+\psi)}=(|A|e^{j\psi})(e^{j\omega t})=A\times e^{j\omega t}$$

所以 $A(t)$ 等于复数(与时间无关的复数)乘上旋转因子 $e^{j\omega t}$,即在复平面上是以角速度 ω 沿逆时针方向旋转的复矢量。

根据欧拉公式

$$A(t)=|A|e^{j(\omega t+\psi)}=|A|\cos(\omega t+\psi)+j|A|\sin(\omega t+\psi)$$

显然有

$$\mathrm{Im}[A]=|A|\sin(\omega t+\psi)$$

可见,一个复指数函数的虚数部分是一个正弦函数,所以正弦量可以用上述复指数函数来描述,使正弦量与其虚数部分一一对应起来。

设正弦电流

$$i=I_m\sin(\omega t+\psi)$$

而一个复指数函数

$$I_m e^{j(\omega t+\psi)}=I_m\cos(\omega t+\psi)+jI_m\sin(\omega t+\psi)$$

比较两式可以看出，复指数函数中 $I_m e^{j\psi}$ 是以正弦量的最大值为模，以初相 ψ 为辐角的一个复常数，这个复常数定义为正弦量的振辐相量，记为

$$\dot{I}_m=I_m e^{j\psi}=I_m\angle\psi \tag{4-22}$$

当这个复常数用正弦量的有效值作为模、用初相角作为辐角时，则被定义为有效值相量，记为

$$\dot{I}=\frac{I_m}{\sqrt{2}}e^{j\psi}=Ie^{j\psi}=I\angle\psi \tag{4-23}$$

在大写字母 I 上加小圆点来表示相量，既可以区分有效值的表示，也可以与一般复数区分开来。

类似的，设正弦电压

$$u = U_m\sin(\omega t+\psi)$$

则其振幅相量和有效值相量分别为

$$\dot{U}_m=U_m e^{j\psi}=U_m\angle\psi \tag{4-24}$$

$$\dot{U}=\frac{U_m}{\sqrt{2}}e^{j\psi}=Ue^{j\psi}=U\angle\psi \tag{4-25}$$

通常相量表示法都是指有效值相量的表示方法，因为在实际应用中较多涉及的是正弦量的有效值。

例 4-8 请写出正弦量 $u=311\sin(314t+30^\circ)$ V，$i = 4.24\sin(314t-45^\circ)$ A 相量形式。

解：(1) 正弦电压 u 的有效值为 $U=0.707\times311=220$ V，初相 $\psi=30^\circ$，所以其相量为

$$\dot{U}=U\angle\psi= 220\angle30^\circ\ \text{V}$$

(2) 正弦电流 i 的有效值为 $I=0.707\times4.24=3$ A，初相 $\psi=-45^\circ$，所以其相量为

$$\dot{I}=I\angle\psi=3\angle-45^\circ\ \text{A}$$

例 4-9 请写出下列正弦相量的瞬时值表达式，设角频率为 ω：

(1) $\dot{U}=120\angle-37^\circ$ V； (2) $\dot{I}=5\angle60^\circ$ A。

解：(1) $u=120\sqrt{2}\sin(\omega t-37^\circ)$ V

(2) $i=5\sqrt{2}\sin(\omega t+60^\circ)$ A

例 4-10 已知 $i_1=3\sqrt{2}\sin(\omega t-30^\circ)$ A，$i_2=4\sqrt{2}\sin(\omega t+60^\circ)$ A。试求：i_1+i_2。

解：电流 i_1、i_2 对应的相量形式为

$$\dot{I}_1=3\angle-30^\circ\text{A}=3(\cos30^\circ-j\sin30^\circ)=(2.598-j1.5)\ \text{A}$$

$$\dot{I}_2=4\angle+60^\circ\text{A}=4(\cos60^\circ+j\sin60^\circ)=(2+j3.464)\ \text{A}$$

复数的加法运算为

$$\dot{I}_1+\dot{I}_2=4.598+j1.964=5\angle+23.1^\circ\ \text{A}$$

总电流的瞬时表达式为

$$i_1+i_2=5\sqrt{2}\sin(\omega t+23.1^\circ)\ \text{A}$$

相量图如图 4.4 所示。

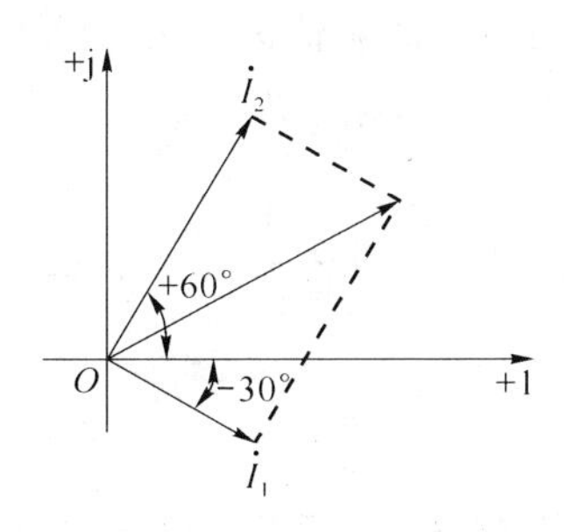

图 4.4　例 4-10 相量图

4.3　单一参数的交流电路

电阻元件、电感元件和电容元件都是构成电路模型的理想元件，前者是耗能元件，后两者是储能元件。在直流稳态电路中，电感元件可视为短路，电容元件可视为开路，这时只讨论电阻对电路的阻碍作用。但在正弦交流电路中，这 3 种元件将显现它们各自不同的电路特性，所以必须先讨论单一元件在正弦电路中的特性。

4.3.1 电阻电路

只含有电阻元件的交流电路叫做纯电阻电路，如含有白炽灯、电炉、电烙铁等的电路。

1. 交流电路中的电阻元件

电阻就是表征导体对电流呈现阻碍作用的电路参数。对于金属导体，可用下式计算：

$$R=\rho\frac{l}{s}$$

其中，ρ 为金属的电阻率，l 为导线长度，s 为导线截面积。单位为欧[姆](Ω)。常用的单位还有千欧(kΩ)、兆欧(MΩ)等。

2. 电阻电流与电压的关系

(1) 电阻电流与电压的瞬时值关系

如图 4.5 所示为纯电阻电路，u 和 i 为关联参考方向，电阻与电压、电流的瞬时值之间的关系服从欧姆定律

$$i=\frac{u}{R}\text{或 }u=Ri$$

设加在电阻 R 上的正弦交流电压瞬时值为 $u=U_m\sin\omega t$，则通过该电阻的电流瞬时值为

$$i=\frac{u}{R}=\frac{U_m}{R}\sin(\omega t)=I_m\sin(\omega t) \tag{4-26}$$

(2) 电阻电流与电压的有效值关系

由式(4-26) 可知,电阻电流与电压的幅值关系为

$$I_m = \frac{U_m}{R}$$

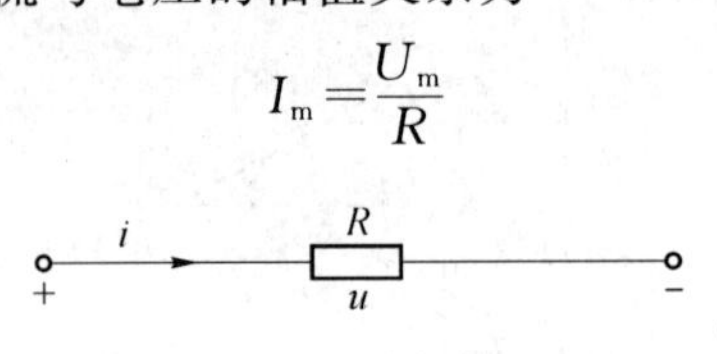

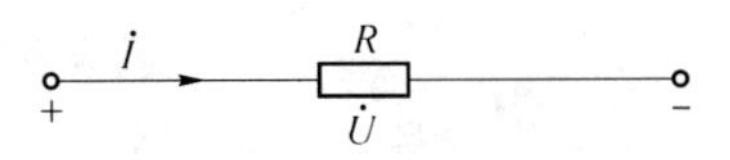

图 4.5 纯电阻电路

I_m 是正弦交流电流的振幅。这说明,正弦交流电压和电流的振幅之间满足欧姆定律。

由于纯电阻电路中正弦交流电压和电流的幅值间满足欧姆定律,因此把等式两边同时除以$\sqrt{2}$,即得到有效值关系

$$I = \frac{U}{R} \tag{4-27}$$

这说明,正弦交流电压和电流的幅值与有效值之间均满足欧姆定律。可见,电阻元件上电压和电流成线性关系。

(3) 电阻电流与电压的相位关系

电阻的两端电压 u 与通过其电流 i 同相,两者同时到达最大值、最小值或零值。

(4) 电阻电压与电流的相量关系

根据上述关系式,可以得出电阻上电压与电流的相量形式为

$$\dot{U} = \dot{I}R \tag{4-28}$$

式(4-28)又叫做欧姆定律的相量形式,其波形图和相量图分别如图 4.6(a)、4.6(b)所示。

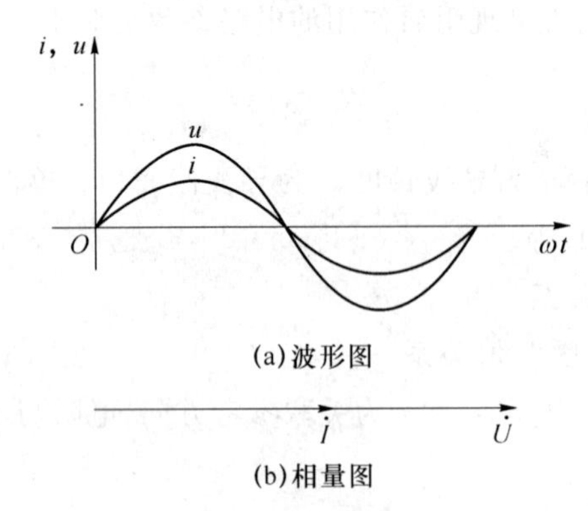

(a)波形图

(b)相量图

图 4.6 电阻电压与电流的波形图与相量图

3. 功率

(1) 瞬时功率

瞬时功率是电路在任一瞬间所吸收或发出的功率,用小写字母 p 表示。在关联参考方

向下，瞬时功率为正，表明外电路从电源取用电能，电路在消耗电能。

在纯电阻电路中，由于电压与电流同相，即相位差 $\varphi=0$，则瞬时功率

$$p_R=ui=U_m\sin\omega t I_m\sin\omega t=U_m I_m\sin^2\omega t$$
$$=\frac{U_m I_m}{2}(1-\cos 2\omega t)=UI(1-\cos 2\omega t) \tag{4-29}$$

可见，电阻的瞬时功率由两部分组成，第 1 部分是常数 UI，第 2 部分是幅值为 UI，并以角频率 2ω 随时间变化的交变量 $UI\cos 2\omega t$。

(2) 有功功率

有功功率即平均功率，是瞬时功率在一个周期内的平均值，用大写字母 P 表示。有功功率反映了电路在一个周期内消耗电能的平均速率。

$$P=\frac{1}{T}\int_0^T p\mathrm{d}t=\frac{1}{T}\int_0^T ui\,\mathrm{d}t$$
$$=\frac{1}{T}\int_0^T UI(1-\cos 2\omega t)\mathrm{d}t$$
$$=UI=RI^2=\frac{U^2}{R} \tag{4-30}$$

由式(4-30)可知，纯电阻电路消耗的平均功率的计算公式与直流电路中功率的计算公式相同，表明了电阻元件上实际消耗的功率。其 SI 单位为瓦特(Wt)或简写为瓦(W)。电阻元件又称为耗能元件。

例 4-11　在纯电阻电路中，已知电阻 $R=22\ \Omega$，正弦交流电压 $u=311\sin(314t+60°)$ V，求通过该电阻的电流大小及功率，并写出电流的解析式。

解：大小即有效值为

$$I=\frac{U}{R}=\frac{U_m}{\sqrt{2}R}=\frac{311}{\sqrt{2}\cdot 22}=10\ \text{A}$$

功率为

$$P=I^2R=10^2\times 22=2.2\ \text{kW}$$

电流的解析式为

$$i=\frac{u}{R}=\frac{311\sin(314t+60°)}{22}=14.14\sin(314t+60°)\ \text{A}$$

4.3.2 电感电路

只含有电感元件的交流电路叫做纯电感电路，如只含有理想线圈的电路。

1. 交流电路中的电感元件

(1) 感抗的概念

反映电感对交流电流阻碍作用程度的电路参数叫做电感电抗，简称感抗，用 X_L 表示。

(2) 感抗的因素

纯电感电路中通过正弦交流电流的时候，所呈现的感抗为

$$X_L=\omega L=2\pi fL \tag{4-31}$$

式中，L 是线圈的自感系数，简称自感或电感，电感的 SI 单位是亨[利]（H）或简写为亨（H），常用的单位还有毫亨（mH），微亨（μH），纳亨（nH）等，与 H 的换算关系为

$$1\ \text{mH}=10^{-3}\ \text{H},1\ \mu\text{H}=10^{-6}\ \text{H},1\ \text{nH}=10^{-9}\ \text{H}$$

如果线圈中不含有导磁介质，则叫作空心电感或线性电感，线性电感 L 在电路中是一常数，与外加电压或通电电流无关。

如果线圈中含有导磁介质时，则电感 L 将不是常数，而是与外加电压或通电电流有关的量，这样的电感叫做非线性电感，例如铁芯电感，本书中只讨论线性电感元件。

（3）电感线圈在电路中的作用

由于感抗 X_L 与电感 L、频率 f 成正比，因此，在电路中可以用于"通直流、阻交流"，此时称为低频扼流圈，还可以用于"通低频、阻高频"，此时称为高频扼流圈。

2. 电感电流与电压的关系

（1）电感电流与电压的瞬时值关系

如图 4.7 所示的纯电感电路，u_L 和 i 为关联参考方向，设正弦电流为

$$i=I_m\sin\omega t$$

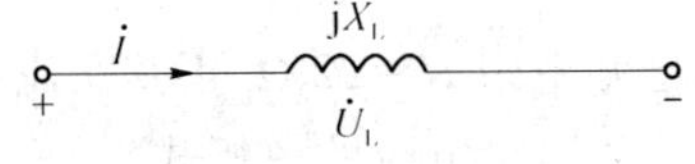

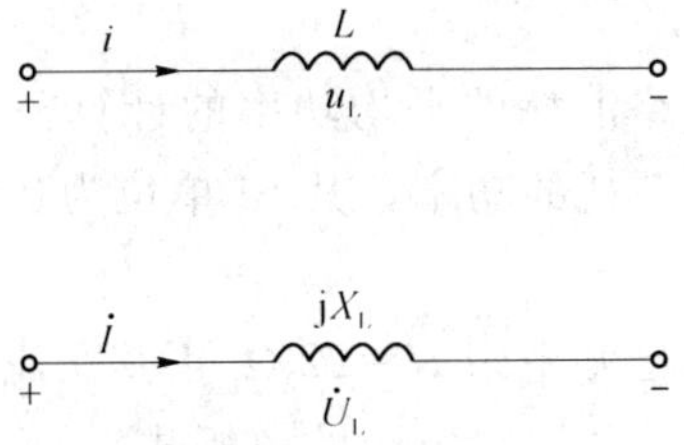

图 4.7　纯电感电路

根据电磁感应定律及基尔霍夫定律得出

$$u_L=-e_L=L\frac{di}{dt} \tag{4-32}$$

则

$$\begin{aligned}u_L&=L\frac{d(I_m\sin\omega t)}{dt}=\omega LI_m\cos\omega t=\omega LI_m\sin(\omega t+90°)\\&=U_{Lm}\sin(\omega t+90°)\end{aligned} \tag{4-33}$$

（2）电感电流与电压的有效值关系

由式(4-33)可知，电感电流与电压的大小关系为

$$I_m=\frac{U_{Lm}}{\omega L}=\frac{U_{Lm}}{X_L}$$

或者

$$I=\frac{U_L}{X_L} \tag{4-34}$$

显然，感抗与电阻的单位相同，都是欧[姆]（Ω）。

从这里可以发现，感抗只是电感上电压与电流的幅值或有效值之比，而不是其瞬时值之比，瞬时电压与瞬时电流不是线性比例关系。

（3）电感电流与电压的相位关系

由式(4-33)可以知道，在相位上，电感电压比电流超前 90°（或 π/2），即电感电流比电压

滞后 90°。

(4) 电感电压与电流的相量关系

根据上述关系式，可以得出电感上电压与电流的相量形式为

$$\begin{aligned}\dot{U}_L &= U_L e^{j\psi_u} = X_L I e^{j(\psi_i+90^\circ)} = X_L e^{j90^\circ} I e^{j\psi_i} \\ &= jX_L \dot{I} = j\omega L \dot{I}\end{aligned} \tag{4-35}$$

式(4-35)表明电感电压的有效值等于电流有效值与感抗的乘积，在电流相量 $\dot{I}$ 上乘以算子 j，即向空间逆时针方向旋转 90°，表示电压比电流超前 90°，如图 4.8 所示。

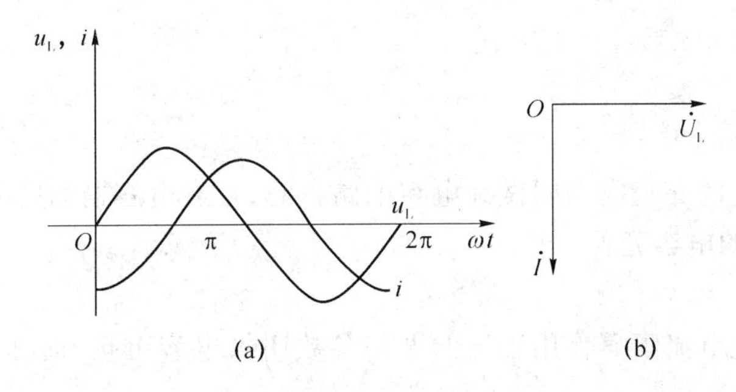

图 4.8　电感电压与电流的波形图与相量图

3. 功率

(1) 瞬时功率

在纯电感电路中，由于电压比电流超前 90°，即电压与电流的相位差 $\varphi=90^\circ$，则

$$\begin{aligned}p &= u_L i = U_{Lm}\sin(\omega t+90^\circ) I_m \sin\omega t = U_{Lm} I_m \sin\omega t \cos\omega t \\ &= \frac{U_{Lm} I_m}{2}\sin 2\omega t = U_L I \sin 2\omega t\end{aligned} \tag{4-36}$$

可见，电感的瞬时功率是一个幅值为 $U_L I$，并以 2ω 的角频率随时间按正弦规律变化的交变量。

(2) 有功功率

$$P = \frac{1}{T}\int_0^T p\,\mathrm{d}t = \frac{1}{T}\int_0^T U_L I \sin 2\omega t\,\mathrm{d}t = 0$$

可见，电感在一个周期内的平均功率为零，表明电感元件是一个储能元件，在电路中不消耗功率(能量)。

(3) 无功功率

电感上瞬时功率的最大值称为无功功率，即

$$Q_L = U_L I = I^2 X_L = \frac{U_L^2}{X_L} \tag{4-37}$$

电感的无功功率用字母 Q_L 表示，单位为乏(var)或千乏(kvar)。电感在电路中只与电源之间进行着可逆的能量交换，用无功功率来表示这种能量交换的大小。因此，称电感元件为储能元件。

例 4-12　已知一个电感 $L=80$ mH，外加电压 $u_L=311\sin(314t+60^\circ)$ V。

试求：(1) 感抗 X_L；(2) 电感上的电流 I；(3) 电流瞬时值 i。

解:(1) 电路中的感抗为

$$X_L=\omega L=314\times0.08\approx25\ \Omega$$

(2) 电感上的电流为

$$I=\frac{U_L}{X_L}=\frac{311}{\sqrt{2}\cdot25}=8.8\ \text{A}$$

(3) 电流瞬时值

由于电感电流 i 比电压 u_L 滞后 90°,所以

$$i=8.8\sqrt{2}\sin(314t-30^\circ)\ \text{A}$$

4.3.3 电容电路

只含有电容元件的交流电路叫做纯电容电路,如只含有电容器的电路。

1. 交流电路中的电容元件

(1) 容抗的概念

反映电容对交流电流阻碍作用程度的电路参数叫做电容电抗,简称容抗。用 X_C 表示。容抗按下式计算

$$X_C=\frac{1}{\omega C}=\frac{1}{2\pi fC} \tag{4-38}$$

式中,C 是电容器的电容量,简称电容,电容的 SI 单位是法[拉](F[L])或简写为法(F)。常用的单位还有微法(μF)、皮法(pF)等,二者与 F 的换算关系为

$$1\ \mu\text{F}=10^{-6}\ \text{F},1\ \text{pF}=10^{-12}\ \text{F}$$

(2) 电容在电路中的作用

由于容抗 X_C 与电容 C、频率 f 成反比,因此在电路中可以用于“通交流、隔直流”,此时称为隔直电容器;还可以用于“通高频、阻低频”,将高频电流成分滤除,此时称为高频旁路电容器。

2. 电流与电压的关系

(1) 电容电流与电压的瞬时值关系

如图 4.9 所示为纯电容电路,u_C 和 i 为关联参考方向,设正弦电压为

$$u_C=U_{Cm}\sin\omega t$$

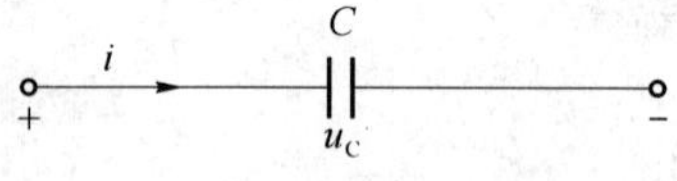

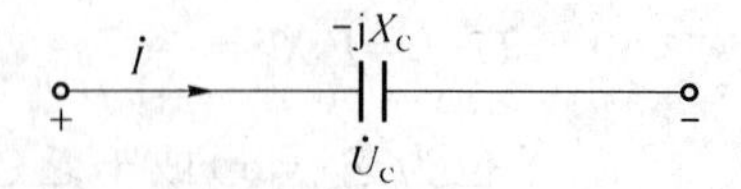

图 4.9 纯电容电路

当电压发生变化时,电路中的电流为

$$i=C\frac{\mathrm{d}u_{\mathrm{C}}}{\mathrm{d}t} \tag{4-39}$$

则

$$\begin{aligned} i &= C\frac{\mathrm{d}(U_{\mathrm{Cm}}\sin\omega t)}{\mathrm{d}t}=\omega CU_{\mathrm{Cm}}\cos\omega t=\omega CU_{\mathrm{Cm}}\sin(\omega t+90^\circ) \\ &= I_{\mathrm{m}}\sin(\omega t+90^\circ) \end{aligned} \tag{4-40}$$

(2) 电容电流与电压的有效值关系

由式(4-40)可知,电容电流与电压的大小关系为

$$I_{\mathrm{m}}=\omega CU_{\mathrm{Cm}}=\frac{U_{\mathrm{Cm}}}{X_{\mathrm{C}}}\quad 或者\quad I=\frac{U_{\mathrm{C}}}{X_{\mathrm{C}}} \tag{4-41}$$

容抗和电阻、感抗的单位一样,单位也是欧[姆](Ω)。

从这里也同样可以发现,容抗只是电容上电压与电流的幅值或有效值之比,而不是瞬时值之比,瞬时电压与瞬时电流不是线性比例关系。

(3) 电容电流与电压的相位关系

由式(4-40)还可以知道,在相位上,电容电流比电压超前 90°(或 π/2),即电容电压比电流滞后 90°,如图 4.10 所示。

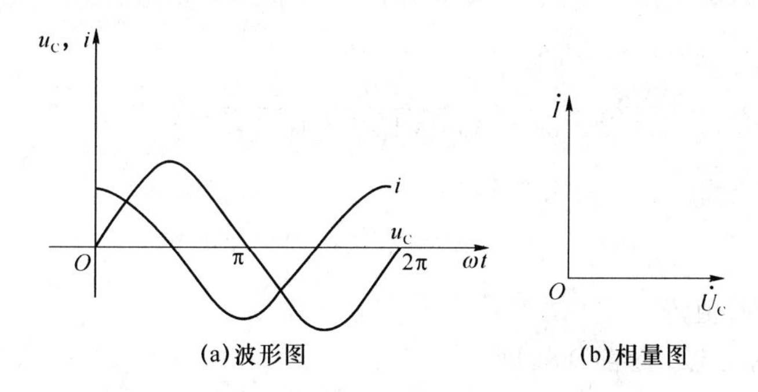

图 4.10　电容电压与电流的波形图和相量图

(4) 电容电压与电流的相量关系

根据上述关系式,可以得出电容上电压与电流的相量形式为

$$\begin{aligned} \dot{U}_{\mathrm{C}} &= U_{\mathrm{C}}\mathrm{e}^{\mathrm{j}\psi_u}=X_{\mathrm{C}}I\mathrm{e}^{\mathrm{j}(\psi_i-90^\circ)}=X_{\mathrm{C}}\mathrm{e}^{-\mathrm{j}90^\circ}I\mathrm{e}^{\mathrm{j}\psi_i} \\ &= -\mathrm{j}X_{\mathrm{C}}\dot{I}=-\mathrm{j}\frac{\dot{I}}{\omega C}=\frac{\dot{I}}{\mathrm{j}\omega C} \end{aligned} \tag{4-42}$$

式(4-42)表明电容电压的有效值等于电流有效值与容抗的乘积,在电流相量 $\dot{I}$ 上乘以算子($-j$)后,即向空间顺时针方向旋转 90°,即得电压相量,这表示电压比电流滞后 90°,如图 4.10 所示。

3. 功率

(1) 瞬时功率

$$\begin{aligned} p &= u_{\mathrm{C}}i=U_{\mathrm{Cm}}\sin\omega t I_{\mathrm{m}}\sin(\omega t+90^\circ)=U_{\mathrm{Cm}}I_{\mathrm{m}}\sin\omega t\cos\omega t \\ &= \frac{U_{\mathrm{Cm}}I_{\mathrm{m}}}{2}\sin 2\omega t=U_{\mathrm{C}}I\sin 2\omega t \end{aligned} \tag{4-43}$$

可见,电感的瞬时功率是一个幅值为 $U_C I$、角频率为 2ω 的随时间作正弦规律变化的交变量。

(2) 有功功率

$$P=\frac{1}{T}\int_0^T p\,dt=\frac{1}{T}\int_0^T U_C I\sin 2\omega t\,dt=0$$

可见,电容在一个周期内的平均功率也为零,表明电容元件和电感元件一样,也是储能元件,在电路中同样不消耗功率(能量)。

(3) 无功功率

电容上瞬时功率的最大值称为无功功率,即

$$Q_C=U_C I=I^2 X_C=\frac{U_C^2}{X_C} \tag{4-44}$$

电容的无功功率用字母 Q_C 表示,单位为乏(var)或千乏(kvar)。电容在电路中也只与电源之间进行着可逆的能量交换,同样用无功功率来表示这种能量交换的大小。因此,也称电容元件为储能元件。

例 4-13 已知一个 12.7 μF 的电容,外加正弦交流电压 $u_C=220\sqrt{2}\sin(100\pi t+30°)$ V,试求:(1) 容抗 X_C;(2) 电容上的电流大小 I_C;(3) 电流瞬时值 i_C。

解:(1) 电路的容抗为

$$X_C=\frac{1}{\omega C}=\frac{1}{314\times 12.7\times 10^{-6}}\approx 250\ \Omega$$

(2) 电容上的电流为

$$I_C=\frac{U_C}{X_C}=\frac{220}{250}=0.88\ \text{A}$$

(3) 电流的瞬时值

由于电容电流比电压超前 90°,则

$$i_C=0.88\sqrt{2}\sin(100\pi t+120°)\,\text{A}$$

4.4 电阻、电感和电容串联的交流电路

4.4.1 电压和电流的关系

1. RLC 串联电路的电压和电流关系

由电阻、电感、电容相串联构成的电路叫做 RLC 串联电路。如图 4.11(a)所示,电路中的各个元件经过相同电流。选取电压电流为关联参考方向,设电路中电流为参考正弦量,则根据 R、L、C 的基本特性,可得各元件的两端电压依次为

$$u_R=RI_m\sin\omega t=U_{Rm}\sin\omega t$$
$$u_L=X_L I_m\sin(\omega t+90°)=U_{Lm}\sin(\omega t+90°)$$

$$u_C = X_C I_m \sin(\omega t - 90°) = U_{Cm} \sin(\omega t - 90°)$$

根据基尔霍夫电压定律(KVL)，在任一时刻总电压 u 的瞬时值为

$$u = u_R + u_L + u_C \tag{4-45}$$

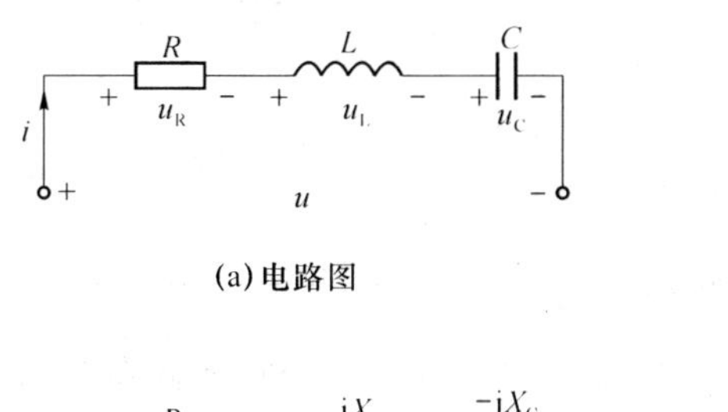

(a) 电路图

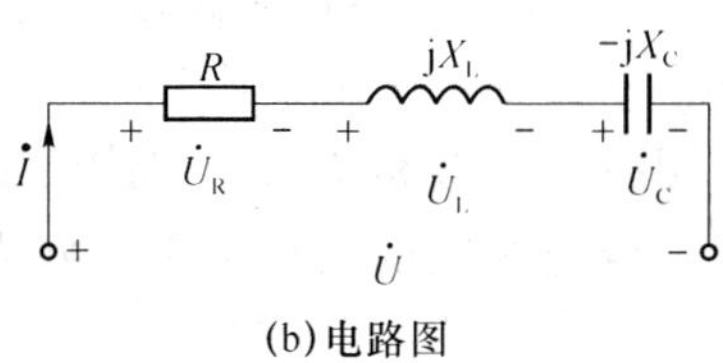

(b) 电路图

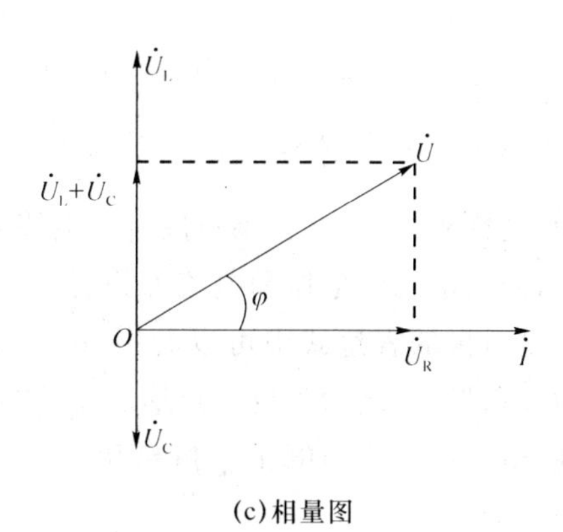

(c) 相量图

图 4.11　RLC 串联电路及相量图

由于正弦电路中的各支路电流和支路电压都是同频率正弦量，所以可以用相量法将式(4-45)转换为相量形式，即

$$\dot{U} = \dot{U}_R + \dot{U}_L + \dot{U}_C \tag{4-46}$$

从相量图 4.11(c)中可以看出，电压相量 $\dot{U}$、$\dot{U}_R$ 以及 $\dot{U}_L + \dot{U}_C$ 正好形成一个直角三角形，这个直角三角形被称为电压三角形。利用这个电压三角形，可以列出总电压与电阻、电感、电容电压的有效值关系式，即

$$U = \sqrt{U_R^2 + (U_L - U_C)^2} = \sqrt{U_R^2 + U_X^2} \tag{4-47}$$

式中，$U_X = U_L - U_C$ 称为电抗电压，表示电感与电容串联后的总压降，其正、负以及零值反映电路的不同工作性质。

从电压三角形中还可以得出总电压与电流之间的相位差 φ，即

$$\varphi = \arctan\frac{U_L - U_C}{R} = \arctan\frac{U_X}{U_R} \tag{4-48}$$

φ 角的正负表示总电压与电流的相位关系。和电抗电压一样，都能反映电路的不同工作性质。

2. RLC 串联电路的阻抗

根据各元件的电压与电流的相量关系，将式(4-28)、式(4-35)、式(4-42)代入式(4-46)可得

$$\dot{U} = R\dot{I} + jX_L\dot{I} - jX_C\dot{I} = [R + j(X_L - X_C)]\dot{I} = Z\dot{I}$$

$$Z = \frac{\dot{U}}{\dot{I}} \tag{4-49}$$

式(4-49)就是正弦交流电路相量形式的欧姆定律，图 4.12 为其对应的相量形式的电路

模型。其中

$$Z=R+\mathrm{j}(X_L-X_C)=R+\mathrm{j}X=|Z|\mathrm{e}^{\mathrm{j}\varphi} \tag{4-50}$$

式中,Z 称为电路的复阻抗,单位为欧[姆](Ω)。$X=X_L-X_C$ 称为电抗,单位也是欧[姆](Ω)。$|Z|=\sqrt{R^2+X^2}$为复阻抗的模值,包含了电阻和电抗,又称为阻抗。$\varphi=\arctan\dfrac{X}{R}=\arctan\dfrac{X_L-X_C}{R}$为复阻抗 Z 的辐角,又称阻抗角,其大小只决定于电路参数即电阻和电抗,而与电路的电压和电流无关。

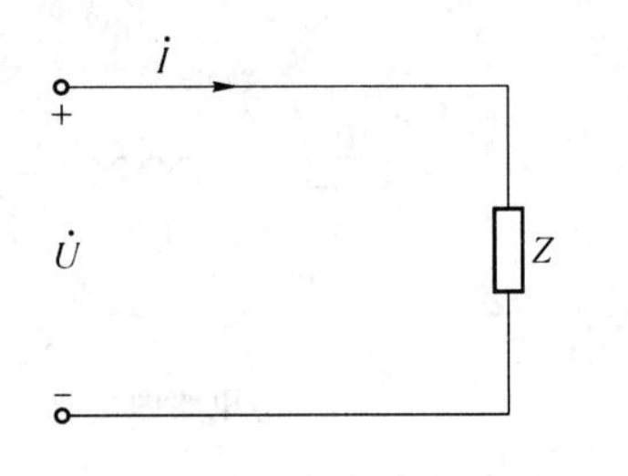

图 4.12　相量形式的电路模型

从复阻抗的表达式中可以看出,R、X 和$|Z|$也组成直角三角形,称其为阻抗三角形。比较图 4.13 所示阻抗三角形和图 4.14 电压三角形,不难发现,阻抗三角形与电压三角形互为相似三角形。对应边之间的倍数关系正好为电流 I 的大小。即

$$R=\frac{U_R}{I}\quad X=\frac{U_X}{I}\quad |Z|=\frac{U}{I}$$

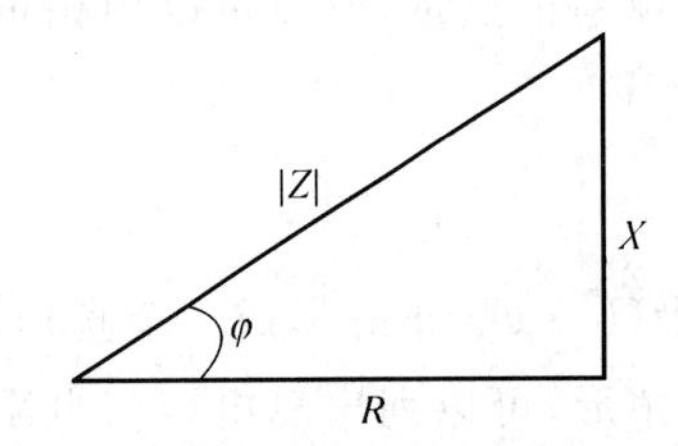

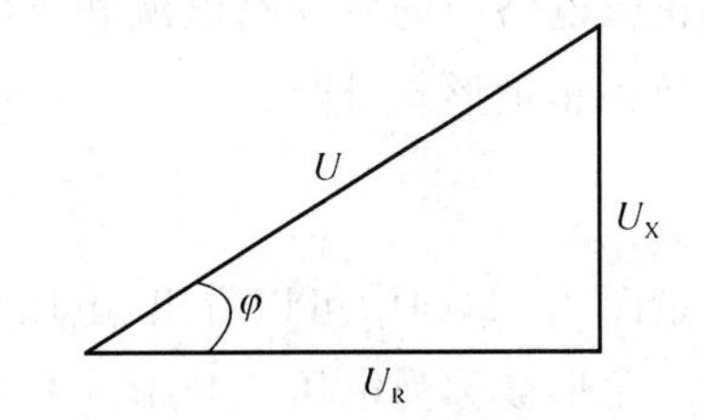

图 4.13　RLC 串联电路的阻抗三角形　　　　图 4.14　RLC 串联电路的电压三角形

由阻抗三角形和电压三角形,可以求出总电压与电流的相位差为

$$\varphi=\arctan\frac{U_L-U_C}{U_R}=\arctan\frac{X_L-X_C}{R}=\arctan\frac{X}{R} \tag{4-51}$$

3. RLC 串联电路的性质

从式(4-51)可以看出,电抗 X 的正负决定阻抗角 φ 的正负,而阻抗角 φ 的正负反映了总电压与电流的相位关系。因此可以根据阻抗角 φ 为正、为负、为零的 3 种情况,将电路分为 3 种性质。

(1) 感性电路:当 $X>0$ 时,即 $X_L>X_C$,$\varphi>0$,$U_L>U_C$,总电压 u 比电流 i 超前 φ,表明电感的作用大于电容的作用,电抗是电感性的,称感性电路;

(2) 容性电路:当 $X<0$ 时,即 $X_L<X_C$,$\varphi<0$,$U_L<U_C$,总电压 u 比电流 i 滞后$|\varphi|$,电抗是电容性的,称容性电路;

(3) 电阻性电路:当 $X=0$ 时,即 $X_L=X_C$,$\varphi=0$,$U_L=U_C$,总电压 u 与电流 i 同相,表明电感的作用等于电容的作用,达到平衡,电路阻抗是电阻性的,称电阻性电路。当电路处于这种状态时,又叫做谐振状态。

需要注意的是,复阻抗不是相量,不是时间的正弦函数。

例 4-14　已知 RLC 串联电路中,交流电源电压 $u=311\sin(314t-30°)$ V,$R=30\ \Omega$,$L=445$ mH,$C=32\ \mu$F。试求:(1)电路中电压与电流的相位关系,并分析性质;(2)电路中电流的瞬时表达 i;(3)各元件上的电压 U_R、U_L、U_C。

解:(1) 因为

$$X_L=\omega L=314\times445\times10^{-3}\approx140\ \Omega$$

$$X_C=\frac{1}{\omega C}=\frac{1}{314\times32\times10^{-6}}\approx100\ \Omega$$

所以,电路中电压与电流的相位关系

$$\varphi=\arctan\frac{X_L-X_C}{R}=\arctan\frac{40}{30}=53.1°$$

即总电压比电流超前 53.1°,电路呈感性。

(2) 求电路中的电流 I

$$|Z|=\sqrt{R^2+(X_L-X_C)^2}=50\ \Omega$$

所以

$$I=\frac{U}{|Z|}=\frac{311}{\sqrt{2}\times50}=4.4\ \text{A}$$

由此,得出电流的瞬时表达式为

$$i=4.4\sqrt{2}\sin(314t-83.1°)\ \text{A}$$

(3) 各元件电压的有效值

$$U_R=RI=30\times4.4=132\ \text{V}$$

$$U_L=X_LI=140\times4.4=616\ \text{V}$$

$$U_C=X_CI=100\times4.4=440\ \text{V}$$

从计算结果发现,电感电压、电容电压都比电源电压高,在交流电路中各元件上的电压可以比总电压大,这是交流电路与直流电路特性的不同之处。

例 4-15　在 RL 串联电路中,已知:$R=4\ \Omega$,$L=9.6$ mH,设外加电压 $u=311\sin(314t+60°)$ V。试求:电阻和电感上电压的瞬时值。

解:感抗为

$$X_L=\omega L=314\times9.6\times10^{-3}=3\ \Omega$$

电路的等效复阻抗为

$$Z=R+\text{j}X_L=4+\text{j}3=5\angle36.9°\ \Omega$$

正弦交流电压 u 的相量为

$$\dot{U}=220\angle60°\ \text{V}$$

电路中电流相量为

$$\dot{I}=\frac{\dot{U}}{Z}=\frac{220}{5}(\angle60°-36.9°)=44\angle23.1°\ \text{A}$$

则电阻和电感上的电压相量分别为

$$\dot{U}_R=R\dot{I}=4\times44\angle23.1°=176\angle23.1°\ \text{V}$$

$$\dot{U}_L=Z_L\dot{I}=\text{j}X_L\dot{I}=3\times44(\angle23.1°+\angle90°)=132\angle113.1°\ \text{V}$$

电阻和电感上的电压瞬时值分别为

$$u_R = 176\sqrt{2}\sin(314t + 23.1°)\text{V}$$
$$u_L = 132\sqrt{2}\sin(314t + 113.1°)\text{V}$$

4.4.2 功率关系

1. 瞬时功率

设正弦交流电路电流 i 为参考量，正弦交流电路的总电压 u 与总电流 i 的相位差为 φ，则电压与电流的瞬时值表达式为

$$i = I_m \sin(\omega t)$$
$$u = U_m \sin(\omega t + \varphi)$$

则瞬时功率为

$$\begin{aligned} p &= ui = U_m I_m \sin(\omega t + \varphi)\sin(\omega t) \\ &= U_m I_m [\sin(\omega t)\cos\varphi + \cos(\omega t)\sin\varphi]\sin(\omega t) \\ &= U_m I_m [\sin^2(\omega t)\cos\varphi + \sin(\omega t)\cos(\omega t)\sin\varphi] \\ &= U_m I_m \frac{1-\cos(2\omega t)}{2}\cos\varphi + U_m I_m \frac{\sin(2\omega t)}{2}\sin\varphi \\ &= UI\cos\varphi[1-\cos(2\omega t)] + UI\sin\varphi\sin(2\omega t) \end{aligned} \tag{4-52}$$

可见，正弦交流电路的瞬时功率不再是正弦波形，其第 1 项和电压电流相位差 φ 的余弦值 $\cos\varphi$ 有关，而第 2 项和电压电流相位差 φ 的正弦值 $\sin\varphi$ 有关。

2. 有功功率

正弦电路在一个周期内的平均功率为

$$\begin{aligned} P &= \frac{1}{T}\int_0^T p\text{d}t = \frac{1}{T}\int_0^T [UI\cos\varphi(1-\cos 2\omega t) + UI\sin\varphi\sin 2\omega t]\text{d}t \\ &= \frac{1}{T}\int_0^T [UI\cos\varphi(1-\cos 2\omega t)]\text{d}t + \frac{1}{T}\int_0^T [UI\sin\varphi\sin 2\omega t]\text{d}t \\ &= UI\cos\varphi \end{aligned} \tag{4-53}$$

由上式知，正弦交流电路的有功功率与阻抗角的余弦 $\cos\varphi$ 有关。$\cos\varphi$ 是计算正弦交流电路功率的重要因子，称为功率因数，用 λ 表示。

3. 无功功率

在瞬时功率 $p = UI\cos\varphi[1-\cos(2\omega t)] + UI\sin\varphi\sin(2\omega t)$ 中，第 2 项表示交流电路与电源之间进行能量交换的瞬时功率，$|UI\sin\varphi|$ 是这种能量交换的最大功率，并不代表电路实际消耗的功率。定义正弦交流电路的无功功率为

$$Q = UI\sin\varphi = Q_L - Q_C \tag{4-54}$$

无功功率用大写字母 Q 表示，单位是乏尔，简称乏(var)。

当 $\varphi > 0$ 时，$Q > 0$，$Q_L > Q_C$，电路呈感性；

当 $\varphi < 0$ 时，$Q < 0$，$Q_L < Q_C$，电路呈容性；

当 $\varphi = 0$ 时，$Q = 0$，$Q_L = Q_C$，电路呈电阻性。

4. 视在功率

在正弦交流电路中，电源电压有效值与总电流有效值的乘积(UI)叫做视在功率，用大写字母 S 表示，即

$$S=UI \tag{4-55}$$

视在功率的单位是伏·安(V·A)或千伏·安(kV·A),代表了正弦交流电源向电路提供的最大功率,又称为电源的功率容量。

将式(4-55)代入式(4-53)和式(4-54)可以得到

$$P=S\cos\varphi \tag{4-56}$$

$$Q=S\sin\varphi \tag{4-57}$$

显然,有功功率 P、无功功率 Q 和视在功率 S 三者之间构成直角三角形关系,即

$$S=\sqrt{P^2+Q^2} \tag{4-58}$$

$$\varphi=\arctan\frac{Q}{P} \tag{4-59}$$

这个直角三角形称为功率三角形,如图4.15所示。

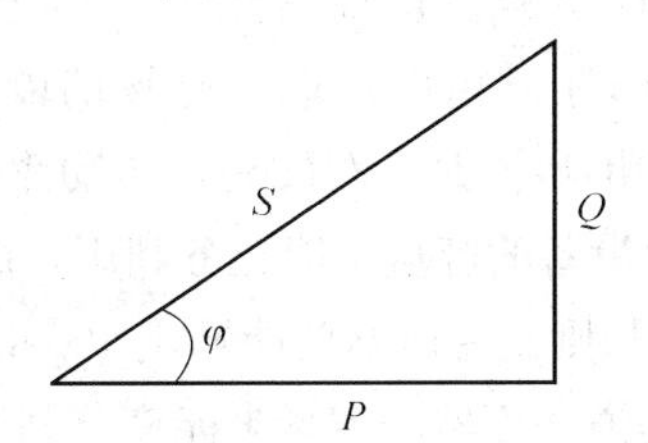

图4.15　功率三角形

比较图4.16中的阻抗三角形、电压三角形以及功率三角形可得出:这三个直角三角形之间互为相似三角形,即

$$R=\frac{U_R}{I}\quad X=\frac{U_X}{I}\quad |Z|=\frac{U}{I}$$

$$U_R=\frac{P}{I}\quad U_X=\frac{Q}{I}\quad U=\frac{S}{I}$$

$$R=\frac{P}{I^2}\quad X=\frac{Q}{I^2}\quad |Z|=\frac{S}{I^2}$$

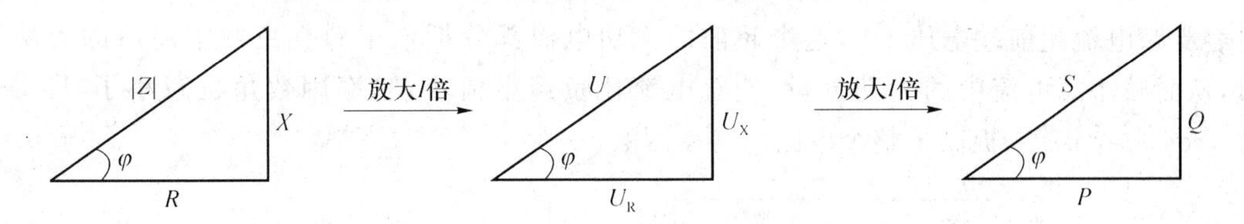

图4.16　阻抗三角形、电压三角形和功率三角形的比较

对于正弦交流电路而言,功率总是守恒的,消耗在电路中总的有功功率等于电路各部分有功功率之和,总的无功功率等于电路各部分无功功率的代数和。因为消耗的有功功率总是为正,而电感和电容所储放的能量有正有负。即

$$P=\sum_{k=1}^{n}P_k\quad Q=\sum_{k=1}^{n}Q_k$$

需要注意的是,总的视在功率并不等于电路各部分视在功率之和。

4.4.3 功率因数的提高

1. 功率因数及其提高的意义

阻抗角的余弦叫做正弦交流电路的功率因数，用字母λ表示，即

$$\lambda = \cos\varphi$$

同时，从功率三角形又可得

$$\lambda = \cos\varphi = \frac{P}{S} \tag{4-60}$$

可见，正弦交流电路的功率因数等于有功功率与视在功率的比值，即电路实际消耗功率占电源功率容量的百分比。

在电力系统中，负载多为感性负载。例如常用的感应电动机，接上电源时要建立磁场，除了需要从电源取得有功功率外，还要由电源取得磁场的能量，并与电源作周期性的能量交换。这时，负载从电源接受的有功功率 $P = UI\cos\varphi$ 与功率因数有关。

负载的功率因数低，会使电源设备的容量不能充分利用。例如一台容量为 $S=100$ kV·A 的变压器，若负载的功率因数 $\lambda=1$ 时，则此变压器就能输出 100 kW 的有功功率；若 $\lambda=0.6$ 时，则此变压器只能输出 60 kW 了，也就是说变压器的容量未能充分利用。

常用的感应电动机在空载时的功率因数约为 0.2～0.3，在轻载时只有 0.4～0.5，而在额定负载时约为 0.83～0.85，不装电容器的日光灯，功率因数为 0.45～0.6。功率因素低会带来一些问题，如设备不能充分利用资源，电流到了额定值，而功率容量还有；当输出相同有功功率时，线路电流大，线路压降损耗大。所有这些，唯有提高这类感性负载的功率因数，才能降低输电线路电压降和功率损耗。

2. 功率因数提高

提高感性负载功率因数的最简便的方法是将电容器与感性负载并联，这样就可以使电感中的磁场能量与电容器的电场能量进行交换，从而减少电源与负载间能量的互换。如图 4.17(a)所示，线路总电流等于负载电流与电容支路电流的相量和，从图 4.17(b)可知，由于电容支路电流超前端电压 90°，这个超前的无功电流部分抵消了感性负载中滞后的无功分量，从而减小总电流中的无功分量，使总电流比负载电流小，功率因数角也减小了，即 $\varphi < \varphi_{Ld}$，$\cos\varphi > \cos\varphi_{Ld}$，提高了整个电路的功率因数。

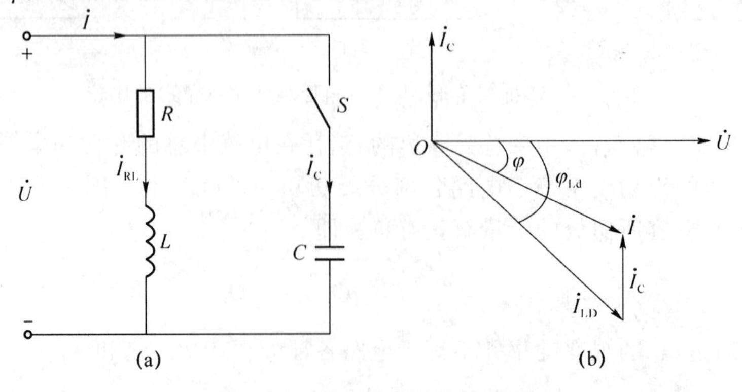

图 4.17　提高功率因数的方法

由相量图可以得到　　$I_C = I_{LD}\sin\varphi_{LD} - I_{LD}\cos\varphi_{LD}\tan\varphi$

$$I_{LD} = \frac{P}{U\cos\varphi_{LD}}$$

联立上两式得　　$I_C = \frac{P}{U}(\tan\varphi_{LD} - \tan\varphi)$

而　　$I_C = \omega CU$

所以　　$$C = \frac{I_C}{\omega U} = \frac{P}{2\pi f U^2}(\tan\varphi_{Ld} - \tan\varphi) \tag{4-61}$$

例 4-16　已知某单相电动机(感性负载)的额定功率 $P=1.2$ kW,额定电流 $I=10$ A,工频电压 $U=220$ V。试求:把电路功率因数 λ 提高到 0.9 时,应并联电容器的容量。

解:(1) 视在功率 $S=UI=220\times10=2.2$ kV·A

电动机的功率因数

$$\cos\varphi_{Ld} = \frac{P}{S} = \frac{1\,200}{2\,200} = 0.545$$

$$\tan\varphi_{Ld} = \tan(\arccos 0.545) = \tan 57° = 1.54$$

(2) 把电路功率因数提高到 $\lambda=\cos\varphi=0.9$ 时

$$\tan\varphi = \tan(\arccos 0.9) = \tan 25.8° = 0.484$$

则应并联电容器的电容为

$$\begin{aligned} C &= \frac{P}{2\pi f U^2}(\tan\varphi_{Ld} - \tan\varphi) \\ &= \frac{1\,200}{314\times220^2}(1.54-0.484) \\ &= 8.28\ \mu\text{F} \end{aligned}$$

4.5　阻抗电路等效

4.5.1　阻抗串联

电路常常是若干个复阻抗的串、并、混联起来的,搞清楚复阻抗的串联、并联的特性对于电路分析是很重要的。

如图 4.18 所示的是三个复阻抗串联电路。根据 KVL 可得

$$\dot{U} = \dot{U}_1 + \dot{U}_2 + \dot{U}_3 = \dot{I}Z_1 + \dot{I}Z_2 + \dot{I}Z_3 = (Z_1+Z_2+Z_3)\dot{I} = Z\dot{I}$$

$$Z = Z_1 + Z_2 + Z_3$$

同样,将 n 个复阻抗 Z_1、Z_2、…、Z_n 串联时,也可以等效为一个复阻抗,即等效复阻抗 Z 等于各个复阻抗之和。

$$Z = Z_1 + Z_2 + \cdots + Z_n \tag{4-62}$$

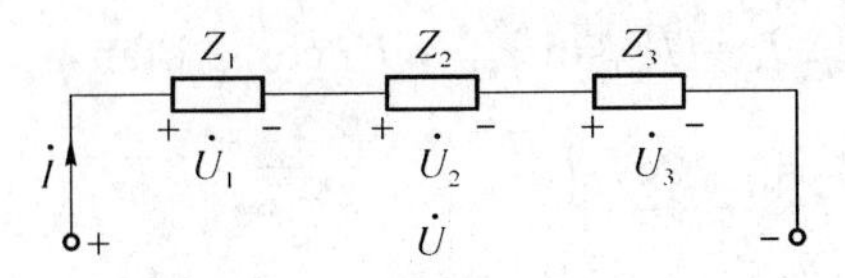

图 4.18 复阻抗串联电路

4.5.2 阻抗并联

如图 4.19 所示的是三个复阻抗并联电路。根据 KCL，总电流为

$$\dot{I}=\dot{I}_1+\dot{I}_2+\dot{I}_3=\frac{\dot{U}}{Z_1}+\frac{\dot{U}}{Z_2}+\frac{\dot{U}}{Z_3}=\left(\frac{1}{Z_1}+\frac{1}{Z_2}+\frac{1}{Z_3}\right)\dot{U}=\frac{\dot{U}}{Z}$$

$$\frac{1}{Z}=\frac{1}{Z_1}+\frac{1}{Z_2}+\frac{1}{Z_3}$$

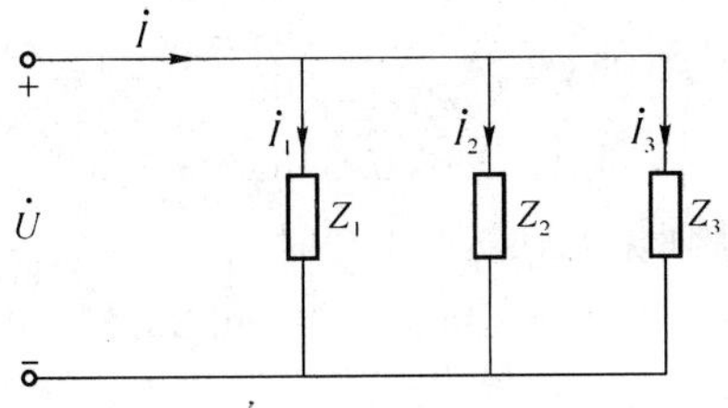

图 4.19 复阻抗并联电路

同样，当 n 个复阻抗 Z_1、Z_2、…、Z_n 并联时，也可以等效为一个复阻抗，即等效复阻抗 Z 的倒数，等于各个复阻抗的倒数之和。

$$\frac{1}{Z}=\frac{1}{Z_1}+\frac{1}{Z_2}+\cdots+\frac{1}{Z_n} \tag{4-63}$$

为便于计算阻抗并联电路，定义复阻抗 Z 的倒数为复导纳，用大写字母 Y 表示，即

$$Y=\frac{1}{Z} \tag{4-64}$$

这样式(4-63)可改写为

$$Y=Y_1+Y_2+\cdots+Y_n$$

即几个并联复导纳的等效导纳 Y 等于各复导纳之和。由此，欧姆定律的相量形式可表达为

$$\dot{U}=Z\dot{I} \quad 或 \quad \dot{I}=Y\dot{U} \tag{4-65}$$

当只有两个复阻抗并联时，如图 4.20 所示，可直接用复阻抗进行运算，其等效复阻抗为

$$Z=\frac{Z_1 Z_2}{Z_1+Z_2} \tag{4-66}$$

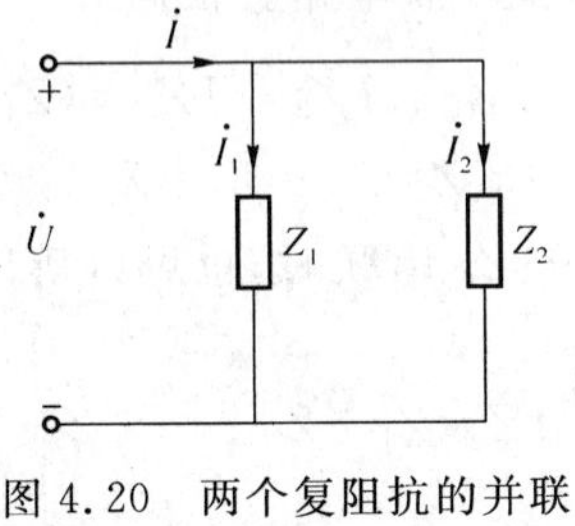

图 4.20 两个复阻抗的并联

此时两支路电流分别为

$$\dot{I}_1=\frac{Z_2}{Z_1+Z_2}\dot{I}$$

$$\dot{I}_2=\frac{Z_1}{Z_1+Z_2}\dot{I} \tag{4-67}$$

通过以上分析可知，在正弦交流电路中，求解串联或并联的等效复阻抗的方法与求解串联或并联的等效电阻的方法相似。只不过复阻抗的计算需要按照复数运算法则进行。

例 4-17　在图 4.20 中，两个复阻抗分别是 $Z_1=\text{j}10\ \Omega$，$Z_2=(10-\text{j}10)\Omega$，交流电源 $u=220\sqrt{2}\sin(\omega t)\text{V}$，试求：电路中的总阻抗 Z 及电流 $\dot{I}$、$\dot{I}_1$ 和 $\dot{I}_2$。

解：$Z_1=\text{j}10=10\angle 90°\ \Omega$　$Z_2=10-\text{j}10=14.14\angle -45°\ \Omega$

用两种方法求总电流 $\dot{I}$

(1) 由 $\frac{1}{Z}=\frac{1}{Z_1}+\frac{1}{Z_2}$ 可得并联后的等效复阻抗为

$$Z=\frac{Z_1Z_2}{Z_1+Z_2}=\frac{10\angle 90°\times 14.14\angle -45°}{(\text{j}10)+(10-\text{j}10)}=14.14\angle 45°\ \Omega$$

总电流的相量

$$\dot{I}=\frac{\dot{U}}{Z}=\frac{220\angle 0°}{14.14\angle 45°}=15.6\angle -45°\ \text{A}$$

(2) 利用 $Y=Y_1+Y_2$ 进行计算

$$Y_1=\frac{1}{Z_1}=\frac{1}{10\angle 90°}=0.1\angle -90°=-\text{j}0.1\ \text{S}$$

$$Y_2=\frac{1}{Z_2}=\frac{1}{14.14\angle -45°}=0.07\angle 45°=(0.05+\text{j}0.05)\ \text{S}$$

$$Y=Y_1+Y_2=(-\text{j}0.1)+(0.05+\text{j}0.05)=(0.05-\text{j}0.05)=0.05\sqrt{2}\angle -45°\ \text{S}$$

总电流的相量

$$\dot{I}=Y\dot{U}=0.05\sqrt{2}\angle -45°\times 220\angle 0°=15.6\angle -45°\ \text{A}$$

各分支电流相量分别为

$$\dot{I}_1=\frac{Z_2}{Z_1+Z_2}\dot{I}=\frac{14.14\angle -45°}{(\text{j}10)+(10-\text{j}10)}\times 15.6\angle -45°=22\angle -90°=-\text{j}22\ \text{A}$$

$$\dot{I}_2=\frac{Z_1}{Z_1+Z_2}\dot{I}=\frac{\text{j}10}{(\text{j}10)+(10-\text{j}10)}\times 15.6\angle -45°=15.6\angle 45°\ \text{A}$$

4.6　非正弦周期信号电路分析

4.6.1　非正弦周期信号的分解和合成

前面几节所讨论的都是正弦交流电路，电路中各部分稳态电压、电流都是同频率的正弦量。通常,在生产实践中采用的都是正弦交流电。但也常常遇到电压、电流虽然作周期性变化,但不遵循正弦规律,这种电压或电流称为非正弦周期电流或电压。图 4.21 所示就是几种非正弦周期电流。

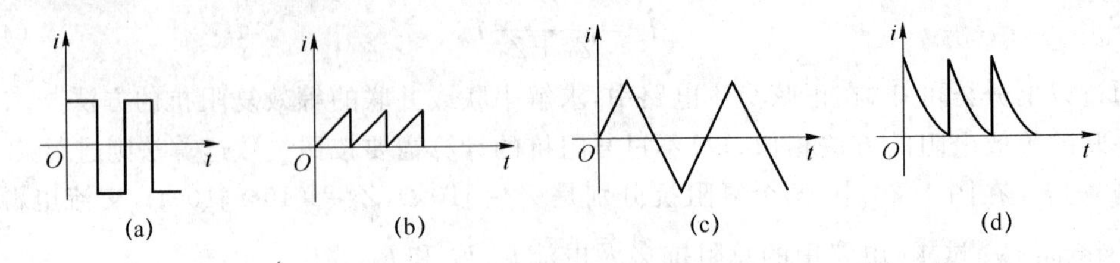

图 4.21 几种非正弦周期电流

产生非正弦周期电流的原因有很多,通常存在以下 3 种情况:

(1) 采用非正弦交流电源。实验室常用的信号发生器,除了产生正弦波信号,还能产生非正弦信号波,如矩形波,锯齿波、三角波等。

(2) 同一电路中具有不同频率的电源共同作用。电路中将会出现不同频率信号的合成,从而改变原来的正弦规律。

(3) 电路中存在非线性元件。如二极管的整流电路,三极管的交流放大电路,即使是正弦电源作用,电路也会产生非正弦周期的电压、电流信号,如图 4.22 所示的二极管整流电路。

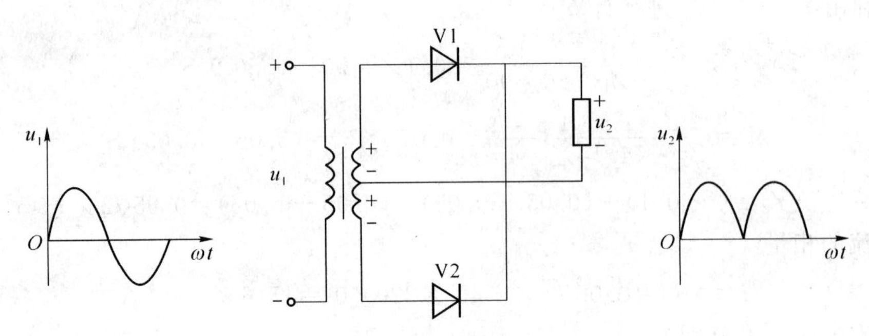

图 4.22 二极管整流电路

此外,无线电、通讯设备所传递的信号都是由语言、音乐、图像等转换过来的电信号,其波形都不是正弦波。在自动控制及电子计算中大量使用的脉冲信号,也都不是正弦信号。

分析非正弦周期信号的电路的方法与分析正弦电路有所不同。分析时需要将非正弦周期信号电路的计算转化为一系列正弦信号电路的计算,在此采用的是谐波分析法,即将一个非正弦波的周期信号看作是由一些不同频率的正弦波信号叠加的结果。

1. 非正弦周期信号的分解

把周期电压、周期电流表达成一个周期函数,当其满足狄里赫利条件时就可以展开为傅里叶级数。

$$
\begin{aligned}
f(t) &= A_0 + A_{1m}\cos(\omega_1 t + \psi_1) + A_{2m}\cos(2\omega_1 t + \psi_2) + \cdots + A_{km}\cos(k\omega_1 t + \psi_k) + \cdots \\
&= A_0 + \sum_{k=1}^{\infty} A_{km}\cos(k\omega_1 t + \psi_k)
\end{aligned}
$$

式中的第 1 项 A_0 称为周期函数 $f(t)$的恒定分量或直流分量，是不随时间变化的常数，有时也可以看成是频率为零的正弦波，叫零次谐波；第 2 项 $A_{1m}\cos(\omega_1 t+\psi_1)$称为一次谐波或基波分量，其频率与原非正弦周期函数 $f(t)$的频率相同；其余各项统称为高次谐波，其频率为原非正弦周期函数 $f(t)$的频率的整数倍，谐波分量的频率是基波的几倍，就称它为几次谐波。例如 $k=2,3,\cdots$的各项，分别称为 2 次谐波、3 次谐波等。因此，谐波分析就是对一个已知的波形信号，求出其所包含的多次谐波分量，并用谐波分量的形式表示。

例如在图 4.23(b)中，总的电源电动势可以表示为两个谐波分量的形式，即

$$e=e_1+e_2=E_{1m}\sin(\omega t)+E_{2m}\sin(3\omega t)$$

其中，e_1 和 e_2 叫做非周期信号的谐波分量。

2. 非正弦周期信号的合成

由上可知，一个非正弦波可以分解成几个频率不同的正弦波。反之，几个不同频率的正弦波也可合成一个非正弦波。

如图 4.23(a)所示，将两个正弦信号串联，把 e_1 的频率调到 100 Hz，e_2 的频率调到 300 Hz，则 e_1 和 e_2 合成后的波形如图 4.23(b)实线所示，显然合成后的波形为一个非正弦波。

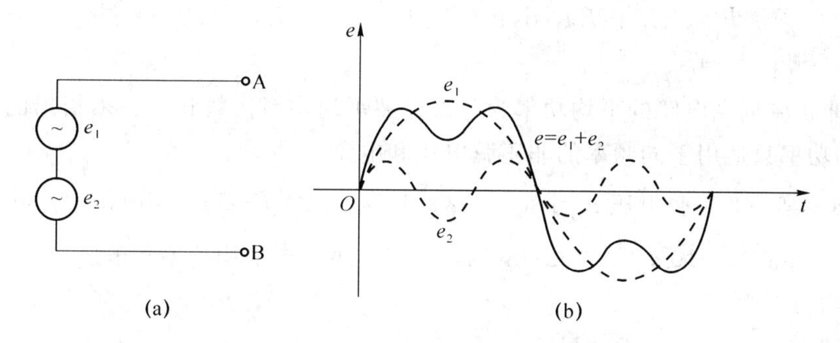

图 4.23　两个正弦波的合成

4.6.2 非正弦周期信号的平均值、有效值和负载电路平均功率

1. 平均值

非正弦周期电流的平均值在实践中经常被用到，设

$$i=I_0+\sqrt{2}I_1\sin(\omega t+\varphi_1)+\sqrt{2}I_2\sin(\omega t+\varphi_2)+\cdots$$

$$u=U_0+\sqrt{2}U_1\sin(\omega t+\varphi_1)+\sqrt{2}U_2\sin(\omega t+\varphi_2)+\cdots$$

则其平均值分别为

$$I_{av}=\frac{1}{T}\int_0^T|i|\,dt$$

$$U_{av}=\frac{1}{T}\int_0^T|u|\,dt \tag{4-68}$$

即非正弦周期量的平均值等于其绝对值的平均值。

2. 有效值

非正弦周期信号的有效值定义与正弦波一样。如果一个非正弦周期电流 i 流经电阻 R

时，电阻上产生的热量和一个直流电流 I 流经同一电阻 R 时，在同样时间内所产生的热量相同，则这个直流电流的数值 I，叫做该非正弦电流 i 的有效值。设

$$i=I_0+\sqrt{2}I_1\sin(\omega t+\varphi_1)+\sqrt{2}I_2\sin(2\omega t+\varphi_2)+\cdots$$

$$u=U_0+\sqrt{2}U_1\sin(\omega t+\varphi_1)+\sqrt{2}U_2\sin(2\omega t+\varphi_2)+\cdots$$

经数学推导可得其有效值计算公式为

$$I=\sqrt{I_0^2+I_1^2+I_2^2+\cdots}$$

$$U=\sqrt{U_0^2+U_1^2+U_2^2+\cdots} \tag{4-69}$$

即非正弦周期量的有效值等于各分量有效值平方和的平方根。

3. 平均功率

根据平均功率的定义

$$P=\frac{1}{T}\int_0^T p\mathrm{d}t \tag{4-70}$$

不难证明，电路消耗的平均功率为

$$P=U_0I_0+U_1I_1\cos\varphi_1+U_2I_2\cos\varphi_2+U_3I_3\cos\varphi_3+\cdots \tag{4-71}$$

其中 $\varphi_1=\varphi_{1u}-\varphi_{1i}$，$\varphi_2=\varphi_{2u}-\varphi_{2i}$，$\varphi_3=\varphi_{3u}-\varphi_{3i}$。

可见，非正弦周期电路的平均功率为各次谐波平均功率代数和。必须指出的是，在这里所指的平均功率只适用于同频率的非正弦电压和电流。

例 4-18 某一非正弦电压 $u=[30+40\sqrt{2}\sin(\omega t+20°)+50\sqrt{2}\sin(3\omega t+30°)]$ V，电流 $i=[1+0.5\sqrt{2}\sin(\omega t-10°)+0.2\sqrt{2}\sin(3\omega t+60°)]$ A。求平均功率和电压、电流的有效值。

解：平均功率为

$$\begin{aligned}P&=U_0I_0+U_1I_1\cos\varphi_1+U_2I_2\cos\varphi_2\\&=30\times1+40\times0.5\times\cos30°+50\times0.2\times\cos(-30°)\\&=60\ \text{W}\end{aligned}$$

电压的有效值为

$$U=\sqrt{U_0^2+U_1^2+U_2^2}=\sqrt{30^2+40^2+50^2}=70.71\ \text{V}$$

电流的有效值为

$$I=\sqrt{I_0^2+I_1^2+I_2^2}=\sqrt{1^2+0.5^2+0.2^2}=1.14\ \text{A}$$

4.7 本章实训　单相照明电路及功率因数的改善

1. 实训目的

(1) 加深对单相照明电路的理解，对功率因数改善的方法有个感性认识。

(2) 掌握单相照明电路(例日光灯电路)的接线方法，了解其工作原理。

(3) 熟练掌握常见仪器仪表的使用方法。

2. 实训仪器

(1) 220 V 交流稳压电源	1 台
(2) 20 W 日光灯	1 套
(3) 万用表	1 只
(4) 交流电压表	1 只
(5) 交流电流表	1 只
(6) 可变电容器	1 个
(7) 试电笔	1 支
(8) 带单相插头的电源线	1 根
(9) 导线	数根

3. 实训内容

(1) 单相照明电路如图 4.24 所示。

(2) 功率因数的改善如图 4.25 所示。

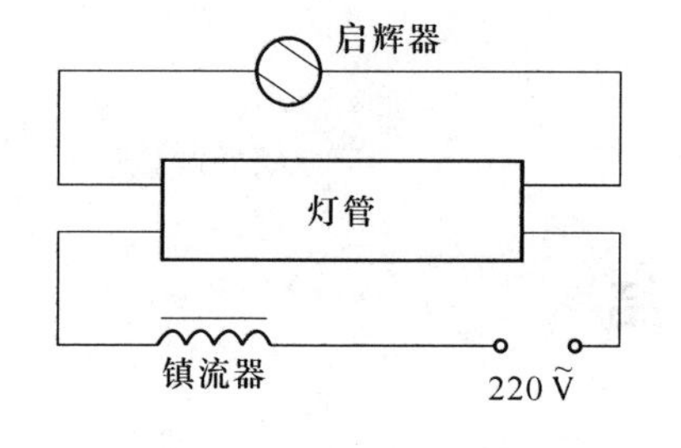

图 4.24　单相照明电路

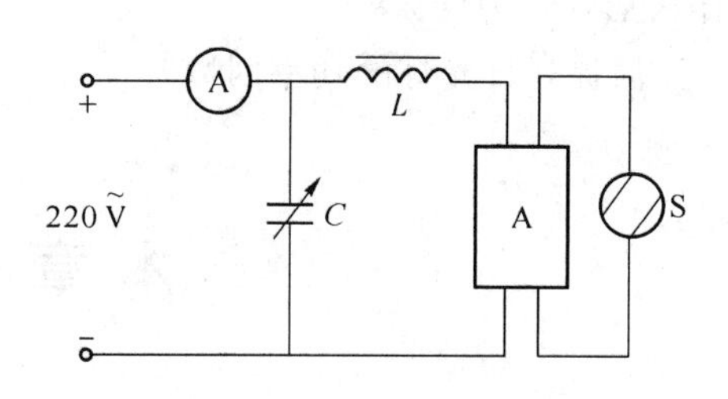

图 4.25　功率因数的改善

4. 实训步骤

(1) 用表检查日光灯的好坏,包括灯管 A、启辉器 S、镇流器 L。

(2) 照图 4.24 所示接好电路,检查无误后接通电源,电源增加至 220 V。

(3) 用试电笔判断交流电源的火线。

(4) 用万用表交流挡测量电源电压 U_S、灯管两端电压 U_A 以及镇流器两端电压 U_L。

(5) 实验数据测试,将实验结果填入表 4.1 中,并根据实验结果画出上述 3 个电压的矢量合成图。

表 4.1　实验结果

实验次数	U_S	U_A	U_L
1			
2			
3			

(6) 可变电容器、交流电压表、交流电流表按图 4.25 所示连接,检查无误,接通电源,电压增加至 220 V。

(7) 改变可变电容器的电容值,先使 $C=0$,此时电路等效于图 4.24,测量此时灯管电流。

(8) 调节电容 C 的数值为 2 μF，测量总电流 I、灯管电流 I_L 和电容支路电流 I_C。

(9) 完成实验数据测试，将实验结果填入表 4.2 中。

表 4.2 实验结果

电容 C/μF	实验次数	U_S	U_A	U_L	总电流 I	I_L	I_C
0	1						
	2						
	3						
2	1						
	2						
	3						

5. 实训思考题

(1) 加在日光灯上的电源电压 U_S、灯管两端电压 U_A 以及镇流器两端电压 U_L 的矢量合成图成什么形状？为什么？

(2) 如何提高日光灯的功率因数？

本章小结

1. 正弦量三要素、相位差和有效值的概念。

2. 一个正弦量可以用幅值和初相位两个特征量来确定。比较复数和正弦量发现，正弦量可用复数表示。正弦量的相量表示法就是用复数表示正弦量。例如，$\dot{I}_m=I_m e^{j\psi}=I_m\angle\psi$ 称为电流的振幅相量，$\dot{I}=Ie^{j\psi}=I\angle\psi$ 称为电流的有效值相量；用同样的方法可表示电压和电动势相量。

3. 单一元件电路的伏安特性相量表示。(1)电阻元件：$\dot{U}=R\dot{I}$；(2)电感元件：$\dot{U}=j\omega L\dot{I}=jX_L\dot{I}$；(3)电容元件：$\dot{U}=\frac{1}{j\omega C}\dot{I}=-jX_C\dot{I}$。

4. 基尔霍夫定律的相量表示。(1) 电流定律：$\sum\dot{I}=0$；(2) 电压定律：$\sum\dot{U}=0$。

5. RLC 串联电路。(1)电压和电流关系：①总电压与各分电压有效值关系式 $U=\sqrt{U_R^2+(U_L-U_C)^2}=\sqrt{U_R^2+U_X^2}$，②总电压与电流之间的相位差 $\varphi=\arctan\frac{U_L-U_C}{R}=\arctan\frac{U_X}{U_R}$；(2)阻抗关系 $Z=R+j(X_L-X_C)=R+jX=|Z|e^{j\varphi}$；(3)电路性质：感性电路、容性电路和阻性电路；(4)功率关系：①瞬时功率 $p=ui=UI\cos\varphi[1-\cos(2\omega t)]+UI\sin\varphi\sin(2\omega t)$，②有功功率 $P=UI\cos\varphi$，③无功功率 $Q=UI\sin\varphi$，④视在功率 $S=UI$，其中 $S=\sqrt{P^2+Q^2}$，$\varphi=\arctan\frac{Q}{P}$，⑤功率因素 $\lambda=\cos\varphi=\frac{P}{S}$，其提高办法为将电容与感性负载并联，电容大小为

$C=\frac{P}{2\pi fU^2}(\tan\varphi_{\text{Ld}}-\tan\varphi)$。

6. 阻抗串并电路。(1) 串联电路：$Z=\sum Z_i$，$\dot{U}_i=\frac{Z_i}{\sum Z_i}\dot{U}$；(2) 并联电路：$Y=\sum Y_i$，$\dot{I}_i=\frac{Y_i}{\sum Y_i}\dot{I}$。

7. 非正弦周期信号电路。(1) 分解：$f(t)=A_0+\sum_{k=1}^{\infty}A_{km}\cos(k\omega_1 t+\psi_k)$；(2) 平均值：$I_{\text{av}}=\frac{1}{T}\int_0^T|i|\,\mathrm{d}t$，$U_{\text{av}}=\frac{1}{T}\int_0^T|u|\,\mathrm{d}t$；(3) 有效值：$I=\sqrt{I_0^2+I_1^2+I_2^2+\cdots}$，$U=\sqrt{U_0^2+U_1^2+U_2^2+\cdots}$；(4) 平均功率：$P=U_0I_0+U_1I_1\cos\varphi_1+U_2I_2\cos\varphi_2+U_3I_3\cos\varphi_3+\cdots$。

习　　题

1. 已知 $u=311\sin(314t-60°)$ V，求幅值 U_{m}、频率 f、角频率 ω、初相位 ψ。

2. 已知：$i_1=10\sin(\omega t+30°)$ A，$i_2=30\sin(\omega t+90°)$ A。试求证 $i=i_1-i_2$。

3. 在 10 Ω 的电阻上加上 $u=311\sin(628t+60°)$ V 的电压，试写出电阻上电流的瞬时表达式，并求电阻消耗的功率。

4. 在 $L=50$ mH 的电感上通过的电流 $i=14.14\sin(314t)$ A，求电感的感抗、电感两端的电压相量及电路的无功功率。

5. 一个 1 μF 的电容上所加的电压为 100 V 工频正弦交流电压，求电容的容抗，通过电容的电流相量以及电路的无功功率。

6. 把一个电容为 25 μF 的电容接在频率为 50 Hz，电压有效值为 10 V 的正弦电压上，问电流为多少？若保持电压不变，将电源频率增大到 10 倍，求此时的电流又为多少？

7. 一个电感线圈接在 100 V 的直流电源上时电流为 12.5 A，当接在 220 V，50 Hz 的交流电源上时电流为 22 A，求该线圈的电阻值及电感值。

8. 在 RLC 串联电路中，已知电阻 $R=10$ Ω，电感 $L=120$ mH，电容 $C=125$ μF，外加电压 $u=311\sin(314t)$ V，求电路中电流的瞬时表达式。

9. 已知两个复阻抗 $Z_1=(8-\text{j}6)\Omega$，$Z_2=(3+\text{j}4)\Omega$，三者串联在 $u=311\sin(314t+30°)$ V 的电源上，求电路的等效复阻抗及电流，此时电路呈感性还是容性？

10. 日光灯电路中，已知灯管的电阻为 480 Ω，镇流器的电阻为 30 Ω，电感为 1.5 H，当电路加上 220 V，50 Hz 的正弦交流电压后，求电路中的电流，灯管两端的电压及镇流器两端的电压。

11. 如图 4.19 所示的两个并联阻抗，已知 $Z_1=(3+\text{j}4)\Omega$，$Z_2=(8-\text{j}6)\Omega$，电源电压为 $220\angle 0°$ V，试求阻抗支路电流 $\dot{I}_1$、$\dot{I}_2$ 和 $\dot{I}$，并作相量图。

12. 一台电动机额定功率为 1 kW，接在 220 V 的工频正弦交流电源上，已知工作电流为

10 A，求电动机的功率因数，若在电动机两端并上一只 90 μF 的电容器，那么此时电路的功率因数为多少？

13. 某工厂负载为感性负载，额定功率为 400 kW，功率因数为 0.6，电源电压为 380 V，50 Hz，如果要将功率因数提高到 0.9，应采取什么措施，并做相应计算。

14. 某一非正弦电压 $u=[180\sin(\omega t+95.3^\circ)+60\sin(3\omega t+30^\circ)+20\sin(5\omega t+98.8^\circ)]$ V，电流 $i=[1.43\sin(\omega t+10^\circ)+6\sin(3\omega t+30^\circ)+0.39\sin(5\omega t+20^\circ)]$ A。求平均功率和电压、电流的有效值。

15. 试求如图 4.26 所示波形的有效值和平均值。

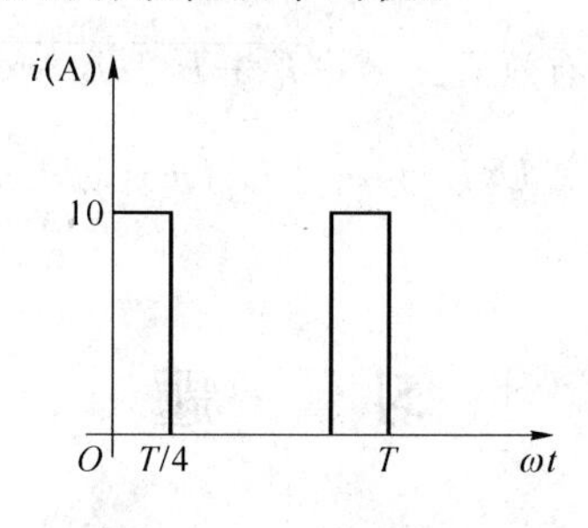

图 4.26　题 15 的图

三相交流电路

本章要点

- 三相电源及三相负载的正确连接
- 对称三相交流电路电压、电流和功率的计算
- 掌握安全用电常识,了解常用的安全措施

本章重点

- 对称三相交流电路电压、电流和功率的计算

本章难点

- 对称三相交流电路电压、电流和功率的计算

导言

三相正弦交流电源不仅应用在三相电路中,而且也可以应用在单相电路中。三相电源之所以得到广泛应用,就在于有许多优点:在输送相同功率的情况下,三相交流发电机、变压器、电动机较单相设备具有结构简单、体积小、价格低廉、性能好、工作可靠等优点;在输送相同电能,距离和线路损失相同的情况下,采用三相制输电比单相制节省材料,从而降低成本。目前各国的电力系统中电能的发、送、配一般都采用三相制,三相系统是由三相电源、三相负载和三相输电线路 3 部分组成。本章将介绍三相电源连接、对称三相电路计算以及相关安全用电常识。

5.1 三相电路的基本概念

5.1.1 三相电源

三相电源一般都是由三相交流发电机产生。在交流发电机中,有三个位置彼此相差 120°的绕组。当发电机的转子旋转时,则在各绕组中感应出相位相差 120°、而幅值及频率相等的三个交流电压。在三相供电系统中,将频率相同、电压幅值相同、相位依次相差 120°的三相电源称为对称三相电源,它们的瞬时表达式为

$$\left.\begin{aligned}u_A&=\sqrt{2}U\sin(\omega t)\\u_B&=\sqrt{2}U\sin(\omega t-120^\circ)\\u_C&=\sqrt{2}U\sin(\omega t+120^\circ)\end{aligned}\right\}\tag{5-1}$$

其相量形式为

$$\left.\begin{aligned}\dot{U}_A&=U\angle 0^\circ\\\dot{U}_B&=U\angle -120^\circ=a^2\,\dot{U}_A\\\dot{U}_C&=U\angle 120^\circ=a\,\dot{U}_A\end{aligned}\right\}\tag{5-2}$$

其中，A 相电压$\dot{U}_A$ 作为参考正弦量，$a=-\frac{1}{2}+\mathrm{j}\frac{\sqrt{3}}{2}$为工程算子。这样，$u_A+u_B+u_C=0$。

对称三相电源的波形和向量图如图 5.1 所示。

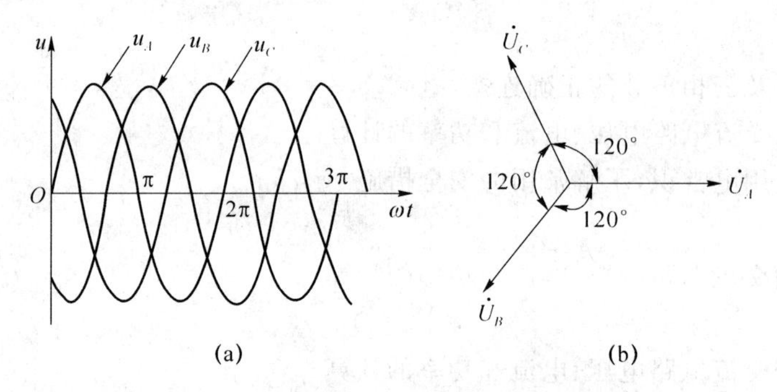

图 5.1　三相电源波形及向量图

三相电压经过同一量值的先后次序称为三相电压的相序。上述 A、B、C 三相中的任何一相均在相位上超前于后一相 120°。例如，A 相超前于 B 相 120°，C 相超前于 A 相 120°，则相序 $A-B-C$ 通常称为正序或顺序。相反，若 B 相超前于 A 相 120°，C 相超前于 B 相 120°，则相序 $A-C-B$ 称为反序或逆序，电力系统一般采用正序。在现场，常用不同颜色标志各相接线及端子，我国采用黄、红、绿三色分别标志 A、B、C 三相。

5.1.2 三相电源联接方式

1. 星形(Y 形)联接

图 5.2(a)所示为三相电源的星形联接方式。从 3 个电压源正极性端子 A、B、C 向外引出的导线称为端线，从中性点 N 引出的导线称为中性线。

每一个绕组的电压称为相电压，如$\dot{U}_{AN}$、$\dot{U}_{BN}$、$\dot{U}_{CN}$，简写为$\dot{U}_A$、$\dot{U}_B$、$\dot{U}_C$，其有效值用 U_p 表示；两端线间的电压称为线电压，如$\dot{U}_{AB}$、$\dot{U}_{BC}$、$\dot{U}_{CA}$，其有效值用 U_l 表示，星形电源线电压与相电压的关系为：

$$\left.\begin{aligned}\dot{U}_{AB}&=\dot{U}_A-\dot{U}_B=(1-a^2)\dot{U}_A=\sqrt{3}\dot{U}_A\angle 30^\circ\\\dot{U}_{BC}&=\dot{U}_B-\dot{U}_C=(1-a^2)\dot{U}_B=\sqrt{3}\dot{U}_B\angle 30^\circ\\\dot{U}_{CA}&=\dot{U}_C-\dot{U}_A=(1-a^2)\dot{U}_C=\sqrt{3}\dot{U}_C\angle 30^\circ\end{aligned}\right\}\tag{5-3}$$

由以上分析可知

$$U_l=\sqrt{3}U_p$$

即对称星形电源电路中线电压 U_l 是相电压 U_p 的$\sqrt{3}$倍，线电压$\dot{U}_{AB}$超前相电压$\dot{U}_A$ 30°，星形电源线电压与相电压的相量图如图 5.2(b)所示。

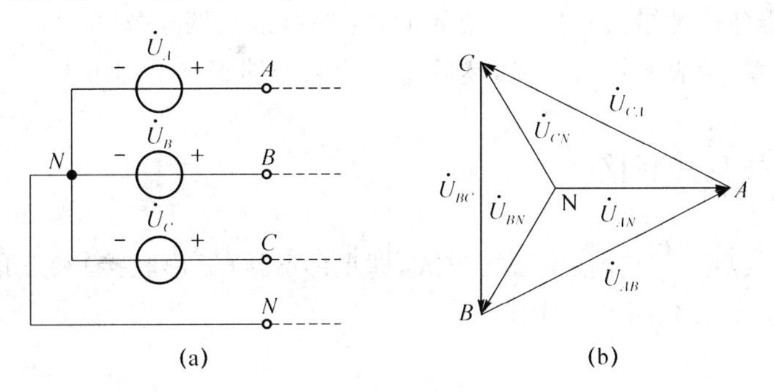

图 5.2　电源星形联接图

2. 三角形(△形)连接

如图 5.3(a)所示为三相电源的三角形(△形)连接，将三相交流发电机的 3 个绕组的始、末端依次连接成一个回路，即将 A 相绕组的末端 X 与 B 相绕组的始端 B 相连，B 相绕组的末端 Y 与 C 相绕组的始端 C 相连，C 相绕组的末端 Z 与 A 相绕组的始端 A 相连，三相电源的三角形连接只有 3 个连接点，没有中点，不能引出中线，从这 3 个连接点处引出 3 根导线就是火线，分别与负载相连，这种没有中线、只有 3 根相线的输电方式叫做三相三线制。

对于图 5.3(a)所示的三角形电源，有

$$\left.\begin{aligned}\dot{U}_{AB}&=\dot{U}_A\\ \dot{U}_{BC}&=\dot{U}_B\\ \dot{U}_{CA}&=\dot{U}_C\end{aligned}\right\}\tag{5-4}$$

$$U_l=U_P$$

显然这时线电压等于相电压，相量图如图 5.3(b)所示。

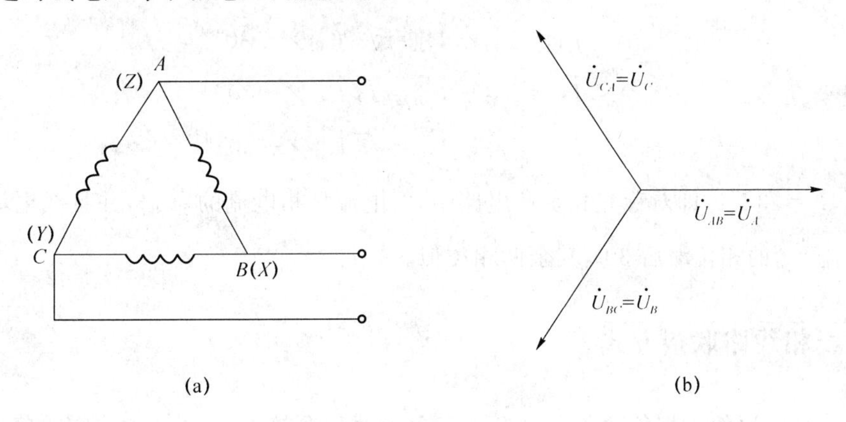

图 5.3　电源三角形联接图

当三相电源做三角形连接时,回路中的电压代数和为零,即

$$\dot{U}_A+\dot{U}_B+\dot{U}_C=0$$

需要注意的是,必须严格按照始、末顺序正确连接三相绕阻,如果有一相接反了,则回路中的电流将不为零,因为每一相绕组的内阻抗都不大,将会在内部形成很大的环流,有烧坏绕组的危险。为避免这种错误,可以在接线时,先保留最后两个端子,将伏特表接入这两个端子,如果读数为零,则表明接法正确,然后将最后两个端子接上即可。

5.1.3 三相负载及其联接

三相电路中负载也有两种基本联接方式,即星形联接(Y 形联接)和三角形联接(△形联接),其联接方式如图 5.4、图 5.5 所示。

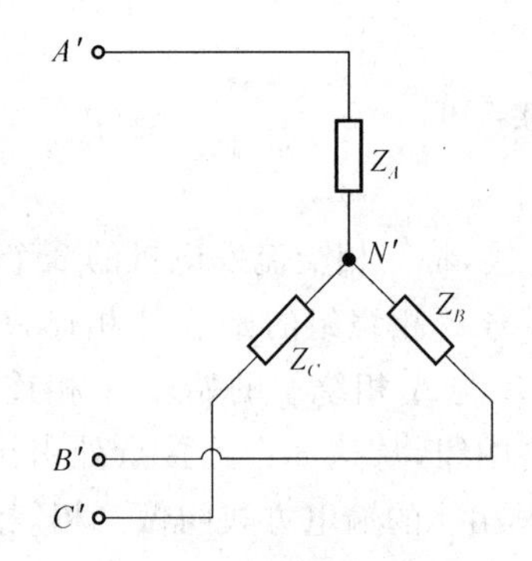

图 5.4　三相负载星形联接

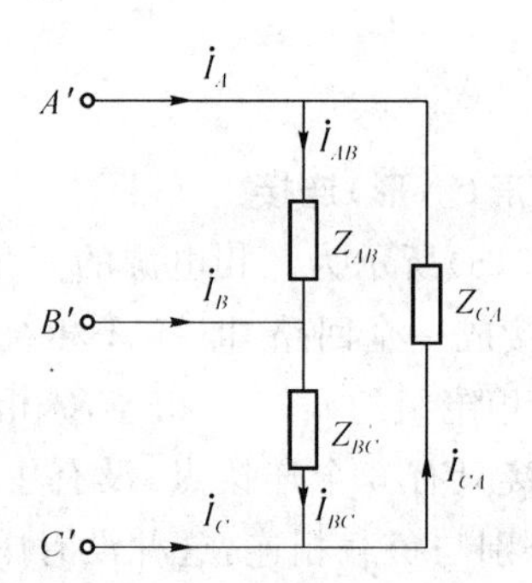

图 5.5　三相负载三角形联接

当星形负载与电源相联时,流过三相负载端线的电流称为线电流,记为 $\dot{I}_A$、$\dot{I}_B$、$\dot{I}_C$,从图 5.4 可以看出,星形负载中线电流等于相电流,即 $I_p=I_l$。

三角形负载的线电压等于相电压,即 $U_l=U_p$,三角形负载的线电流用 $\dot{I}_A$、$\dot{I}_B$、$\dot{I}_C$ 表示,相电流用 $\dot{I}_{AB}$、$\dot{I}_{BC}$、$\dot{I}_{CA}$ 表示,则线电流与相电流的关系为

$$\left.\begin{aligned}\dot{I}_A&=\dot{I}_{AB}-\dot{I}_{CA}=\sqrt{3}\,\dot{I}_{AB}\angle-30^\circ\\ \dot{I}_B&=\dot{I}_{BC}-\dot{I}_{AB}=\sqrt{3}\,\dot{I}_{BC}\angle-30^\circ\\ \dot{I}_C&=\dot{I}_{CA}-\dot{I}_{BC}=\sqrt{3}\,\dot{I}_{CA}\angle-30^\circ\end{aligned}\right\}\tag{5-5}$$

显然,$I_l=\sqrt{3}I_p$。即对称三相负载电路中,线电流是相电流的$\sqrt{3}$倍,并且线电流 $\dot{I}_A$ 的相位比相电流 $\dot{I}_{AB}$ 的相位滞后 30°,其余两相类似。

5.1.4 三相线路联接方式

由于三相电源的三相负载各有星形和三角形两种联接方式,故由此构成的三相电路的联接方式有以下几种常见的形式:Y_0-Y_0 联接、Y-Y 联接、Y-△联接、△-Y 联接和△-△联接

等几种基本联接方式,如图 5.6 所示。

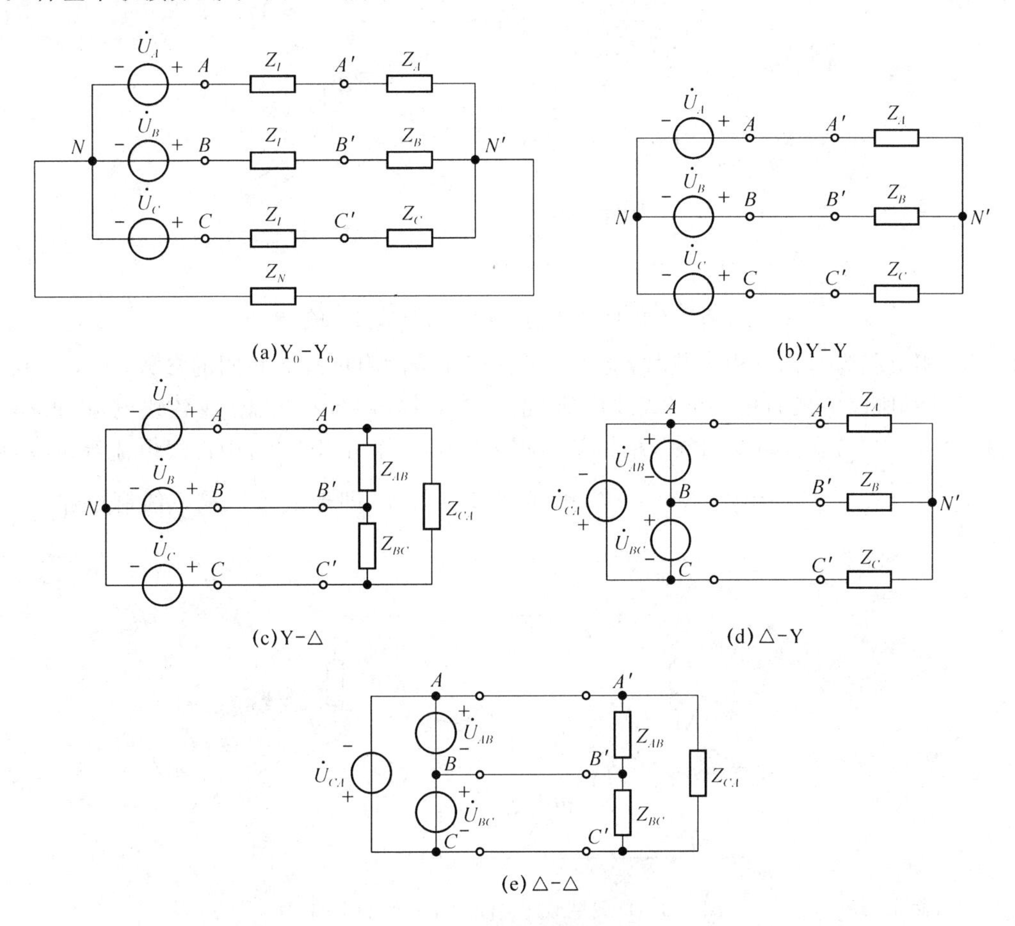

(a) Y_0-Y_0　　(b) Y-Y

(c) Y-△　　(d) △-Y

(e) △-△

图 5.6　三相电路常见联接方式

5.2　三相电路的计算

5.2.1　负载星形连接三相电路的计算

1. 负载星形连接

如图 5.7 所示的是三相负载的星形连接。这种连接有 3 根火线和 1 根零线,是三相四线制电路,因为在这种电路中三相电源也是星形连接,所以又叫做 Y-Y 接法的三相电路。

2. 负载星形连接三相电路的计算

从图 5.7 可以看出,不管负载是否对称(相等),每相负载的电压均为电源的相电压。每相负载的电流称为相电流,等于线电流。

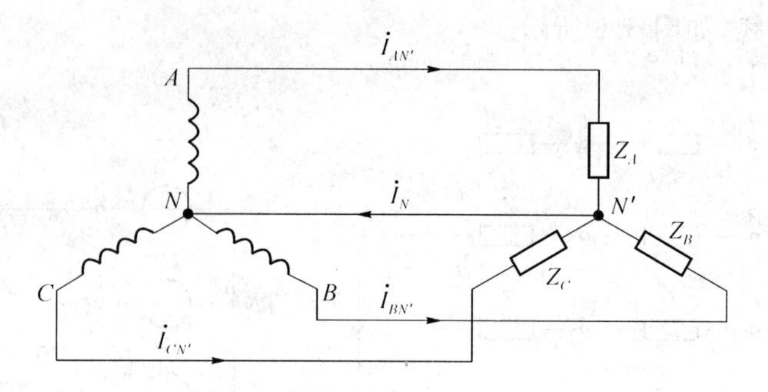

图 5.7　负载星形连接的三相四线制电路

当三相负载为对称三相负载时，也就是说各相负载的阻抗具有相同的参数，由于电源电压的对称性，所以负载的相电流（或线电流）也一定对称，即各相电流（或各线电流）振幅相等、频率相同、相位彼此相差 120°，根据基尔霍夫电流定律可以得出，中性线电流等于零，即 $\dot{I}_N=\dot{I}_{AN'}+\dot{I}_{BN'}+\dot{I}_{CN'}=0$。这样一来，中线就可以去掉，即形成了三相三线制电路，如图 5.8 所示。

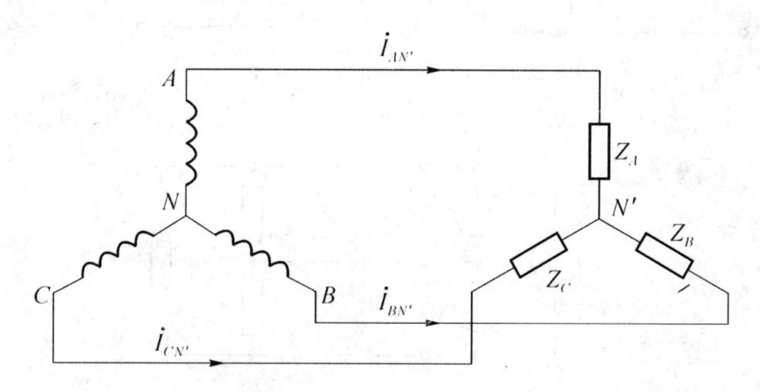

图 5.8　负载星形连接的三相三线制电路

例 5-1　如图 5.7 所示的对称三相电路中，负载作 Y 形连接，已知每相负载的电阻 $R=6\ \Omega$，电抗 $X=8\ \Omega$，设 $u_{AB}=380\sqrt{2}\sin(\omega t+60°)$ V，试求各相电流，并验证中性线电流是否为零。

解：因为负载对称，所以每相负载电压为

$$U_P=\frac{U_l}{\sqrt{3}}=\frac{380}{\sqrt{3}}=220\ \text{V}$$

由图 5.3 知相电压滞后相应的线电压 30°，所以

$$u_{AN}=220\sqrt{2}\sin(\omega t+30°)\text{V}$$

每相负载的阻抗值为

$$|Z|=\sqrt{R^2+X^2}=\sqrt{6^2+8^2}=10\ \Omega$$

$$\varphi=\arctan\frac{X}{R}=\arctan\frac{8}{6}=53°$$

所以，相电流为

$$I_P=\frac{U_P}{|Z|}=\frac{220}{10}=22\ \text{A}$$

A 相负载的电流为

$$i_{AN'}=22\sqrt{2}\sin(\omega t+30°-53°)=22\sqrt{2}\sin(\omega t-23°)\ \text{A}$$

因为对称性,所以 B 相负载和 C 相负载电流分别为

$$i_{BN'}=22\sqrt{2}\sin(\omega t-23°-120°)=22\sqrt{2}\sin(\omega t-143°)\ \text{A}$$

$$i_{CN'}=22\sqrt{2}\sin(\omega t-23°+120°)=22\sqrt{2}\sin(\omega t+97°)\ \text{A}$$

根据 KCL 定律,并将三相负载电流相加,即为中性线电流

$$i_{N'}=i_{AN'}+i_{BN'}+i_{CN'}=0$$

5.2.2 负载三角形连接三相电路的计算

1. 负载的三角形连接

如图 5.9 所示的是负载的三角形连接。这种连接只有 3 根线,所以只能形成三相三线制电路。由于电源采用的是星形连接,所以此电路又称做 Y-△接法的三相电路。

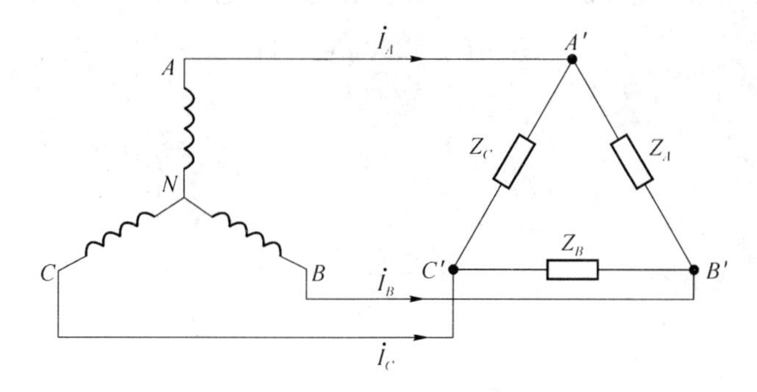

图 5.9 负载三角形连接的三相电路

2. 负载三角形连接三相电路的计算

从图 5.9 可以看出,不管负载是否对称,每相负载的电压均为电源的线电压,每相负载的电流称为相电流。当三相负载为对称三相负载时,同前面星形连接的对称三相负载一样,由于电源电压的对称性,所以负载的相电流(或线电流)也一定对称,即

$$\dot{I}_{A'B'}=\frac{\dot{U}_{A'B'}}{Z_A}=\frac{\dot{U}_{AB}}{Z_A}=I_P\mathrm{e}^{\mathrm{j}\varphi}$$

$$\dot{I}_{B'C'}=\frac{\dot{U}_{B'C'}}{Z_B}=\frac{\dot{U}_{BC}}{Z_B}=I_P\mathrm{e}^{\mathrm{j}(\varphi-120°)}$$

$$\dot{I}_{C'A'}=\frac{\dot{U}_{C'A'}}{Z_C}=\frac{\dot{U}_{CA}}{Z_C}=I_P\mathrm{e}^{\mathrm{j}(\varphi+120°)} \tag{5-6}$$

则

$$\dot{I}_A=\dot{I}_{A'B'}-\dot{I}_{C'A'}=\sqrt{3}I_P\mathrm{e}^{\mathrm{j}(\varphi-30°)}=I_l\mathrm{e}^{\mathrm{j}(\varphi-30°)}$$

$$\dot{I}_B=\dot{I}_{B'C'}-\dot{I}_{A'B'}=\sqrt{3}I_P\mathrm{e}^{\mathrm{j}(\varphi-150°)}=I_l\mathrm{e}^{\mathrm{j}(\varphi-150°)}$$

$$\dot{I}_C=\dot{I}_{C'A'}-\dot{I}_{B'C'}=\sqrt{3}I_P\mathrm{e}^{\mathrm{j}(\varphi+90°)}=I_l\mathrm{e}^{\mathrm{j}(\varphi+90°)} \tag{5-7}$$

可见，当三相负载为对称三相负载时，各相电流（或各线电流）振幅相等、频率相同、相位彼此相差 120°，如图 5.10 所示，相电流等于线电流的 $1/\sqrt{3}$，相电流比相应的线电流超前 30°。

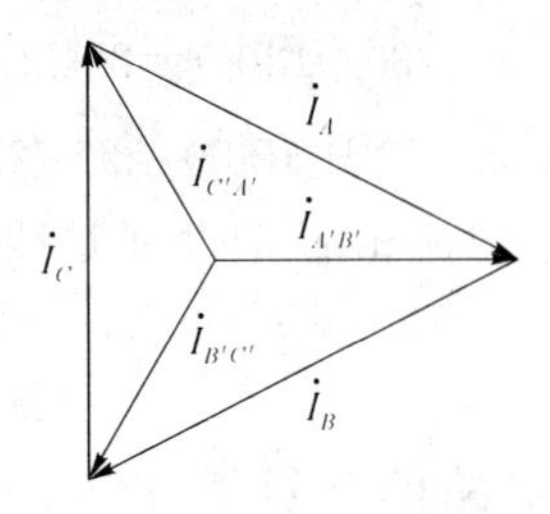

图 5.10　线电流与相电流的相量关系

例 5-2　在如图 5.9 所示的对称三相电路中，负载作 △形连接，已知每相负载阻抗均为 $|Z|=20\ \Omega$，设电源相电压为 220 V，试求各相负载的相电流和线电流的大小。

解：在负载做三角形连接的电路中，每相负载上的相电压等于电源的线电压，即

$$U_P=U_l=220\sqrt{3}=380\ \text{V}$$

则相电流

$$I_P=\frac{U_P}{|Z|}=\frac{380}{20}=19\ \text{A}$$

线电流

$$I_l=\sqrt{3}\,I_P=\sqrt{3}\times 19=33\ \text{A}$$

5.3　三相电路的功率

在三相电路中，总有功功率等于各相有功功率之和，总无功功率等于各相无功功率之和。当负载对称时，每相的有功功率是相等的。因此三相总有功功率为

$$P=P_A+P_B+P_C=3P_p=3U_pI_p\cos\varphi \tag{5-8}$$

式中 φ 角是相电压 U_P 与相电流 I_P 之间的相位差。

当对称负载是星形联接时，$U_l=\sqrt{3}U_p$，$I_l=I_p$。

当对称负载是三角形联接时，$U_l=U_P$，$I_l=\sqrt{3}\,I_p$。

可见不论对称负载是星形联接或三角形联接，将上述关系代入式(5-8)，都有

$$P=\sqrt{3}U_lI_l\cos\varphi \tag{5-9}$$

应注意，上式中电压电流为线电压和线电流，但 φ 角是相电压 U_P 与相电流 I_P 之间的相位差，即是每相负载的阻抗角。

同理，可得出对称三相电路无功功率和视在功率

$$Q=3U_pI_p\sin\varphi=\sqrt{3}U_lI_l\sin\varphi \tag{5-10}$$

$$S=3U_pI_p=\sqrt{3}U_lI_l \tag{5-11}$$

三相电路的功率因数为

$$\lambda=\frac{P}{S}=\cos\varphi \tag{5-12}$$

对称三相电路总瞬时功率为各相瞬时功率之和

$$p=p_A+p_B+p_C=\sqrt{3}U_lI_l\cos\varphi \tag{5-13}$$

式(5-13)表明，对称三相电路的瞬时功率等于平均功率，是一个与时间无关的常量。这是对称三相电路的一个重要特征。如对称三相负载是三相电动机，它的瞬时功率恒定，意味着电动机的转矩也恒定，这就可使三相电动机运转时免除振动。对称三相电路的瞬时功率为定值是对称三相制的一个优点。

例 5-3　有三个相同的负载，阻抗均为 $Z=(40+\mathrm{j}30)\ \Omega$。(1)按三角形联接法接在线电压为 380 V 的三相电源上，求各相电流、线电流的有效值及总有功功率；(2)若负载接成星形，情况又如何？

解：这是对称三相电路，每相负载为 $Z=40+\mathrm{j}30=50\angle 36.9°$

(1)作三角形联接时，相电压等于线电压，即 $U_p=U_l=380\ \mathrm{V}$

$$I_p=\frac{U_p}{|Z|}=\frac{380}{50}=7.6\ \mathrm{A}$$

$$I_l=\sqrt{3}I_p=13.2\ \mathrm{A}$$

则总有功功率为 $P=\sqrt{3}U_lI_l\cos\varphi=\sqrt{3}\times380\times13.2\cos 36.9°=6.95\ \mathrm{kW}$

(2) 作星形联接时，相电压 $U_p=\dfrac{U_l}{\sqrt{3}}=\dfrac{380}{\sqrt{3}}=220\ \mathrm{V}$

$$I_p=\frac{U_p}{|Z|}=\frac{220}{50}=4.4\ \mathrm{A}$$

$$I_l=I_p=4.4\ \mathrm{A}$$

则总有功功率为 $P=\sqrt{3}U_lI_l\cos\varphi=\sqrt{3}\times380\times4.4\cos 36.9°=2.32\ \mathrm{kW}$

可见，在电源和负载阻抗相同的情况下，三角形接法时的相电压和相电流是星形接法时的 $\sqrt{3}$ 倍；三角形接法时的线电流和有功功率是星形接法时的 3 倍。

5.4　安全用电常识

5.4.1　电流对人体的作用

人体因触及高电压的带电体，使身体承受过大的电流，以致引起死亡或局部受伤的现象称为触电。触电对人体的伤害程度，与流过人体电流的种类、频率、大小、通电时间的长短、电流流过人体的途径，以及触电者本身的情况有关。

通常交流电的危险性大于直流电，因为交流电流主要是麻痹破坏神经系统，使人体难以自主摆脱，而频率为 50 Hz ~ 100 Hz 的电流最为危险。而当频率高于 2 000 Hz 时，交流电由于趋肤效应，危险性将减小。此外，电流流经人体的大脑或心脏时，最容易造成死亡事故。

触电伤人的主要因素是电流的大小，当通过人体的工频电流在 0.5 mA～5 mA 时，人就会有痛感，但尚可忍受，能够自主摆脱；当通过人体的电流大于 5 mA 时，人体将发生痉挛，难以忍受；当通过人体的电流超过 50 mA 时，人体就会产生呼吸困难、肌肉痉挛、中枢神经遭受损害，从而使心脏停止跳动以致死亡。根据欧姆定律，可以知道，电流的大小决定于作用到人体上的电压和人体的电阻值。通常人体的电阻为 800 Ω 至几万欧不等。因此，通常规定 36 V 以下的电压为安全电压，对人体安全不构成威胁。但在特别潮湿，有腐蚀性气体的危险场地（如金属容器内、矿井内），其手提照明灯或头戴矿灯的电压不得超过 12 V。

5.4.2 触电方式

常见触电方式主要分为单相触电、两相触电和跨步电压触电三种。

（1）单相触电是指人在地面或其它接地体上，人体的某一部位触及一相带电体时的触电。单相触电时，电流从火线经人手进入人体，再从脚经大地和电源的接地装置回到电源中点，这时人体承受 220 V 的相电压。事实上，触电死亡事故中，大部分是单相触电。此外，当某些电气设备由于导电绝缘破损而漏电时，人体触及外壳也会发生触电事故。

（2）两相触电是指人体两处同时触及两相带电体时的触电。两相触电时，电流将从一根火线经人手进入人体，再经另一只手回到另一根火线，形成回路，这时人体承受 380 V 的线电压作用，最为危险。

（3）跨步电压触电是指人进入接地电流散流场时的触电。由于散流场内地面上的电位分布不均匀，人的两脚间电位不同。这两个电位差称为跨步电压。跨步电压的大小与人和接地体的距离有关。当人的一只脚跨在接地体上时，跨步电压最大；人离接地体愈远，跨步电压愈小；与接地体的距离超过 20 米时，跨步电压接近于零。

5.4.3 保护接地和接零

1. 电气设备的保护接地

把电气设备的金属外壳用电阻很小的导线与埋在地中的接地装置紧密连接起来的做法叫做保护接地。埋在地下的钢条、钢管就是常见的接地装置，其电阻不得超过 4 Ω。根据规定，在中性点不接地的低压系统中需采用保护接地。电气设备采用保护接地以后，即使外壳因绝缘不好而带电，这时工作人员碰到机壳就相当于人体和接地电阻并联，而人体的电阻远比接地电阻大，因此流过人体的电流就很微小，保证了人身安全。

2. 电气设备的保护接零

保护接零就是把电气设备在正常情况下不带电的的金属部分与电网的零线紧密地连接起来。应当注意的是，在三相四线制的电力系统中，通常是把电气设备的金属外壳同时接地、接零，这就是所谓的重复接地保护措施，但还应该注意，零线回路中不允许装设熔断器和开关。

5.4.4 静电防护和电气防爆

1. 静电防护

为防止静电积累所引起的人身电击、火灾、爆炸、电子器件失效和损坏，以及对生产的不良影响而采取的防范措施称为静电防护。其防护原则主要是抑制静电的产生，加速静电泄漏，进行静电中和等。

静电产生于很多情况，比如皮带运输机运行时，皮带与皮带轮摩擦起电；物料在粉碎、碾压、搅拌、挤压等加工过程中的摩擦起电；在金属管道中输送液体或用气体输送粉质物料等。还有就是带静电的物体按照静电感应原理还会对附近的导体在近端感应出异性电荷，而在远端产生同性电荷，并能在导体表面曲率较大的部分发生尖端放电。

静电的危害主要是由于静电放电引起周围易燃易爆的液体、气体或粉尘起火乃至爆炸；还可能使人遭受电击。一般情况下，限于静电能量，虽不至于死亡，但可能引起跌倒等二次伤害。

消除静电的最基本的方法是接地，把物料加工、储存和运输等设备及管道的金属体统统用导线连接起来并接地，接地电阻阻值不要求像供电线路中保护接地那么小，但要牢靠，使静电消散或消除。

2. 电气防爆

电气设备的绝缘材料多数是可燃物质。这些绝缘材料或由于材料老化，渗入杂质，因而失去绝缘性能使得可能引起火花、电弧；或由于过载、短路的保护电器失灵使得电器设备过热；或由于绝缘导线端子螺丝松动，使接触电阻增大而过热等原因都可能燃烧起来并波及周围可燃物而酿成火灾。电烙铁、电炉等电热器使用不当、用完忘记断电也可引起火灾。因此，用电时应严格遵守安全操作规程，经常检查电气设备运行情况，定期检修，防止这类事故。

5.5 本章实训　三相电路的研究

1. 实训目的

（1）学习用电设备三相供电线路的正确联接方法，了解三相四线制供电线路中中线的作用；

（2）验证三相对称负载Y接和△接时，线电压与相电压、线电流和相电流之间的关系。

2. 实训原理

在三相电路中，三相电源和三相负载可分别联接成Y（图5.11）和△（图5.12），Y接又可分为三相三线制（Y）和三相四线制（Y0），当三相负载不对称时，例如居民用电，则必须采用三相四线制供电，以保证负载相电压对称，满足工作需要。

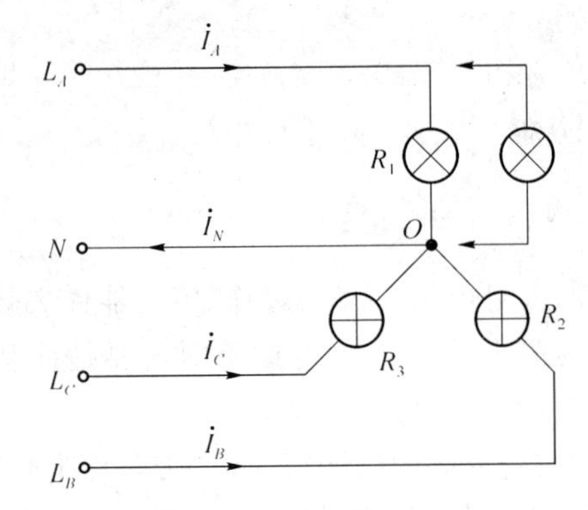

图 5.11　三相 Y 接负载

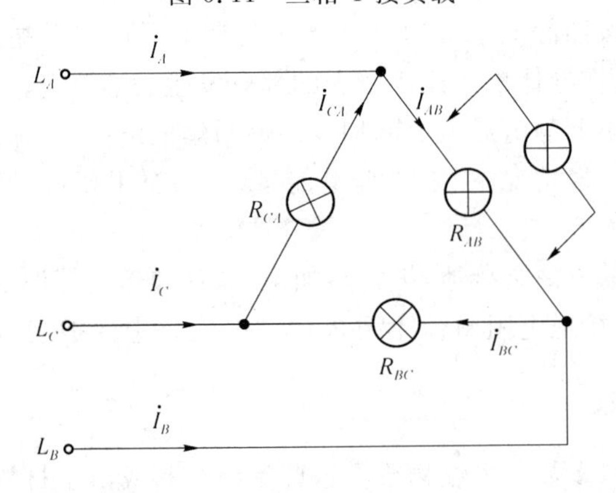

图 5.12　三相△接负载

(1) 三相对称电源连接成三相四线制供电线路时，其线电压 U_l 和相电压 U_p 都是对称的。它们之间的数量关系是 $U_l=\sqrt{3}U_p$，相位关系是线电压超前相应的相电压 30°角；三相对称电源的线电压、相电压均大小相等，相位互差 120°角。

(2) 三相对称负载星形联接时，各负载相电压的数值相等，相位互差 120°；各线电流和相电流的数值相等，相位互差 120°，中线电流为零。

(3) 三相负载三角形联接，负载对称时，负载的线电压等于相电压，相位互差 120°；线电流和相电流的关系为：在数值上线电流等于相电流的$\sqrt{3}$倍，在相位上线电流滞后相应的相电流 30°。

3. 实训仪器

实训室可提供的仪器见表 5.1。

表 5.1　实训用仪器

实训仪器名称	规格与型号	数量
白炽灯	220 V,40 W	4 个
交流电压表	T51,0～600 V	1 块
交流电流表	T51,0～1 A	1 块
三相负荷开关	380 V,16 A	1 个
电流插孔盒	400 V,10 A	6 个

4. 实训步骤

实训室中，三相交流电源采用三相四线制供电，其电压为220/127 V。要求根据实训室提供的实训设备完成以下设计：

（1）测试三相电源，测试各线电压和相电压数值，测量数据记录在表5.2中。

表5.2　测量和计算结果

线电压/V			相电压/V			计算		
U_{AB}	U_{BC}	U_{CA}	U_A	U_B	U_C	U_{AB}/U_A	U_{BC}/U_B	U_{CA}/U_C

（2）设计以下实训电路，测试并记录各线电压、相电压、线电流、相电流、中线电流、电源中点和负载中点之间的电压。

① 对称负载星形联接，实训结果填于表5.3中。

表5.3　星形联接测试和计算结果

	线电压/V			相电压/V			电流/A			中线		计　算		
	U_{AB}	U_{BC}	U_{CA}	U_A	U_B	U_C	I_A	I_B	I_C	I_N	I_{NO}	U_{AB}/U_A	U_{BC}/U_B	U_{CA}/U_C
有中线														
无中线														

② 三相负载三角形联接，结果填于表5.4中。

表5.4　三角形联接测试及计算结果

线电压/V			相电流/A			线电流/A			计　算		
U_{AB}	U_{BC}	U_{CA}	I_A	I_B	I_C				U_{AB}/U_A	U_{BC}/U_B	U_{CA}/U_C

5. 实训报告

（1）设计实训电路和实训数据表格。

（2）整理实训数据，填入相应表格中。

（3）分析实训中所遇到的问题或现象。

6. 注意事项

（1）实训过程中，测量电流时必须使用电流插孔盒和电流表插头，电流插孔盒接在待测电流的电路中，电流表插头的两根导线必须固定接在电流表两端，测量电流时只要把插头插入电流插孔盒中即可。

（2）电流插孔盒在电路中起一根导线的作用，切记不能把电流插孔盒与电源和电灯并联连接造成短路。

(3) 接线路时一定要把三相负荷开关接到电路中，把它作为线路的电源开关。

本章小结

1. 三相交流电源。(1)三个频率相同、有效值相等、相位依次互差 120°的正弦交流电源称为对称三相电源。(2)三相对称电源星形联接时可提供两种电压：线电压和相电压。线电压的大小是相电压$\sqrt{3}$倍，相位超前相应的相电压 30°，即$\dot{U}_l=\sqrt{3}\dot{U}_p\angle 30°$。电源星形联接有中线构成三相四线制供电系统，无中线的构成三相三线制供电系统。

2. 三相电路计算。负载对称时，无论星形联接或三角形联接，各相负载的电压、电流都是对称的。(1)星形联接：$\dot{I}_l=I_p$，$\dot{U}_l=\sqrt{3}\dot{U}_p\angle 30°$；(2)三角形联接：$\dot{U}_l=\dot{U}_p$，$\dot{I}_l=\sqrt{3}\ \dot{I}_p\angle -30°$。

3. 中线作用。负载不对称时，星形联接有中线可保证不对称负载获得对称相电压。中线上不得安装开关、保险丝等。

4. 三相功率。对称三相电路，无论星形联接或三角形联接，总有功功率 $P=\sqrt{3}U_lI_l\cos\varphi$，总无功功率 $Q=\sqrt{3}U_lI_l\sin\varphi$，总视在功率 $S=\sqrt{3}U_lI_l$。式中 U_l、I_l 指线电压、线电流，φ 角则是相电压与相电流之间的相位差，即每相负载的阻抗角。

5. 安全用电常识。触电是人体因触及高电压的带电体，使身体承受过大的电流，以致引起死亡或局部受伤的现象。触电对人体的伤害程度，与流过人体电流的种类、频率、大小、通电时间的长短、电流流过人体的途径，以及触电者本身的情况有关。常见触电方式有单相触电、两相触电和跨步电压触电三种。保护接地和接零是防止触电的两种方式。注意静电防护和电气防爆。

习　题

1. 一个对称三相电源 $u_A=380\sin(314t+45°)$V，求 u_B 和 u_C，并作矢量图。

2. 三相负载做星形连接，在什么情况下可无中线供电？

3. 三相发电机作 Y 连接，如果有一相接反，例如 C 相，设相电压为 U，试问三个线电压为多少？画出电压相量图。

4. 三相相等的复阻抗 $Z=(40+\mathrm{j}30)\ \Omega$，Y 形连接，其中点与电源中点通过阻抗 Z_N 相连接。已知对称电源的线电压为 380 V，求负载的线电流、相电流、线电压、相电压和功率，并画出相量图。设(1)$Z_N=0$，(2)$Z_N=\infty$，(3)$Z_N=(1+\mathrm{j}0.9)\ \Omega$。

5. 已知对称三相电路的线电压为 380 V(电源端)，三角形负载阻抗 $Z=(4.5+\mathrm{j}14)\ \Omega$，

端线阻抗 $Z=(1.5+j2)\ \Omega$。求线电流和负载的相电流，并画出相量图。

6. 图5.13所示为对称Y-Y三相电路，电源相电压为220 V，负载阻抗 $Z=(30+j20)\ \Omega$，求：(1)图中电流表的读数；(2)三相负载吸收的功率；(3)如果 A 相的负载阻抗等于零（其它不变），再求(1)、(2)；(4)如果 A 相负载开路，再求(1)、(2)。

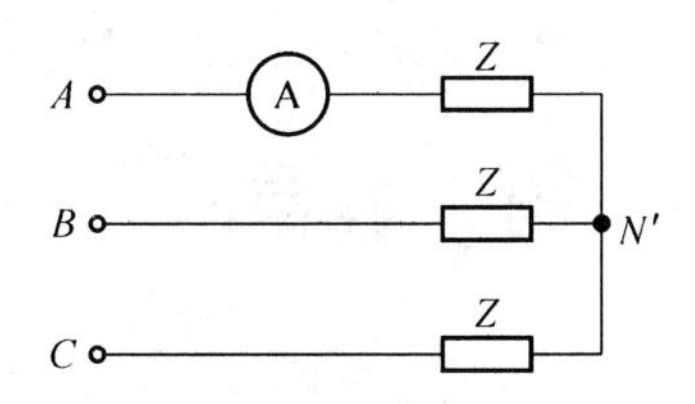

图5.13　题6电路

7. 对称三相感性负载接在对称线电压380 V上，测得输入线电流为12.1 A，输入功率为5.5 kW，求功率因数和无功功率？

8. 什么叫触电？触电对人体有哪些伤害？发生触电的原因有哪些？

9. 什么叫保护接地和保护接零？分别适用于什么场合？

第6章 互感与谐振

本章要点

- 耦合电感的基本概念
- 耦合电感的去耦等效
- 理想变压器电路分析
- 实际变压器基本知识
- 谐振电路

本章重点

- 耦合电感和同名端的基本概念
- 理想变压器的变流、变压和阻抗变换

本章难点

- 理想变压器电路分析
- 谐振电路

导言

耦合电感和变压器在工程中有着广泛的应用。本章首先讲述了耦合电感的基本概念，然后介绍了耦合电感的去耦等效，接着分析了理想变压器电路，最后对 RLC 谐振电路进行了分析。重点讨论理想变压器的变流、变压和阻抗变换特性，从而对变压器有个初步认识。

6.1 耦合电感元件

6.1.1 耦合电感的基本概念

图 6.1 所示是两个靠得很近的电感线圈，第 1 个线圈通电流 i_1，所激发的磁通为 ϕ_{11}（自磁通），其中一部分磁通 ϕ_{21}，不但穿过第 1 个线圈，同时也穿过第 2 个线圈。同样，若在第 2 个线圈中通电流 i_2，激发的磁通为 ϕ_{22}。ϕ_{22} 中的一部分 ϕ_{12}，不但穿过第 2 个线圈，也穿过第 1

个线圈。把另一个线圈中的电流所激发的磁通穿越本线圈的部分称为互磁通。如果把互磁通乘以线圈匝数，就得互磁链，即

$$\psi_{12}=N_1\phi_{12} \tag{6-1a}$$

$$\psi_{21}=N_2\phi_{21} \tag{6-1b}$$

仿照自感系数定义，互感系数为

$$M_{21}=\frac{\psi_{21}}{i_1} \tag{6-2a}$$

$$M_{12}=\frac{\psi_{12}}{i_2} \tag{6-2b}$$

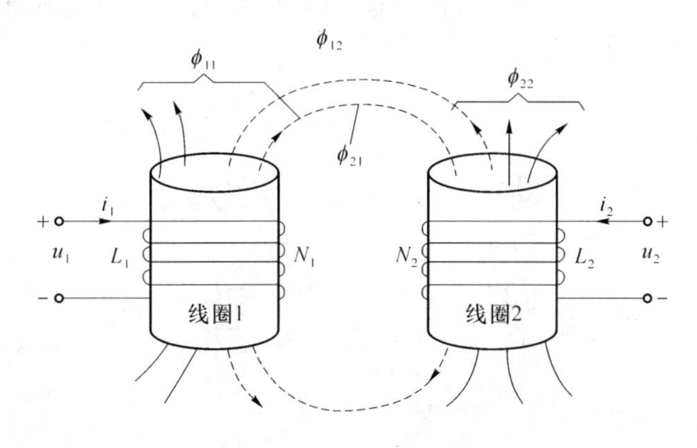

图 6.1　耦合电感元件

式(6-2a)表明穿越第 2 个线圈的互磁链与激发该互磁链的第 1 个线圈中电流之比，称为线圈 1 对线圈 2 的互感系数。式(6-2b)表明穿越第 1 个线圈的互磁链与激发该互磁链的第 2 个线圈中电流之比，称为线圈 2 对线圈 1 的互感系数。可以证明

$$M_{12}=M_{21}$$

所以，后面不再区分 M_{12} 与 M_{21}，都用 M 表示。若 M 为常数且不随时间、电流值变化，则称为线性时不变互感，这里只讨论这类互感。互感的单位与自感相同，也是亨[利](H)。这里应当明确，两线圈的互感系数一定小于等于两线圈自感系数的几何平均值，即

$$M\leqslant\sqrt{L_1L_2} \tag{6-3}$$

这是因为 $\phi_{12}\leqslant\phi_{22}$，$\phi_{21}\leqslant\phi_{11}$，所以

$$M^2=M_{12}M_{21}=\frac{\psi_{12}}{i_2}\cdot\frac{\psi_{21}}{i_1}$$

$$\leqslant\frac{N_1\phi_{11}}{i_1}\frac{N_2\phi_{22}}{i_2}=L_1L_2$$

故证得

$$M\leqslant\sqrt{L_1L_2}$$

式(6-3)仅说明互感 M 比 $\sqrt{L_1L_2}$ 小(最多相等)，并不能说明 M 比 $\sqrt{L_1L_2}$ 小到什么程度，为此引入耦合系数 k，把互感 M 与自感 L_1，L_2 的关系写为

$$M=k\sqrt{L_1L_2}$$

上式也可写为

$$k=\frac{M}{\sqrt{L_1L_2}} \tag{6-4}$$

式中,系数 k 称为耦合系数,反映了两线圈耦合松紧的程度。由式(6-3)、式(6-4)可以看出 $0\leqslant k\leqslant 1$,k 值的大小反映了两线圈耦合的强弱,若 $k=0$,说明两线圈之间没有耦合;若 $k=1$,说明两线圈之间耦合最紧,称全耦合。

两个线圈之间的耦合系数 k 的大小与线圈的结构、两线圈的相互位置以及周围磁介质有关。如果两个线圈靠得很紧或密绕在一起,如图 6.2(a)所示,则 k 值可能接近于 1;反之,如果两个线圈相隔很远,或者二者轴线互相垂直,如图 6.2(b)所示,则 k 值就可能很小,甚至接近于零。由此可见,改变或调整两线圈的相互位置可以改变耦合系数的大小;当 L_1、L_2 一定时,也就相应地改变互感 M 的大小。

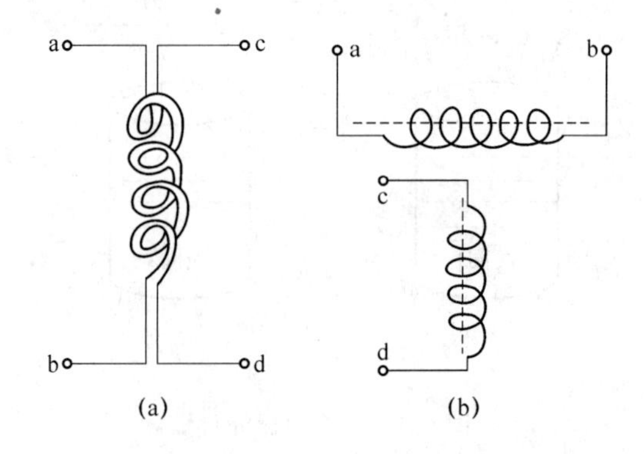

图 6.2　耦合系数 k 与线圈相互位置的关系

在电子技术中和电力变压器中,为了更有效地传输信号或功率,总是采用极紧密的耦合,使 k 值尽可能接近于 1,一般采用铁磁性材料制成的芯子可以达到这一目的。

在工程上有时尽量减小互感的作用,以避免线圈之间的相互干扰,这方面除了采用屏蔽手段外,一个有效的方法就是合理布置这些线圈的相互位置,这可以大大地减小它们之间的耦合作用,使实际的电气设备或系统少受或不受干扰影响,能正常的运行。

6.1.2 耦合电感元件的电压、电流关系

当有互感的两线圈上都有电流时,穿越每一线圈的磁链可以看成是自磁链与互磁链之和。当自磁通与互磁通方向一致时,称磁通相助,如图 6.3 所示。这种情况,交链线圈 1、2 的磁链分别为

$$\psi_1=\psi_{11}+\psi_{12}=L_1i_1+Mi_2 \tag{6-5a}$$

$$\psi_2=\psi_{22}+\psi_{21}=L_2i_2+Mi_1 \tag{6-5b}$$

式(6-5a)、式(6-5b)中,ψ_{11},ψ_{22} 分别为线圈 1、2 的自磁链;ψ_{12},ψ_{21} 分别为两线圈的互磁链。

设两线圈上电压电流参考方向关联,即其方向与各自磁通的方向符合右手螺旋关系,则

$$u_1=\frac{\mathrm{d}\psi_1}{\mathrm{d}t}=L_1\frac{\mathrm{d}i_1}{\mathrm{d}t}+M\frac{\mathrm{d}i_2}{\mathrm{d}t} \tag{6-6a}$$

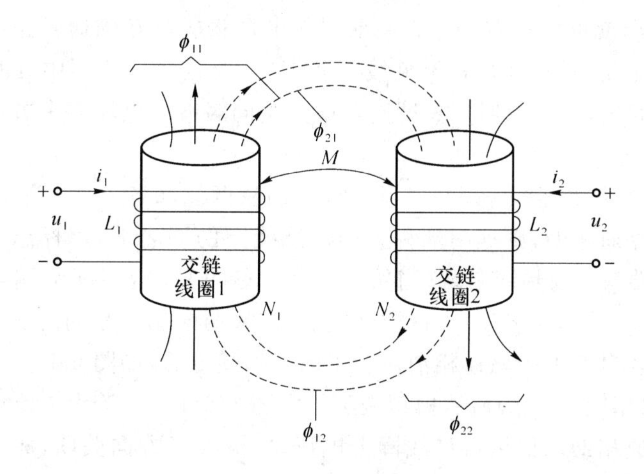

图 6.3　磁通相助的耦合电感

$$u_2=\frac{d\psi_2}{dt}=L_2\frac{di_2}{dt}+M\frac{di_1}{dt} \tag{6-6b}$$

如果自磁通与互磁通方向相反，称磁通相消，如图 6.4 所示。这种情况，交链线圈 1、2 的磁链分别为

$$\psi_1=\psi_{11}-\psi_{12}$$
$$\psi_2=\psi_{22}-\psi_{21}$$

所以

$$u_1=\frac{d\psi_1}{dt}=L_1\frac{di_1}{dt}-M\frac{di_2}{dt} \tag{6-7a}$$

$$u_2=\frac{d\psi_2}{dt}=L_2\frac{di_2}{dt}-M\frac{di_1}{dt} \tag{6-7b}$$

由上述分析可见，具有互感的两线圈上的电压，在设其参考方向与线圈上电流参考方向关联的条件下，等于自感压降与互感压降的代数和，磁通相助取加号；磁通相消取减号。

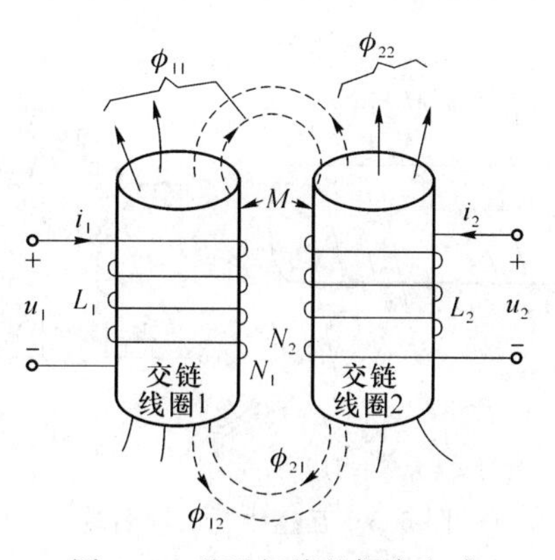

图 6.4　磁通相消的耦合电感

6.1.3 同名端

如何知道磁通相助或相消呢？如图 6.3、图 6.4，如果知道线圈的位置与各自的绕向，设

出线圈上电流 i_1、i_2，就可根据右手螺旋关系判断出自磁通与互磁通是相助还是相消。但在实际中，互感线圈往往是密封的，看不见线圈及绕向，况且在电路图中真实地绘出线圈绕向也不方便，于是人们规定了一种标志，即同名端。由同名端与电流参考方向就可判定磁通相助或相消。

互感线圈的同名端是这样规定的：当电流分别从两线圈各自的某端同时流入（或流出）时，若两者产生的磁通相助，则这两端称为两互感线圈的同名端，用标志"・"或"*"表示 。例如图 6.5(a)，a 端与 c 端是同名端（当然 b 端与 d 端也是同名端）；b 端与 c 端（或 a 端与 d 端）则称为非同名端（或称异名端）。这样规定后，如果两电流不是同时从两互感线圈同名端流入（或流出），则各自产生的磁通相消。有了同名端规定后，如图 6.5(a)所示的互感线圈在电路模型图中可以用图 6.5(b)所示模型表示。在图 6.5(b)中，若设电流 i_1、i_2 分别从 a 端、c 端流入，就认为磁通相助。如果再设线圈上电压、电流参考方向关联，那么两线圈上的电压分别为

$$u_1=L_1\frac{di_1}{dt}+M\frac{di_2}{dt} \tag{6-8a}$$

$$u_2=L_2\frac{di_2}{dt}+M\frac{di_1}{dt} \tag{6-8b}$$

如果如图 6.6 所示那样，设 i_1 仍是从 a 端流入，i_2 不是从 c 端流入，而是从 c 端流出，就判定磁通相消。由图 6.6 所示可见，两互感线圈上电压与其上电流参考方向关联，所以

$$u_1=L_1\frac{di_1}{dt}-M\frac{di_2}{dt} \tag{6-9a}$$

$$u_2=L_2\frac{di_2}{dt}-M\frac{di_1}{dt} \tag{6-9b}$$

对于已标出同名端的互感线圈模型[见图 6.5(b)、图 6.6]，可根据所设互感线圈上电压、电流参考方向写出互感线圈上电压、电流关系。上面已讲述了关于互感线圈同名端规定的含义，那么，如果给定一对不知绕向的互感线圈，如何判断出它们的同名端呢？这可采用一些实验手段来加以判定。

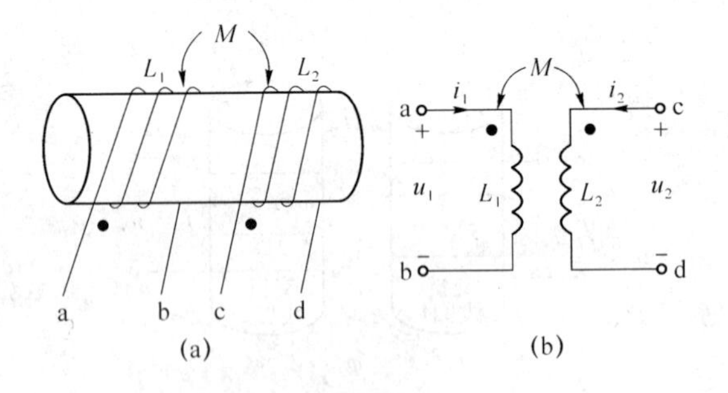

图 6.5　互感线圈的同名端

图 6.7 所示是测试互感线圈同名端的一种实验线路，把其中一个线圈通过开关 S 接到一个直流电源上，把一个直流电压表接到另一线圈上。当开关迅速闭合时，就有随时间增长的电流 i_1 从电源正极流入线圈端钮 1，这时 $di_1(t)/dt$ 大于零，如果电压表指针正向偏转，这说明端钮 2 为实际高电位端（直流电压表的正极接端钮 2），由此可以判定端钮 1 和端钮 2 是

同名端；如果电压表指针反向偏转，这说明端钮 2′为实际高电位端，这种情况就判定端钮 1 与端钮 2′是同名端。

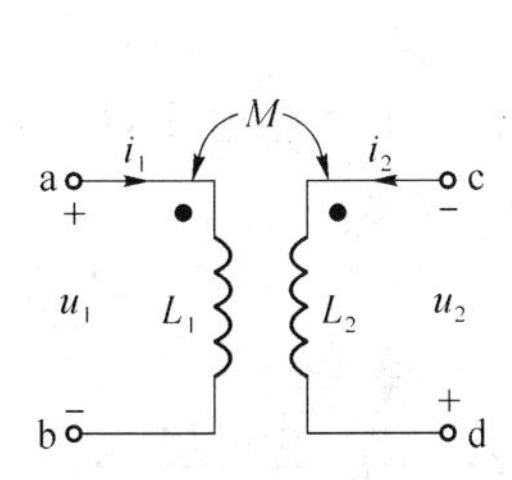

图 6.6　磁通相消情况互感线圈模型

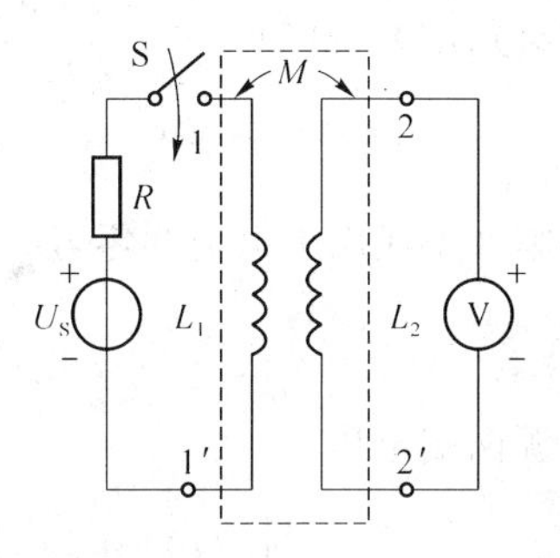

图 6.7　互感线圈同名端的测定

关于耦合电感上电压电流关系这里再强调说明两点：

(1) 耦合电感上电压、电流关系有多种形式，不仅与耦合电感的同名端位置有关，还与两线圈上电压、电流参考方向设置情况有关。若互感两线圈上电压电流都设成关联参考方向，磁通相助时可套用式(6-8)，磁通相消时可套用式(6-9)。若非此两种情况，不可乱套用上述两式。

(2) 如何正确书写所遇各种情况的耦合电感上的电压、电流关系是至关重要的。通常，将耦合线圈上电压看成由自感压降与互感压降两部分代数和组成。先写自感压降：若线圈 j (j=1,2)上电压、电流参考方向关联，则其上自感电压取正号即 $L_j(\mathrm{d}i_j/\mathrm{d}t)$。反之，取负号即 $-L_j(\mathrm{d}i_j/\mathrm{d}t)$。再写互感压降部分：观察互感线圈给定的同名端位置及两个线圈中电流的参考方向，若两电流均从同名端流入(或流出)，则磁通相助，互感压降与自感压降同号，即自感压降取正号时互感压降亦取正号，自感压降取负号时互感压降亦取负号。若一个电流从互感线圈的同名端流入，另一个电流从互感线圈的同名端流出，磁通相消，互感压降与自感压降异号，即自感压降取正号时互感压降取负号，自感压降取负号时互感压降取正号。只要按照上述方法书写，不管互感线圈给出的是什么样的同名端位置，也不管两线圈上的电压、电流参考方是否关联，都能正确书写出两线圈的电压、电流之间关系式。

例 6-1　图 6.8(a)所示电路，已知 $R_1=10\ \Omega$，$L_1=5\ \mathrm{H}$，$L_2=2\ \mathrm{H}$，$M=1\ \mathrm{H}$，$i_1(t)$波形如图 6.8(b)所示。试求电流源两端电压 $u_{ac}(t)$及开路电压 $u_{de}(t)$。

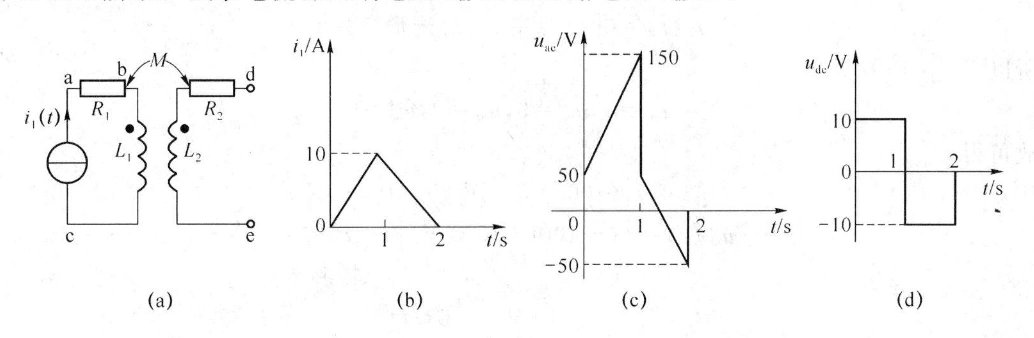

图 6.8　例 6-1 图

解:由于第 2 个线圈开路,其电流为零,所以 R_2 上电压为零,L_2 上自感电压为零,L_2 上仅有电流 i_1 在其上产生的互感电压。这一电压也就是 d、e 开路时的电压。根据 i_1 的参考方向及同名端位置,可知

$$u_{de}(t)=M\frac{di_1(t)}{dt}$$

由于第 2 个线圈上电流为零,所以对第 1 个线圈不产生互感电压,L_1 上仅有自感电压

$$u_{bc}(t)=L_1\frac{di_1(t)}{dt}$$

电流源两端电压

$$u_{ac}(t)=u_{ab}(t)+u_{bc}(t)=R_1 i_1(t)+L_1\frac{di_1(t)}{dt}$$

下面进行具体的计算。

在 $0\leqslant t\leqslant 1$ s 时,$i_1(t)=(10t)$ A[由给出的 $i_1(t)$ 波形写出]

所以

$$u_{ab}(t)=R_1 i_1(t)=10\cdot 10t=(100t)\ \text{V}$$

$$u_{bc}(t)=L_i\frac{di_i}{dt}=5\frac{d}{dt}(10t)=50\ \text{V}$$

$$u_{ac}(t)=u_{ab}(t)+u_{bc}(t)=100t+50\ \text{V}$$

$$u_{de}(t)=M\frac{di_1}{dt}=1\frac{d(10t)}{dt}=10\ \text{V}$$

在 $1\leqslant t\leqslant 2$ s 时

$$i_1(t)=(-10t+20)\text{A}$$

所以

$$u_{ab}(t)=R_1 i_1(t)=10\cdot(-10t+20)=(-100t+200)\ \text{V}$$

$$u_{bc}(t)=L_1\frac{di}{dt}=5\frac{d}{dt}(-10t+20)=-50\ \text{V}$$

$$u_{ac}(t)=u_{ab}(t)+u_{bc}(t)=(-100t+150)\text{V}$$

$$u_{de}(t)=M\frac{di_1}{dt}=1\frac{d(-10t+20)}{dt}=-10\ \text{V}$$

在 $t\geqslant 2$ s 时

$$i_1(t)=0\text{[由观察 } i_1(t) \text{ 波形即知]}$$

所以

$$u_{ab}=0,u_{bc}=0,u_{ac}=0,u_{de}=0$$

故可得

$$u_{ac}(t)=\begin{cases}(100t+50)\ \text{V} & 0<t\leqslant 1\ \text{s}\\(-100t+150)\ \text{V} & 1<t\leqslant 2\ \text{s}\\0 & \text{其余}\end{cases}$$

$$u_{de}(t)=\begin{cases}10\ \text{V} & 0<t\leqslant 1\ \text{s}\\-10\ \text{V} & 1<t\leqslant 2\ \text{s}\\0 & \text{其余}\end{cases}$$

根据 u_{ac}、u_{de} 的表达式，画出其波形如图 6.8(c)、图 6.8(d)所示。

例 6-2　图 6.9 所示为互感线圈模型电路，同名端位置及各线圈电压、电流的参考方向均标示在图上，试列写出该互感线圈的电压、电流关系式(指微分关系)。

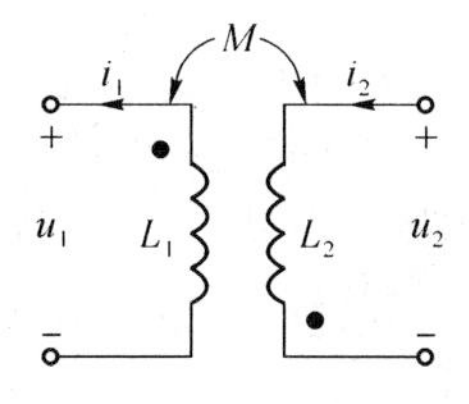

图 6.9　例 6-2 图

解：先写出第 1 个线圈 L_1 上的电压 u_1。因 L_1 上的电压 u_1 与 i_1 参考方向非关联，所以 u_1 中的自感压降为 $-L_1(\mathrm{d}i_1/\mathrm{d}t)$。观察本互感线圈的同名端位置及两电流 i_1、i_2 的流向，可知 i_1 从同名端流出，i_2 亦从同名端流出，属磁通相助情况，u_1 中的互感压降部分与其自感压降部分同号，即为 $-M(\mathrm{d}i_2/\mathrm{d}t)$。将 L_1 上自感压降部分与互感压降部分代数和相加，即得 L_1 上电压

$$u_1=-L_1\frac{\mathrm{d}i_1}{\mathrm{d}t}-M\frac{\mathrm{d}i_2}{\mathrm{d}t}$$

再写第 2 个线圈 L_2 上的电压 u_2。因 L_2 上的电压 u_2 与电流 i_2 参考方向关联，所以 u_2 中的自感压降部分为 $L_2(\mathrm{d}i_2/\mathrm{d}t)$。考虑磁通相助情况，互感压降部分与自感压降部分同号，所以 u_2 中的互感压降部分为 $M(\mathrm{d}i_1/\mathrm{d}t)$。将 L_2 上自感压降部分与互感压降部分代数和相加，即得 L_2 上电压

$$u_2=L_2\frac{\mathrm{d}i_2}{\mathrm{d}t}+M\frac{\mathrm{d}i_1}{\mathrm{d}t}$$

6.2　耦合电感的去耦等效

两线圈间具有互感耦合，每一线圈上的电压不但与本线圈的电流变化率有关，而且与另一线圈上的电流变化率有关，其电压、电流关系式又因同名端位置及所设电压、电流参考方向的不同而有多种表达形式，这对分析含有互感的电路问题来说是非常不方便的。那么能否通过电路等效变换去掉互感耦合呢？本节将讨论这个问题。

6.2.1　耦合电感的串联等效

图 6.10(a)所示为相互串联的两互感线圈，其相连的端钮是异名端，这种形式的串联称为顺接串联。

由所设电压、电流参考方向及互感线圈上电压、电流关系，得

$$u=u_1+u_2=L_1\frac{\mathrm{d}i}{\mathrm{d}t}+M\frac{\mathrm{d}i}{\mathrm{d}t}+L_2\frac{\mathrm{d}i}{\mathrm{d}t}+M\frac{\mathrm{d}i}{\mathrm{d}t}$$

$$=(L_1+L_2+2M)\frac{\mathrm{d}i}{\mathrm{d}t}$$

$$=L_{ab}\frac{\mathrm{d}i}{\mathrm{d}t} \tag{6-10}$$

式中

$$L_{ab}=L_1+L_2+2M \tag{6-11}$$

称为两互感线圈顺接串联时的等效电感。由式(6-10)画出的等效电路如图 6.10(b)所示。

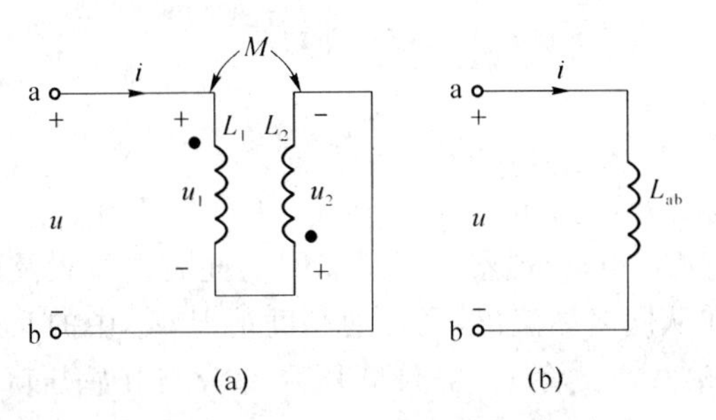

图 6.10 互感线圈顺接串联

图 6.11(a)所示的为两互感线圈反接串联情况。两线圈相连的端钮是同名端，类似顺接情况，可推得两互感线圈反接串联的等效电路如图 6.11(b)所示。

图中

$$L_{ab}=L_1+L_2-2M \tag{6-12}$$

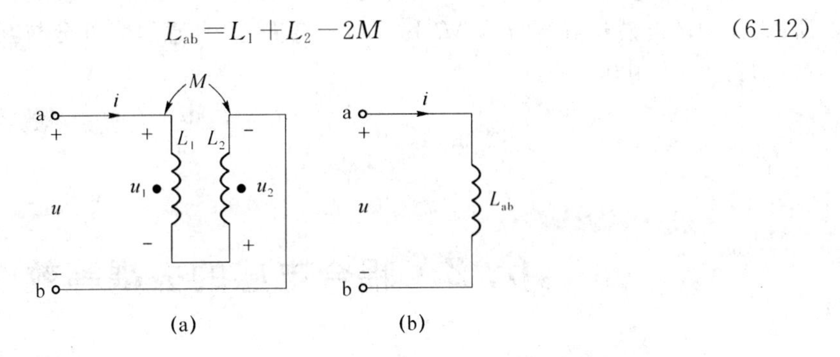

图 6.11 互感线圈反接串联

6.2.2 耦合电感的 T 型等效

耦合电感的串联去耦等效属于二端电路等效，而耦合电感的 T 型去耦等效则属于多端电路等效，下面分两种情况加以讨论。

1. 同名端为共端的 T 型去耦等效

图 6.12(a)为一互感线圈，由图便知 L_1 的 b 端与 L_2 的 d 端是同名端(L_1 的 a 端与 L_2 的 c 端也是同名端，同名端标记只标在两个端子上)，电压、电流的参考方向如图 6.12(a)中所示，显然有

$$u_1=L_1\frac{\mathrm{d}i_1}{\mathrm{d}t}+M\frac{\mathrm{d}i_2}{\mathrm{d}t} \tag{6-13}$$

$$u_2=L_2\frac{\mathrm{d}i_2}{\mathrm{d}t}+M\frac{\mathrm{d}i_1}{\mathrm{d}t} \tag{6-14}$$

经数学变换，改写(6-13)式与(6-14)式，得

$$\begin{aligned}u_1&=L_1\frac{\mathrm{d}i_1}{\mathrm{d}t}-M\frac{\mathrm{d}i_1}{\mathrm{d}t}+M\frac{\mathrm{d}i_1}{\mathrm{d}t}+M\frac{\mathrm{d}i_2}{\mathrm{d}t}\\&=(L_1-M)\frac{\mathrm{d}i_1}{\mathrm{d}t}+M\frac{\mathrm{d}(i_1+i_2)}{\mathrm{d}t}\end{aligned} \tag{6-15}$$

$$\begin{aligned}u_2&=L_2\frac{\mathrm{d}i_2}{\mathrm{d}t}-M\frac{\mathrm{d}i_2}{\mathrm{d}t}+M\frac{\mathrm{d}i_2}{\mathrm{d}t}+M\frac{\mathrm{d}i_1}{\mathrm{d}t}\\&=(L_2-M)\frac{\mathrm{d}i_2}{\mathrm{d}t}+M\frac{\mathrm{d}(i_1+i_2)}{\mathrm{d}t}\end{aligned} \tag{6-16}$$

由式(6-15)、式(6-16)画得T型等效电路如图6.12(b)所示。图6.12(b)中3个电感相互间无互感(无耦合)，其自感系数分别为L_1-M、L_2-M、M，因连接成T型结构形式，所以称其为互感线圈的T型去耦等效电路。图6.12(b)中的b、d端为公共端(短路线相连)，而与之等效的图6.12(a)中互感线圈的b、d端是同名端，所以将这种情况的T型去耦等效称为同名端为共端的T型去耦等效。若把图6.12(a)中的a、c端看作公共端，图6.12(a)亦可等效为图6.12(c)的形式。

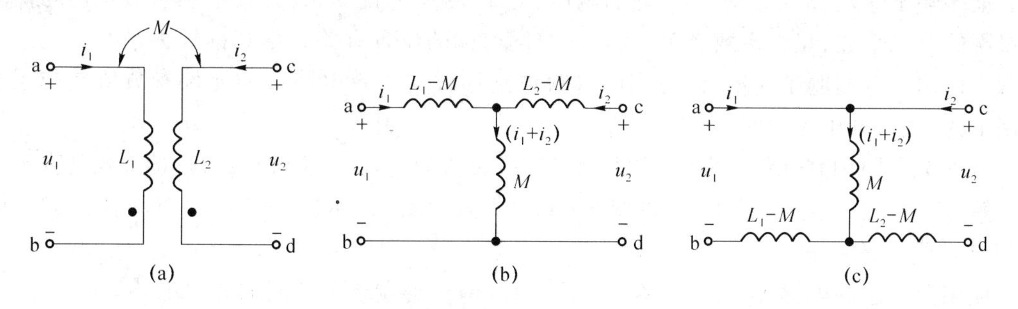

图6.12　同名端为共端的T型去耦等效

2. 异名端为共端的T型去耦等效

图6.13(a)所示互感线圈L_1的b端与L_2的d端是异名端，电流、电压参考方向如图中所示，显然有

$$u_1=L_1\frac{\mathrm{d}i_1}{\mathrm{d}t}-M\frac{\mathrm{d}i_2}{\mathrm{d}t} \tag{6-17}$$

$$u_2=L_2\frac{\mathrm{d}i_2}{\mathrm{d}t}-M\frac{\mathrm{d}i_1}{\mathrm{d}t} \tag{6-18}$$

经数学变换，改写式(6-17)与式(6-18)得

$$\begin{aligned}u_1&=L_1\frac{\mathrm{d}i_1}{\mathrm{d}t}+M\frac{\mathrm{d}i_1}{\mathrm{d}t}-M\frac{\mathrm{d}i_1}{\mathrm{d}t}-M\frac{\mathrm{d}i_2}{\mathrm{d}t}\\&=(L_1+M)\frac{\mathrm{d}i_1}{\mathrm{d}t}-M\frac{\mathrm{d}(i_1+i_2)}{\mathrm{d}t}\end{aligned} \tag{6-19}$$

$$u_2=L_2\frac{\mathrm{d}i_2}{\mathrm{d}t}+M\frac{\mathrm{d}i_2}{\mathrm{d}t}-M\frac{\mathrm{d}i_2}{\mathrm{d}t}-M\frac{\mathrm{d}i_1}{\mathrm{d}t}$$

$$=(L_2+M)\frac{\mathrm{d}i_2}{\mathrm{d}t}-M\frac{\mathrm{d}(i_1+i_2)}{\mathrm{d}t} \tag{6-20}$$

由式(6-19)、式(6-20)画得 b、d 端为共端的 T 型去耦等效电路如图 6.13(b)所示。同样，把 a、c 端看作公共端，图 6.13(a)亦可等效为图 6.13(c)的形式。这里图 6.13(b)或图 6.13(c)中的 $-M$电感为一等效的负电感。

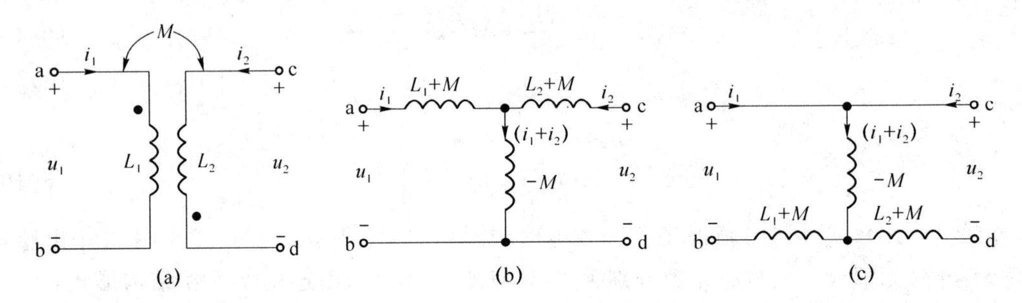

图 6.13 异名端为共端的 T 型去耦等效

以上讨论了耦合电感的两种主要的去耦等效方法，这两种方法适用于任何变动电压、电流情况，当然也可用于正弦稳态交流电路。应再次明确，无论是互感串联二端子等效还是 T 型去耦多端子等效，都是对端子以外的电压、电流、功率来说的，其等效电感参数不但与两耦合线圈的自感系数、互感系数有关，而且还与同名端的位置有关。尽管推导去耦等效电路的过程中使用了电流电压变量，而得到的等效电路形式与等效电路中的元件参数值是与互感线圈上的电流、电压无关的。

例 6-3 图 6.14(a)为互感线圈的并联，其中 a、c 端为同名端，求端子 1、2 间的等效电感 L。

解：应用互感 T 型去耦等效，将图 6.14(a)等效为图 6.14(b)，将图 6.14(a)、图 6.14(b)中相应的端子都标好。

应用无互感的电感串、并联关系，由图 6.14(b)可得端子 1、2 间的等效电感

$$L=M+(L_1-M)/\!/(L_2-M)$$

$$=M+\frac{(L_1-M)(L_2-M)}{L_1+L_2-2M}=\frac{L_1L_2-M^2}{L_1+L_2-2M} \tag{6-21}$$

若遇异名端相连情况的互感并联，可采用与上类似的推导过程，求得等效电路的关系式为

$$L=\frac{L_1L_2-M^2}{L_1+L_2+2M} \tag{6-22}$$

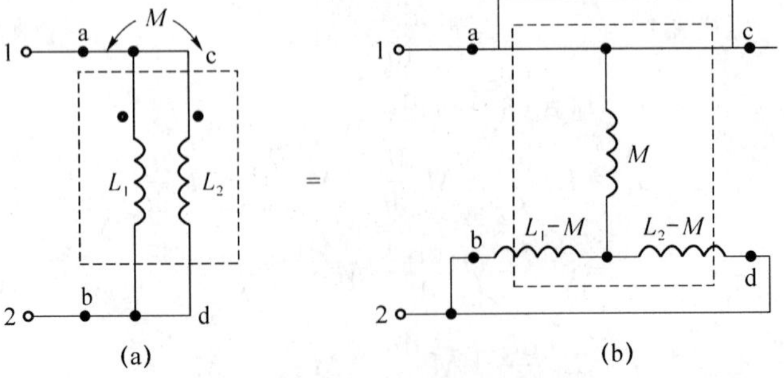

图 6.14 互感线圈并联

例 6-4　如图 6.15(a)所示正弦稳态电路中含有互感线圈，已知 $u_S(t)=2\cos(2t+45°)$ V，$L_1=L_2=1.5$ H，$M=0.5$ H，负载电阻 $R_L=1\ \Omega$。求 R_L 上吸收的平均功率 P_L。

解：应用T型去耦等效将图 6.15(a)图等效为图 6.15(b)，再画相量模型电路如图 6.15(c)所示。对图 6.15(c)由阻抗串、并联关系求得

$$\dot{I}_m=\frac{\dot{U}_{Sm}}{(1+j2)//[j1+(-j2)]+j2}=\frac{2\angle 45°}{\dfrac{1}{\sqrt{2}}\angle 45°}=2\sqrt{2}\angle 0°\ \text{A}$$

由分流公式，得

$$\dot{I}_{Lm}=\frac{j1-j2}{1+j2+j1-j2}\dot{I}_m=\frac{-j1}{1+j1}\times 2\sqrt{2}\angle 0°=2\angle -135°\ \text{A}$$

所以负载电阻 R_L 上吸收的平均功率

$$P_L=\frac{1}{2}I_{Lm}^2R_L=\frac{1}{2}\times 2^2\times 1=2\ \text{W}$$

对图 6.15(c)应用戴维南定理求解也很简便，读者可自行练习。

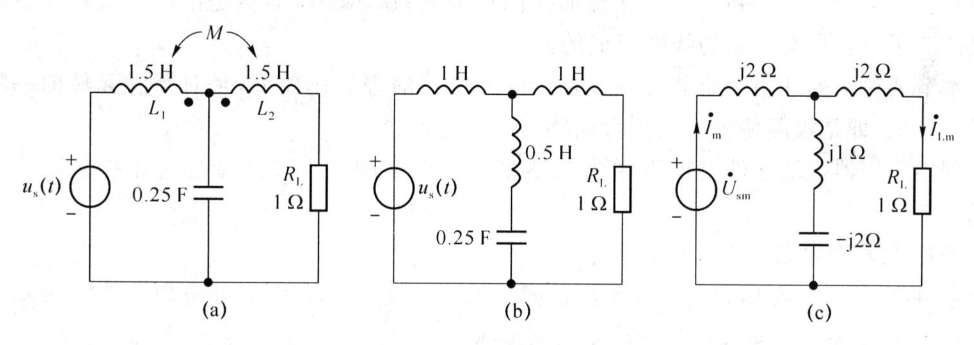

图 6.15　含有互感的正弦稳态电路

例 6-5　图 6.16(a)所示正弦稳态电路，已知 $L_1=7$ H，$L_2=4$ H，$M=2$ H，$R=8\ \Omega$，$u_S(t)=20\cos t$ V，求电流 $i_2(t)$。

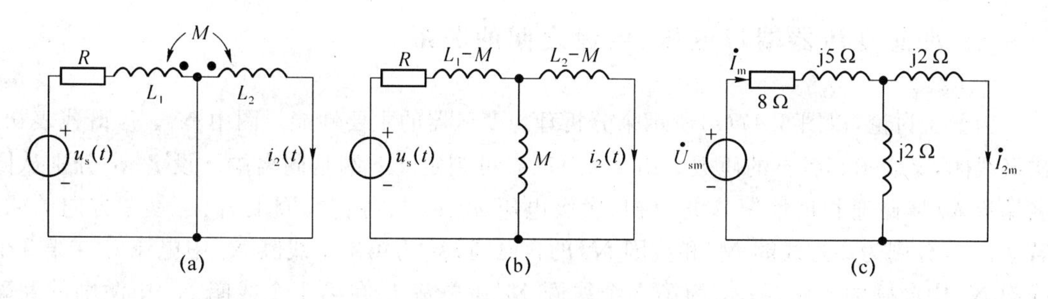

图 6.16　例 6-5 图

解：应用耦合电感T型去耦等效，将图 6.16(a)等效为图 6.16(b)。考虑是正弦稳态电路，画图 6.16(b)的相量模型电路如图 6.16(c)所示。在图 6.16(c)中，应用阻抗串、并联等效关系，求得电流

$$\dot{I}_m=\frac{\dot{U}_{Sm}}{8+j5+j2//j2}=\frac{20\angle 0°}{10\angle 36.9°}=2\angle -36.9°\ \text{A}$$

应用阻抗并联分流关系求得电流

$$\dot{I}_{2m}=\frac{j2}{j2+j2}\dot{I}_m=\frac{1}{2}\times 2\angle -36.9^\circ=1\angle -36.9^\circ\ \mathrm{A}$$

故得

$$i_2(t)=\cos(t-36.9^\circ)\mathrm{A}$$

6.3 理想变压器

变压器是各种电气设备及电子系统中应用很广的一种多端子磁耦合基本电路元件，被用来实现从一个电路向另一个电路传输能量或信号。

常用的实际变压器有空心变压器和铁芯变压器两种类型。空心变压器是由两个绕在非铁磁材料制成的芯子上并且具有互感的线圈组成的；铁芯变压器就是由两个绕在铁磁材料制成的芯子上且具有互感的线圈组成的。

本节要讨论的理想变压器可看成是实际变压器的理想化模型，是对互感元件的一种理想科学抽象，即是极限情况下的耦合电感。

理想变压器多端元件可以看作为互感多端元件在满足下述 3 个理想条件极限演变而来的。

条件 1：耦合系数 $k=1$，即全耦合。

条件 2：自感系数 L_1、L_2 无穷大且 L_1/L_2 等于常数。由式(6-4)并考虑条件 1，可知 $M=\sqrt{L_1L_2}$ 也为无穷大。此条件可简说为参数无穷大。

条件 3：无损耗。这就意味着绕线圈的金属导线无任何电阻，或者说，绕线圈的金属导线材料的电导率 $\sigma\to\infty$。做芯的铁磁材料的磁导率 $\mu\to\infty$。

6.3.1 理想变压器端口电压、电流之间的关系

为便于讨论，以图 6.17(a)所示来分析理想变压器的主要性能。图中 N_1、N_2 既代表初、次级线圈，又表示其各自的匝数。由图 6.17(a)可判定 a、c 端是同名端。设 i_1、i_2 分别从同名端流入(属磁通相助情况)，并设初、次级电压 u_1、u_2 与各自线圈上 i_1、i_2 参考方向关联。若 ϕ_{11}、ϕ_{22} 分别为穿过线圈 N_1 和线圈 N_2 的自磁通；ϕ_{21} 为第 1 个线圈 N_1 中电流 i_1 在第 2 个线圈 N_2 中激励的互磁通；ϕ_{12} 为第 2 个线圈 N_2 中电流 i_2 在第 1 个线圈 N_1 中激励的互磁通。由图 6.17(a)可以看出与线圈 N_1，N_2 交链的磁链 ψ_1，ψ_2 分别为

$$\psi_1=N_1\phi_{11}+N_1\phi_{12}=N_1(\phi_{11}+\phi_{12}) \tag{6-23a}$$

$$\psi_2=N_2\phi_{22}+N_2\phi_{21}=N_2(\phi_{22}+\phi_{21}) \tag{6-23b}$$

考虑全耦合($k=1$)的理想条件，所以有 $\phi_{12}=\phi_{22}$，$\phi_{21}=\phi_{11}$，则

$$\phi_{11}+\phi_{12}=\phi_{11}+\phi_{22}=\phi \tag{6-24a}$$

$$\phi_{22}+\phi_{21}=\phi_{22}+\phi_{11}=\phi \tag{6-24b}$$

将式(6-24)代入式(6-23)，得

$$\psi_1 = N_1 \phi \tag{6-25a}$$

$$\psi_2 = N_2 \phi \tag{6-25b}$$

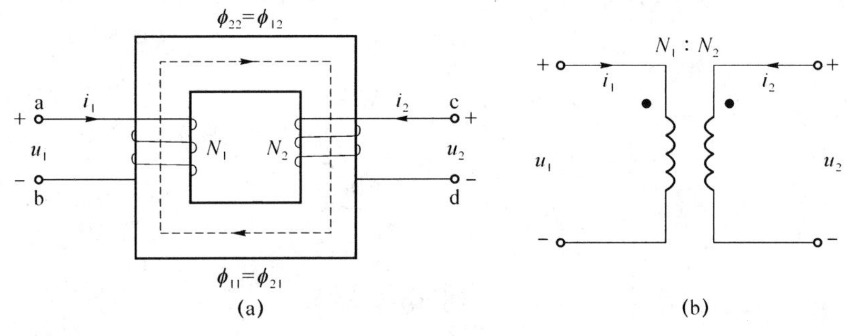

图 6.17　变压器示意图及其模型

1. 变压关系

对式(6-25)求导，得初、次级电压分别为

$$u_1 = \frac{\mathrm{d}\psi_1}{\mathrm{d}t} = N_1 \frac{\mathrm{d}\phi}{\mathrm{d}t}$$

$$u_2 = \frac{\mathrm{d}\psi_2}{\mathrm{d}t} = N_2 \frac{\mathrm{d}\phi}{\mathrm{d}t}$$

所以有

$$\frac{u_1}{u_2} = \frac{N_1}{N_2} = n \tag{6-26}$$

式(6-26)中 n 称为匝比或变比，其值等于初级线圈匝数与次级线圈匝数之比。若将图6.17(a)画为图 6.17(b)所示的理想变压器模型图，观察图 6.17(b)与式(6-26)可知：若 u_1、u_2 参考方向“＋”极性端都分别设在同名端，则 u_1 与 u_2 之比等于 N_1 与 N_2 之比。

若 u_1、u_2 参考方向“＋”的极性端一个设在同名端，一个设在异名端，如图 6.18 所示，则此种情况的 u_1 与 u_2 之比为

$$\frac{u_1}{u_2} = -\frac{N_1}{N_2} = -n \tag{6-27}$$

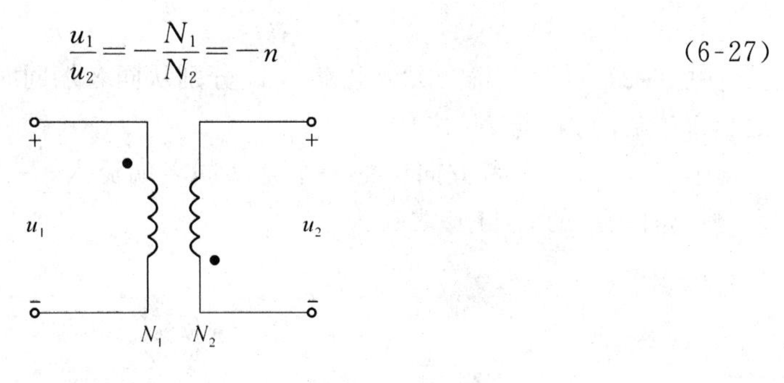

图 6.18　变压关系带负号情况的模型

式(6-26)与式(6-27)都是理想变压器的变压关系式。

注意：在进行变压关系计算时是选用式(6-26)或是选用式(6-27)决定于两电压参考方向的极性与同名端的位置，与两线圈中电流参考方向如何假设无关。

2. 变流关系

考虑理想变压器是 L_1、L_2 无穷大，且$\dfrac{L_1}{L_2}$为常数，$k=1$ 的无损耗互感线圈，这里从互感线圈的电压、电流关系着手，代入理想条件，即得理想变压器的变流关系式。由图 6.19 互感线圈模型得

$$u_1=L_1\frac{\mathrm{d}i_1}{\mathrm{d}t}+M\frac{\mathrm{d}i_2}{\mathrm{d}t} \tag{6-28}$$

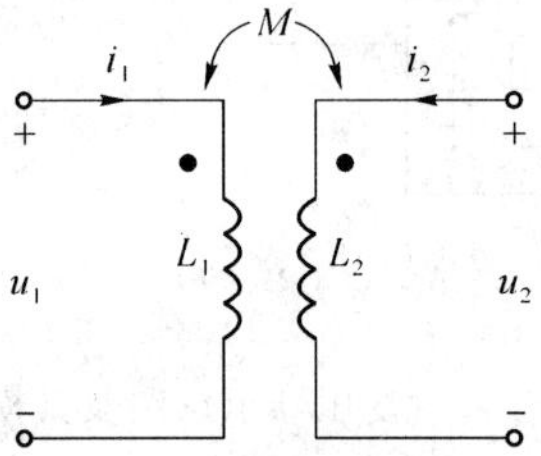

图 6.19 变流关系带负号情况的模型

设电流初始值为零并对式(6-28)两端作 $0\sim t$ 的积分，得

$$i_1(t)=\frac{1}{L_1}\int_0^t u_1(\xi)\mathrm{d}\xi-\frac{M}{L_1}i_2(t) \tag{6-29}$$

如图 6.17(a)所示，联系 M、L_1 定义，并考虑 $k=1$ 条件，所以

$$\frac{M}{L_1}=\frac{\dfrac{N_2\phi_{21}}{i_1}}{\dfrac{N_1\phi_{11}}{i_1}}=\frac{\dfrac{N_2\phi_{11}}{i_1}}{\dfrac{N_1\phi_{11}}{i_1}}=\frac{N_2}{N_1} \tag{6-30}$$

将式(6-30)代入式(6-29)并考虑 $L_1\to\infty$，于是得

$$i_1(t)=-\frac{N_2}{N_1}i_2(t)$$

所以

$$\frac{i_1(t)}{i_2(t)}=-\frac{N_2}{N_1}=-\frac{1}{n} \tag{6-31}$$

式(6-31)说明，当初、次级电流 i_1、i_2 分别从同名端同时流入(或同时流出)时，则 i_1 与 i_2 之比等于负的 N_2 与 N_1 之比。

若假设 i_1、i_2 参考方向中的一个是从同名端流入，一个是从同名端流出，如图 6.20 所示，则这种情况的 i_1 与 i_2 之比为

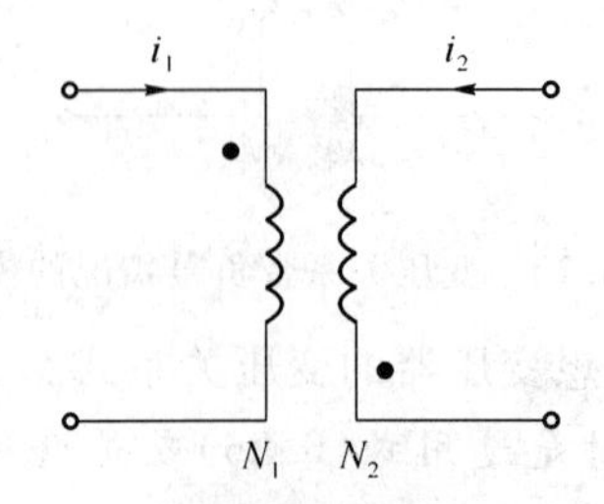

图 6.20 变流关系不带负号情况的模型

$$\frac{i_1(t)}{i_2(t)}=\frac{N_2}{N_1}=\frac{1}{n} \tag{6-32}$$

式(6-31)与式(6-32)都是理想变压器的变流关系式。

注意：在进行变流关系计算时是选用式(6-31)还是选用式(6-32)取决于两电流参考方向的流向与同名端的位置，与两线圈上电压参考方向如何假设无关。

由理想变压器的变压关系式(6-26)、变流关系式(6-31)，得理想变压器从初级端口与次级端口吸收的功率和为

$$\begin{aligned}p(t)&=u_1(t)i_1(t)+u_2(t)i_2(t)\\&=u_1(t)i_1(t)+\frac{1}{n}u_1(t)[-ni_1(t)]\\&=0\end{aligned} \tag{6-33}$$

式(6-33)说明：理想变压器不消耗能量，也不储存能量，所以是不耗能、不储能的无记忆多端电路元件，这一点与互感线圈有着本质的不同。参数有限(L_1、L_2 和 M 均为有限值)的互感线圈是具有记忆作用的储能多端电路元件。

6.3.2 理想变压器阻抗变换作用

理想变压器在正弦稳态电路里还表现出有变换阻抗的特性。如图 6.21 所示的理想变压器，次级接负载阻抗 Z_L，由式(6-26)、式(6-31)代数关系式可知，在正弦稳态电路里，理想变压器的变压、变流关系的相量形式也是成立的。对图 6.21 所示电路，由假设的电压、电流参考方向及同名端位置可得

$$\dot{U}_1=\frac{N_1}{N_2}\dot{U}_2 \tag{6-34}$$

$$\dot{I}_1=-\frac{N_2}{N_1}\dot{I}_2 \tag{6-35}$$

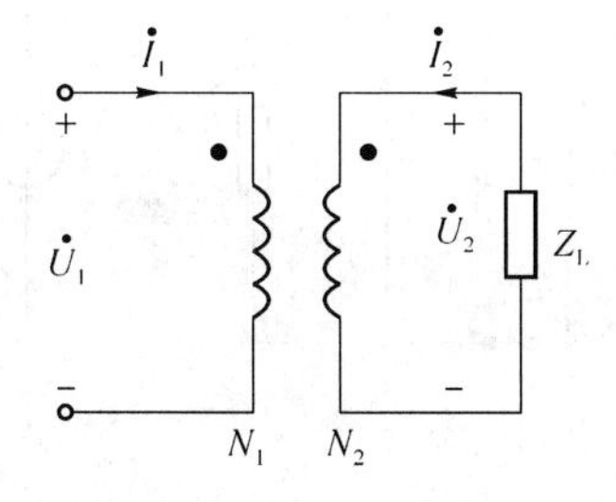

图 6.21　理想变压器变换阻抗关系推导图

由初级端看，输入阻抗

$$Z_{in}=\frac{\dot{U}_1}{\dot{I}_1}=\frac{\frac{N_1}{N_2}\dot{U}_2}{-\frac{N_2}{N_1}\dot{I}_2}=\left(\frac{N_1}{N_2}\right)^2\left(-\frac{\dot{U}_2}{\dot{I}_2}\right)$$

由负载 Z_L 上电压电流参考方向非关联，$Z_L=-\dot{U}_2/\dot{I}_2$，代入上式即得

$$Z_{in}=\left(\frac{N_1}{N_2}\right)^2 Z_L=n^2 Z_L \tag{6-36}$$

式(6-36)表明了理想变压器的阻抗变换关系。习惯把这里的 Z_{in} 称为次级对初级的折合阻抗。理想变压器的折合阻抗与互感电路的反映阻抗是有区别的。理想变压器的阻抗变换作用只改变阻抗的大小,不改变阻抗的性质。也就是说,负载阻抗为感性时折合到初级的阻抗也为感性,负载阻抗为容性时折合到初级的阻抗也为容性。

在实际应用中,一定的电阻负载 R_L 接在变压器次级,根据式(6-36)可知,在变压器的初级相当接 $(N_1/N_2)^2R_L$ 的电阻。如是 $n=N_1/N_2$ 改变,输入电阻 n^2R_L 也改变,所以可利用改变变压器的匝数比来改变输入电阻,实现与电源匹配,使负载上获得最大功率。收音机的输出变压器就是为此目的而设计的。

由式(6-36)不难得到两种特殊情况下理想变压器的输入阻抗。若 $Z_L=0$,则 $Z_{in}=0$;若 $Z_L\to+\infty$,则 $Z_{in}\to+\infty$。这就是说:理想变压器次级短路相当于初级也短路;次级开路相当于初级也开路。

关于理想变压器概念,可明确概括下列几点:

(1) 理想变压器的 3 个理想条件:全耦合、参数无穷大、无损耗。

(2) 理想变压器的 3 个主要性能:变压、变流、变阻抗。

(3) 理想变压器的变压、变流关系适用于一切变动电压、电流情况,即便是直流电压、电流,理想变压器也存在上述变换关系。但实际的变压器元件,因不能完全满足理想条件,所以在性能上与理想变压器有差异。特别需要说明的是,实际变压器不能变换直流的电压、电流,反而有隔断直流电流的作用,这一点在概念上应清楚。作为正常运行的实际变压器,其次级不允许随便地短路与开路,否则会造成事故,损坏电器设备。

(4) 理想变压器在任意时刻吸收的功率为零,这说明理想变压器是不耗能、不储能、只起能量传输作用的电路元件。

例 6-6 如图 6.22(a)所示正弦稳态电路,已知 $u_S(t)=\sqrt{2}\times 8\cos t$ V。

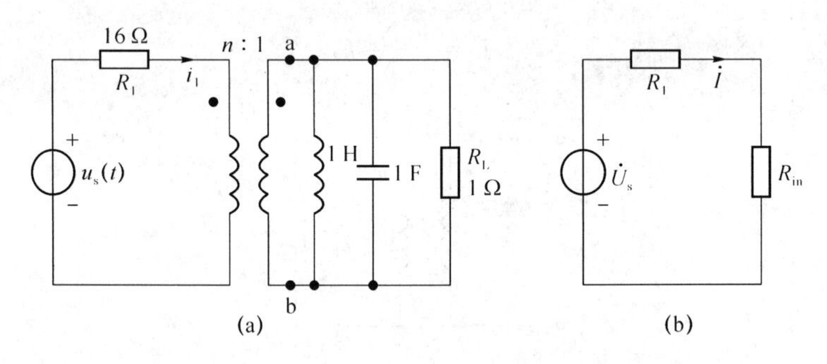

图 6.22 例 6-6 图

(1) 若变比 $n=2$,求电流 $\dot{I}_1$ 以及 R_L 上消耗的平均功率 P_L;

(2) 若匝比 n 可调整,问 n 为多少时可使 R_L 上获最大功率,并求出该最大功率 P_{Lmax}。

解:(1)

$$Z_{ab}=\frac{1}{Y_{ab}}=\frac{1}{\dfrac{1}{R_L}-j\dfrac{1}{\omega L}+j\omega C}=\frac{1}{\dfrac{1}{1}-j\dfrac{1}{1\times 1}+j1\times 1}=1\ \Omega$$

从变压器初级看去的输入阻抗

$$Z_{in}=n^2 Z_{ab}=2^2\times 1=4\ \Omega$$

即

$$R_{in}=Z_{in}=4\ \Omega$$

初级等效电路相量模型如图 6.22(b)所示。所以

$$\dot{I}_1=\frac{\dot{U}_S}{R_1+R_{in}}=\frac{8\angle 0^\circ}{16+4}=0.4\angle 0^\circ\ \text{A}$$

因次级回路只有 R_L 上消耗平均功率，所以初级等效回路中 R_{in}上消耗的功率就是 R_L 上消耗的功率

$$P_L=I_1^2 R_{in}=0.4^2\times 4=0.64\ \text{W}$$

(2) 改变变比 n 以满足最大输出功率条件

$$R_{in}=n^2 R_L=R_1$$

所以

$$n=\sqrt{\frac{R_1}{R_L}}=\sqrt{\frac{16}{1}}=4$$

即当变比 $n=4$ 时负载 R_L 上可获得最大功率，此时

$$P_{Lmax}=\frac{\left(\frac{U_S}{2}\right)^2}{R_L}=\frac{\left(\frac{8}{2}\right)^2}{16}=1\ \text{W}$$

例 6-7　如图 6.23 所示电路，求 ab 端等效电阻 R_{ab}。

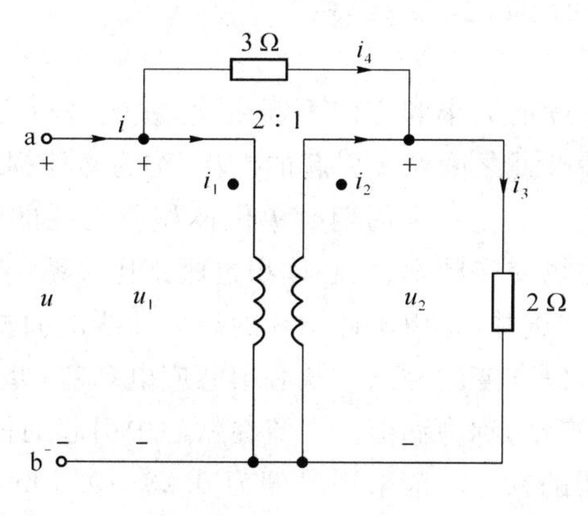

图 6.23　例 6-7 图

解：设各电压电流参考方向如图中所示。

由图可知

$$u_1=u,\quad u_2=\frac{1}{2}u,\quad i_3=\frac{u_2}{2}=\frac{1}{4}u$$

由欧姆定理及 KCL，得

$$i_4=\frac{u_1-u_2}{3}=\frac{u-\frac{1}{2}u}{3}=\frac{1}{6}u$$

$$i_2=i_3-i_4=\frac{1}{4}u-\frac{1}{6}u=\frac{1}{12}u$$

由变流关系及 KCL,得

$$i_1=\frac{1}{2}i_2=\frac{1}{2}\times\frac{1}{12}u=\frac{1}{24}u$$

$$i=i_4+i_1=\frac{1}{6}u+\frac{1}{24}u=\frac{5}{24}u$$

所以

$$R_{ab}=\frac{u}{i}=\frac{u}{\frac{5}{24}u}=\frac{24}{5}=4.8\ \Omega$$

6.4 实际变压器

上节介绍的理想变压器 3 个条件,一个比一个苛刻,在工程实际中永远不可能满足。可以说,实际中使用的变压器都不是这样定义的理想变压器。

在实际制造变压器时,最优良的金属导线线圈,它也具有一定的电阻值;磁导率高的硅钢片即便采用叠式结构做成芯,它也会产生磁滞损耗和涡流损耗。

6.4.1 磁滞损耗和涡流损耗

在交流磁路中,磁场强度的大小和方向不断变化,铁磁材料磁化方向也反复变化,使磁畴方向不断来回排列,磁畴彼此之间摩擦引起的损耗,称为磁滞损耗。

分析表明,磁性材料反复磁化一个周期时单位体积所消耗的能量与磁滞回线的面积成正比。另外,磁滞损耗与磁场交变频率、铁心体积也成正比关系。

变压器中的铁心采用硅钢片,是由于硅钢片的磁滞回线的面积小,能够降低磁滞损耗。

因为铁心是导电的,所以交变的磁通在铁心中感应电动势,并引起环流。这些环流在铁心内部围绕磁通做涡流状流动,称为涡流。涡流在铁心中引起的损耗,称为涡流损耗。

为了减小涡流,变压器的铁心一般采用厚度为 0.23～0.5 mm、两面涂有绝缘漆的硅钢片叠成。

6.4.2 主磁通和漏磁通

图 6.24 是变压器的原理示意图。

当初级线圈接交流电源 u_1 时,初级线圈中便有电流 i_1 流过。初级线圈产生的磁通绝大部分通过铁心闭合,在次级线圈中产生感应电动势,接负载后便有电流 i_2 流过,次级线圈产生的磁通也绝大部分通过铁心闭合。因此铁心中的磁通由初级、次级线圈共同产生,我们把这个磁通称为主磁通 Φ_0。主磁通既交链于初级线圈,又交链于次级线圈,因此分别在两个线圈中感应出电动势 E_1 和 E_2。

很小部分磁通主要沿非铁磁材料闭合，仅与初级线圈交链的，称为初级线圈的漏磁通 $\Phi_{1\sigma}$，感应出漏电动势 e_{1s}；仅与次级线圈交链的，称为次级线圈的漏磁通 $\Phi_{2\sigma}$，感应出漏电动势 e_{2s}。

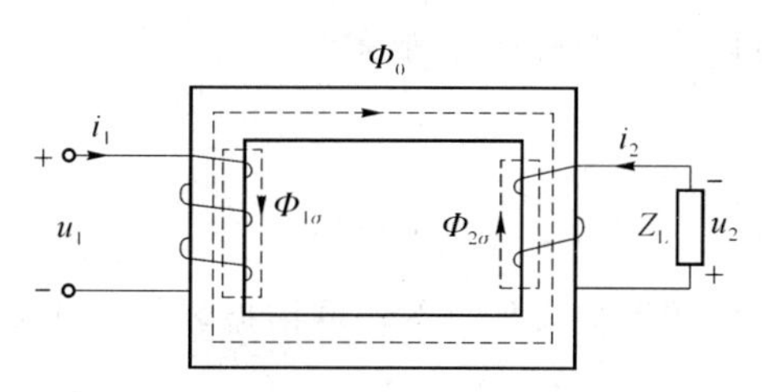

图 6.24　变压器的原理示意图

6.4.3 实际变压器的工作原理

根据基尔霍夫电压定律，对变压器初级电路列出电动势方程，即

$$\dot{U}_1=-\dot{E}_1+R_1\dot{I}_1+jX_{1s}\dot{I}_1 \tag{6-37}$$

式中，R_1 初级线圈电阻，X_{1s}为初级线圈的漏抗。

由于 R_1 和 X_{1s}很小，相对于电动势 E_1，可忽略不计，于是

$$U_1\approx E_1 \tag{6-38}$$

同样，变压器次级线圈的电动势方程为

$$\dot{U}_2=\dot{E}_2-R_2\dot{I}_2-jX_{2s}\dot{I}_2 \tag{6-39}$$

式中，R_2 为次级线圈电阻，X_{2s}为次级线圈的漏抗。

变压器空载时 $I_2=0$，由式(6-39)知，变压器空载时次级线圈端电压 $U_2=E_2$。

通过推导可知

初级线圈感应电动势有效值

$$E_1=4.44fN_1E_m$$

次级线圈感应电动势有效值

$$E_2=4.44fN_2E_m$$

可见，感应电动势与线圈匝数成正比。

$$n=\frac{E_1}{E_2}=\frac{N_1}{N_2}\approx\frac{U_1}{U_2}$$

以上是实际变压器端口电压的关系，而对于它的电流关系和阻抗变换作用不再讨论。

6.5 电路谐振

电路，有的是电感性的，有的是电容性的，还有电阻性的，而电阻性的状态就是谐振状态。谐振现象一方面在电子技术与工程技术中有着积极广泛的应用，另一方面在某些系统

中若发生谐振可能会带来严重危害，所以有必要分析和研究谐振现象。工作在谐振状态下的电路称为谐振电路。谐振电路最为明显的特征是整个电路呈电阻性，即电路的等效阻抗为 $Z_0=R$，总电压 u 与总电流 i 同相。据谐振电路连接方式的不同，谐振可分为串联谐振和并联谐振两种，下面将具体讨论这两种谐振现象。

6.5.1 串联谐振

在 RLC 串联电路中发生的谐振现象称为串联谐振。如图 6.25 所示。

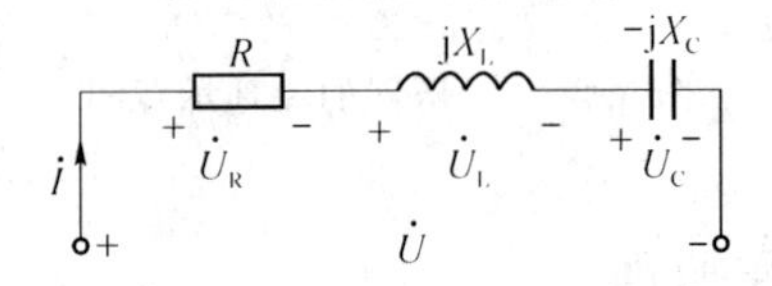

图 6.25 RLC 串联谐振电路

1. 谐振条件与谐振频率

在 RLC 串联电路中，外加的正弦交流电压为 $u=\sqrt{2}U\sin(\omega t+\psi_u)$，设电流为参考量，则电路的复阻抗为

$$Z=R+\mathrm{j}(X_L-X_C)=R+\mathrm{j}\left(\omega L-\frac{1}{\omega C}\right)$$

电路要发生谐振，感抗必须等于容抗，即

$$\omega_0 L-\frac{1}{\omega_0 C}=0$$

这样

$$\omega_0=\frac{1}{\sqrt{LC}} \tag{6-40}$$

由于 $\omega_0=2\pi f_0$，所以谐振频率 f_0 为

$$f_0=\frac{1}{2\pi\sqrt{LC}} \tag{6-41}$$

由此可见，串联谐振频率 f_0 只决定于电路中的电感 L 与电容 C，与串联电阻 R 无关。L 和 C 是电路中的固有结构参数，所以通常又称谐振频率 f_0 为固有频率。

2. 串联谐振电路的特点

（1）阻抗最小，电路呈电阻性

当外加电源的频率 $f=f_0$ 时，电路发生谐振，由于 $X_L=X_C$，则此时电路的阻抗达到最小值，称为谐振阻抗 Z_0，即

$$Z_0=R+\mathrm{j}(X_L-X_C)=R$$

（2）电流达到最大值

谐振电路中的阻抗为最小值，在外加电压不变的情况下，电流将达到最大值，称之为谐振电流 I_0，即

$$I_0=\frac{U}{|Z_0|}=\frac{U}{R}$$

(3) 谐振感抗与容抗

电路发生谐振时，感抗与容抗相互抵消，电抗等于零，然而此时的感抗或容抗并不等于零，定义串联谐振时的感抗或容抗为特性阻抗，用符号 ρ 表示，单位为欧[姆](Ω)。

$$\rho=\omega_0 L=\frac{1}{\omega_0 C}=\sqrt{\frac{L}{C}} \tag{6-42}$$

可见，ρ 与谐振频率 f_0 无关，和谐振频率一样只决定于电路参数 L 和 C 。

(4) 电感 L 与电容 C 上的电压

串联谐振时，电感 L 与电容 C 上的电压相位相反，但大小相等，即

$$U_{L0}=U_{C0}=X_{L0}I_0=X_{C0}I_0=\omega_0 L\frac{U}{R}=\frac{1}{\omega_0 C}\frac{U}{R}=\frac{\rho}{R}U$$

串联谐振电路的特性阻抗与串联电阻值之比叫做串联谐振电路的品质因数，用大写字母 Q 表示(注意不要和无功功率混淆)，即

$$Q=\frac{\rho}{R}=\frac{\omega_0 L}{R}=\frac{1}{\omega_0 CR} \tag{6-43}$$

所以有

$$U_{L0}=U_{C0}=QU \tag{6-44}$$

由式(6-44)可知，当 RLC 串联电路发生谐振时，电感 L 与电容 C 上的电压大小都是外加电压 U 的 Q 倍，当 $Q\gg1$ 时，会在电感和电容两端出现远远高于外加电压 U 的高电压，称为过电压现象，所以串联谐振电路又叫做电压谐振电路。如图 6.26 所示为串联谐振的电压相量图。在实际电路中，Q 值可以高达几百，例如收音机的磁性天线回路就是一个串联谐振电路。但是在电力系统中，应该避免出现谐振现象，电感和电容两端的高压会破坏系统的正常工作。

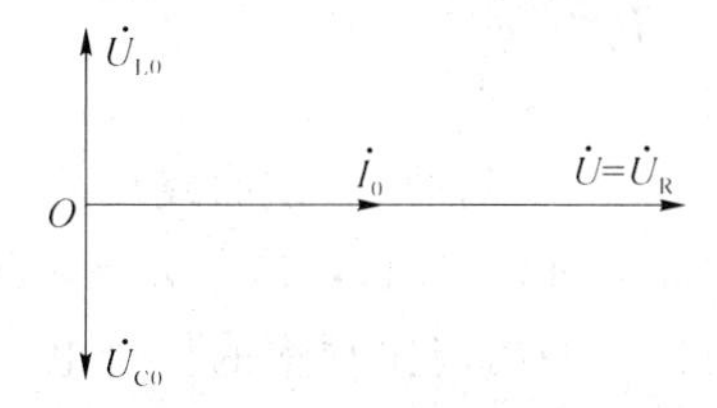

图 6.26　串联谐振的电压相量图

(5) 串联谐振电路的能量

RLC 串联电路所储存的总能量为

$$W=\frac{1}{2}Li^2+\frac{1}{2}Cu_C^2$$

当电路发生串联谐振时，电路中的电流达到最大值，电容上的电压为外加电压的 Q 倍，即

$$I_0=\frac{U}{R}$$

$$U_{C0}=QU$$

又因为

$$Q=\frac{1}{R}\sqrt{\frac{L}{C}}$$

所以总能量为

$$
\begin{aligned}
W &= \frac{1}{2}L\left(\frac{U}{R}\right)^2 + \frac{1}{2}C(QU)^2 = \frac{1}{2}C\left(\sqrt{\frac{L}{C}}\right)^2\left(\frac{U}{R}\right)^2 + \frac{1}{2}CQ^2U^2 \\
&= \frac{1}{2}CQ^2U^2 + \frac{1}{2}CQ^2U^2 = CQ^2U^2 = \text{常数}
\end{aligned}
\tag{6-45}
$$

由式(6-45)可以发现，串联谐振电路中电感元件储存的磁场能量与电容元件储存的电场能量相等，表明在电感元件和电容元件之间进行着周期性的能量交换。谐振电路中储存的总能量为一常数。在电容量一定，外加电压不变的情况下，总能量与品质因数的平方成正比。品质因数 Q 越大，谐振电路储存的总能量就越大，谐振现象就越明显。由此可见，品质因数 Q 是能够反映谐振电路谐振程度的一个物理量。

3. 串联谐振的应用

串联谐振电路在无线电工程中应用较多。常用来对交流信号的选择，例如接收机中用来选择电台信号，将需要收听的信号从天线所收到的许多不同频率的信号中选出来，而其他未被选中的信号则尽量地加以抑制。在 RLC 串联电路中，阻抗大小 $|Z| = \sqrt{R^2 + \left(\omega L - \frac{1}{\omega C}\right)^2}$，设外加交流电源(又称信号源)电压 u_S 的大小为 U_S，则电路中电流的大小为

$$
I = \frac{U_S}{|Z|}\frac{U_S}{\sqrt{R^2 + \left(\omega L - \frac{1}{\omega C}\right)^2}}
$$

由于 $I_0 = \frac{U_S}{R}, Q = \frac{\omega_0 L}{R} = \frac{1}{\omega_0 CR}$ 则

$$
\frac{I}{I_0} = \frac{1}{\sqrt{1 + Q^2\left(\frac{\omega}{\omega_0} - \frac{\omega_0}{\omega}\right)^2}}
\tag{6-46}
$$

由式(6-46)可以作出如图 6.27 所示的曲线，该曲线反映了电流大小与频率的关系，叫做串联谐振电路的谐振曲线。从曲线上可以看出，当信号频率等于谐振频率时，电路发生串联谐振，电路中的电流达到最大值，而稍微偏离谐振频率的信号电流则大大减小，说明电路具有明显的选频特性，简称选择性。谐振曲线越尖锐，表明选择性越好。而从图 6.28 中还可以发现，品质因数 Q 值越大，选择性越好，电路选择性的好坏取决于对非谐振频率信号的抑制能力。

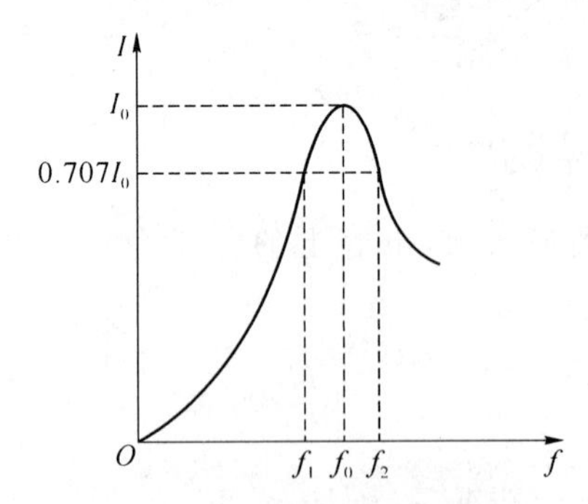

图 6.27 RLC 串联电路的谐振曲线

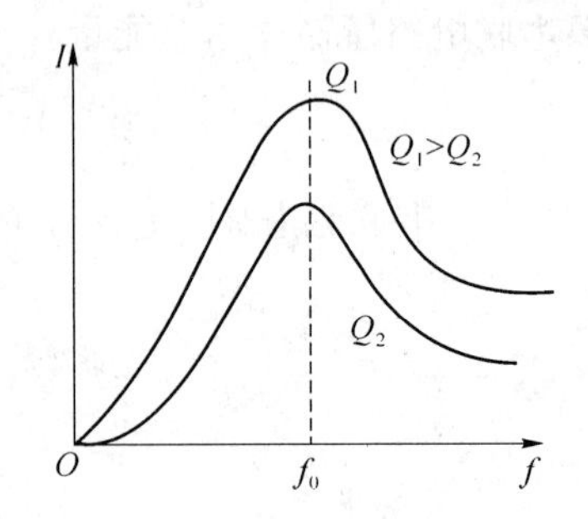

图 6.28 不同品质因数的谐振曲线

但在实际应用中，不能片面强调 Q 值越大越好，Q 值越大，谐振电路允许通过信号的频率范围就会减小。通常规定电流有效值 I 等于最大值 I_0 的 0.707 倍所对应的频率范围（$f_1 \sim f_2$）叫做串联谐振电路的通频带宽度，简称通频带，用符号 Δf 表示，单位也是赫[兹]（Hz）。

可以分析得出，串联谐振电路的通频带为

$$\Delta f = f_2 - f_1 = \frac{f_0}{Q} \tag{6-47}$$

式(6-47)表明，通频带与品质因数成反比关系，品质因数 Q 值越大，说明电路的选择性越好，但通频带较窄，曲线较尖锐；反之，品质因数 Q 值越小，说明电路的选择性越差，但通频带较宽，曲线较平坦；也就是说品质因数 Q 的大小可以反映选择性的好坏，选择性与频带宽度是互为相反关系的两个物理量。

例 6-8　设在 RLC 串联电路中，$L=500\ \mu\text{H}$，$C=20\ \text{pF}$，$R=50\ \Omega$，外加电源电压为 $u=10\sqrt{2}\sin(2\pi ft)\text{V}$。

(1) 求电路的固有谐振频率。

(2) 当电源频率等于固有频率时，求电路中的谐振电流、电感 L 与电容 C 上的电压。

(3) 如果电源频率增加 10%时，电路还发生谐振吗？此时电路的电流为多少？

解：(1) 电路的固有频率为

$$f_0 = \frac{1}{2\pi\sqrt{LC}} = \frac{1}{2\pi\sqrt{500\times10^{-6}\times20\times10^{-12}}} = 1.59\ \text{MHz}$$

(2) 谐振时电路参数为

$$I_0 = \frac{U}{R} = \frac{10}{50} = 0.2\ \text{A}$$

$$Q = \frac{1}{R}\sqrt{\frac{L}{C}} = \frac{1}{50}\sqrt{\frac{500\times10^{-6}}{20\times10^{-12}}} = 100$$

$$U_{L0} = U_{C0} = QU = 100\times10 = 1\ 000\ \text{V}$$

(3) 当电源频率增加 10%时，此时感抗和容抗分别为

$$X_L = 2\pi fL = 2\times3.14\times1.59\times10^6\times(1+10\%)\times500\times10^{-6} = 5\ 492\ \Omega$$

$$X_C = \frac{1}{2\pi fC} = \frac{1}{2\times3.14\times1.59\times10^6\times(1+10\%)\times20\times10^{-12}} = 4\ 552\ \Omega$$

$$|Z| = \sqrt{R^2+(X_L-X_C)^2} = \sqrt{50^2+(5\ 492-4\ 552)^2} = 941\ \Omega$$

$$I = \frac{U}{|Z|} = \frac{10}{941} \approx 0.011\ \text{A}$$

可见，当电源频率偏离谐振频率时，电路的电流将大大减小，电路当然不再谐振。

6.5.2 并联谐振

在具有 R、L、C 的并联电路中发生谐振的现象称为并联谐振。

1. *RLC* 并联电路

如图 6.29(a)所示为 RLC 并联电路，当外加电压与电路电流同相位时，电路发生并联谐振。

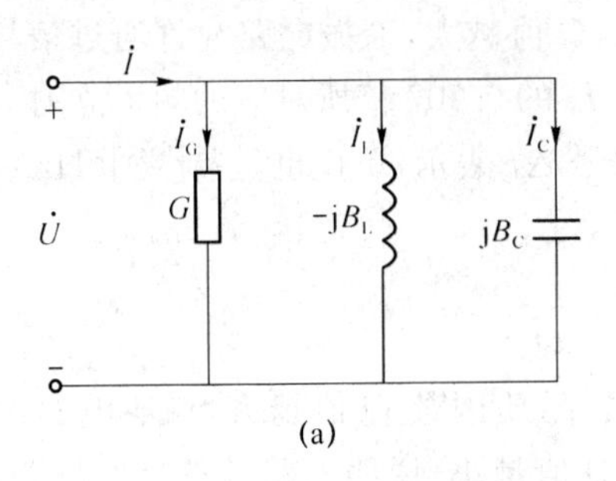

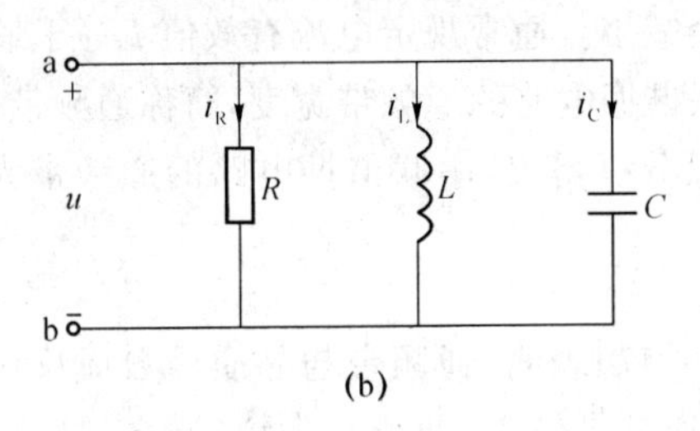

图 6.29　*RLC* 并联谐振电路

(1) 谐振频率和谐振条件

图 6.29(a)所示电路的复导纳为

$$Y=\frac{1}{R}+\frac{1}{j\omega L}+j\omega C$$

$$=\frac{1}{R}+j(\omega C-\omega L)$$

$$=G+j(B_C-B_L)$$

发生并联谐振的条件是复导纳的虚部为零

$$\text{lm}[Y]=0$$

即

$$\omega_0 C-\frac{1}{\omega_0 L}=0$$

发生谐振时的角频率 ω_0 为

$$\omega_0=\frac{1}{\sqrt{LC}}$$

由于 $\omega_0=2\pi f_0$，所以谐振频率 f_0 为

$$f_0=\frac{1}{2\pi\sqrt{LC}} \tag{6-48}$$

由式(6-48)知，并联谐振频率 f_0 和串联谐振频率一样，也只决定于电路中的电感 L 与电容 C，与并联电阻 R 无关，也为固有频率。

(2) 并联谐振电路的特点

① 并联谐振时，电路的复导纳最小，电路呈电阻性。即

$$Y_0=G$$

② 端电压达到最大值，即

$$U_0=\frac{I}{Y}=\frac{I}{G}$$

③ 并联谐振时，电感和电容上的电流相等为

$$I_{L0}=I_{C0}=QI \tag{6-49}$$

其中，品质因数 $Q=\omega_0 RC=\frac{R}{\omega_0 \text{L}}$

由式(6-49)可知，当 RLC 并联电路发生谐振时，电感 L 与电容 C 上的电流大小都是输入电流 I 的 Q 倍，即支路电流是总电流的 Q 倍。当 $Q\gg1$ 时，会在电感和电容中出现远远高于总电流的过电流，称为过电流现象，所以并联谐振电路又叫做电流谐振电路。如图 6.30 所示为并联谐振的电流相量图。参照串联谐振的分析方法，得出并联谐振电路的通频带为

$$f_2-f_1=\frac{f_0}{Q}$$

当电路发生并联谐振时，电路导纳最小，电流通过电感或电容时在两端产生的电压最大，当信号频率偏离谐振频率时，不发生谐振，导纳较大，电路两端的电压较小，这样就起到了选频的作用，因此并联谐振回路也具有选频特性，如图 6.31 所示为并联谐振的谐振曲线，电路的导纳值越小，曲线越尖锐，选择性越好。

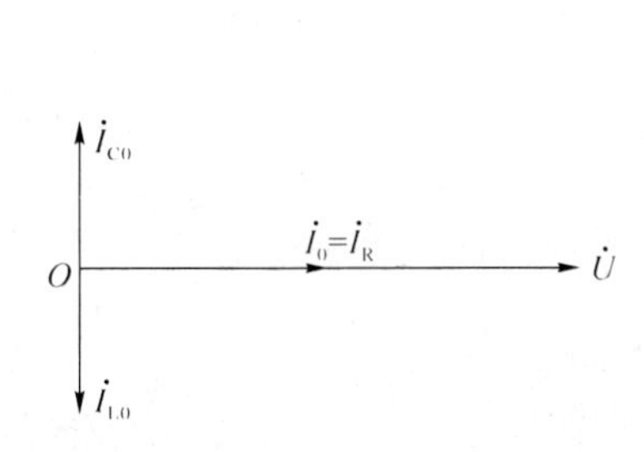

图 6.30　并联谐振的电流相量图

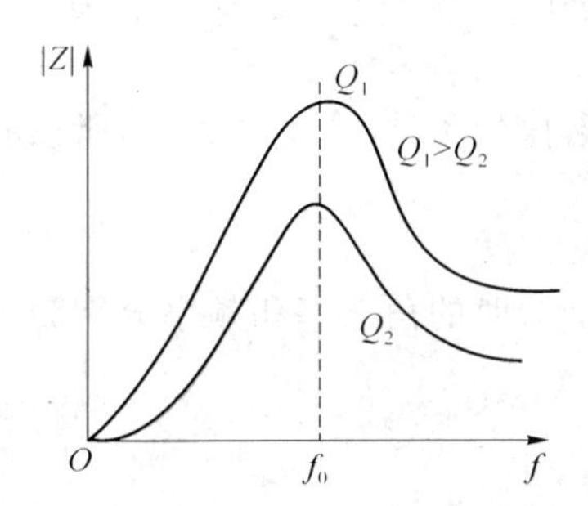

图 6.31　并联谐振的谐振曲线

并联谐振时，电感元件储存的磁场能量与电容元件储存的电场能量彼此互相交换，两种能量的总和为

$$W=W_L+W_C=LQ^2I^2=\text{常数}$$

2. 电感线圈和电容的并联电路

在实际工程应用中，常采用的是实际电感与电容并联，即 LC 并联谐振回路是 R、L 串联后，再与电容 C 并联，如图 6.32 所示。

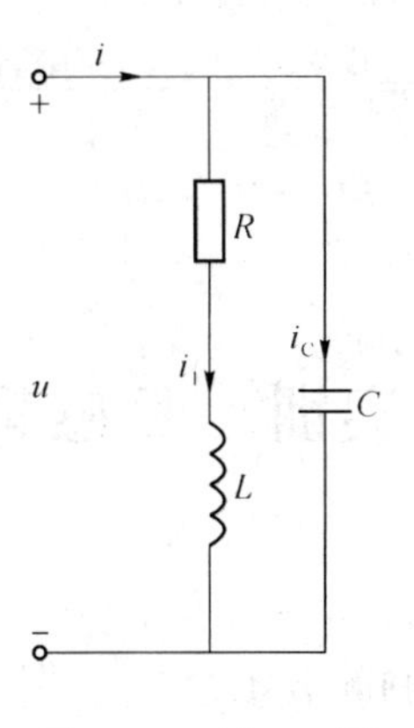

图 6.32　例 6-9 图

并联电路等效复阻抗为

$$Z=\frac{\frac{1}{\mathrm{j}\omega C}(R+\mathrm{j}\omega L)}{\frac{1}{\mathrm{j}\omega C}+(R+\mathrm{j}\omega L)}=\frac{R+\mathrm{j}\omega L}{1+\mathrm{j}\omega RC-\omega^2 LC}$$

当 $\omega L\gg R$ 时，上式可以写成

$$Z\approx\frac{\mathrm{j}\omega L}{1+\mathrm{j}\omega RC-\omega^2 LC}=\frac{1}{(1+\mathrm{j}\omega RC-\omega^2 LC)/\mathrm{j}\omega L}$$

$$=\frac{1}{\frac{RC}{L}+\mathrm{j}\left(\omega C-\frac{1}{\omega L}\right)}$$

其品质因素 $Q=\frac{\omega_0 C}{\frac{RC}{L}}=\frac{\omega_0 L}{R}=\frac{1}{\omega_0 RC}$

根据谐振的条件，令虚部为零，所以有

$$\omega_0 C\approx\frac{1}{\omega_0 L}$$

并联谐振时的角频率和频率分别为

$$\omega_0\approx\frac{1}{\sqrt{LC}} \tag{6-50}$$

$$f_0\approx\frac{1}{2\pi\sqrt{LC}} \tag{6-51}$$

显然，只有 $\omega L\gg R$ 时，此种并联电路的谐振特点才与图 6.29(a)所示 RLC 并联谐振相似。

例 6-9 如图 6.32 所示的 LC 并联谐振电路，已知 $R=10\ \Omega$，$L=80\ \mu\mathrm{H}$，$C=320\ \mathrm{pF}$，谐振状态下总电流 $I=20\ \mu\mathrm{A}$，试求：该电路的固有谐振频率 f_0、品质因数 Q 以及电感 L 支路与电容 C 支路中的电流。

解：$\omega_0=\frac{1}{\sqrt{LC}}=\frac{1}{\sqrt{80\times10^{-6}\times320\times10^{-12}}}\approx6.25\times10^6\ \mathrm{rad/s}$

$$f_0=\frac{\omega_0}{2\pi}=\frac{6.25\times10^6}{2\times3.14}\approx1\ \mathrm{MHz}$$

$$Q=\frac{\omega_0 L}{R}=\frac{6.25\times10^6\times80\times10^{-6}}{10}=50$$

$$I_{L0}=I_{C0}=QI=50\times20\times10^{-6}=1\ \mathrm{mA}$$

6.6 本章实训　互感耦合电路研究

1. 实训目的

学习互感测量方法及同名端的判断方法。

2. 实训仪器

(1) XD22 型低频信号发生器。

（2）JWY—30C型直流稳压电源。

（3）DA—16型晶体管毫伏表。

3. 实训原理

在图6.33所示电路中，开关S闭合的瞬间在线圈Ⅰ中将有电流建立，方向由a流向b，该电流形成的磁通会使线圈Ⅱ产生感应电压。若该电压是c端为正，d端为负，则称a端和c端为同名端。

在图6.34所示电路中，设L_1和L_2之间的互感为M，若L_1和L_2串联，则顺接时[图6.34(a)]总电感量为L'，反接时[图6.34(b)]总电感量为L''且

$$L'=L_1+L_2+2M$$

$$L''=L_1+L_2-2M$$

$$M=\frac{L'-L''}{4} \tag{6-52}$$

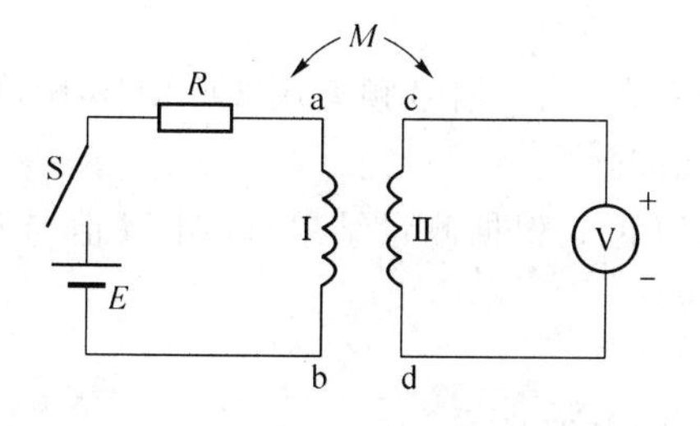

图6.33　互感电路

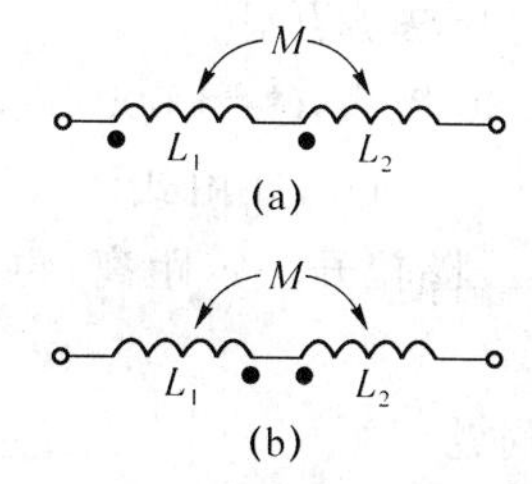

图6.34　串联互感电路

所以，只要测出L'和L''值就可以计算出M值，同时还可判断出同名端。（如何判断？）

L'和L''值可用交流电桥或Q表测量，也可用图6.35所示的电路测量。电路中电容C值已知，调信号频率使电路谐振（U_{ab}值最小），根据谐振时阻抗的特点，测出L'和L''值。设L_1和L_2顺接时，谐振频率为f_1，反接时为f_2，则

$$L'=\frac{1}{4\pi^2 f_1^2 C} \tag{6-53}$$

$$L''=\frac{1}{4\pi^2 f_2^2 C} \tag{6-54}$$

在图6.36所示电路中，$U_2=2\pi fMI_1$，而初级电流$I_1=2\pi fCU_C$，因此

$$M=\frac{U_2}{4\pi^2 f^2 CU_C} \tag{6-55}$$

f和C为已知，测得U_C和U_2时就可计算出M值，此法称互感电压法。

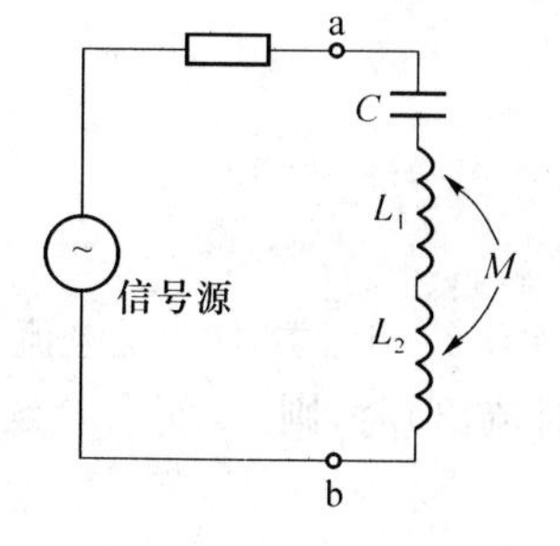

图6.35　互感测量电路

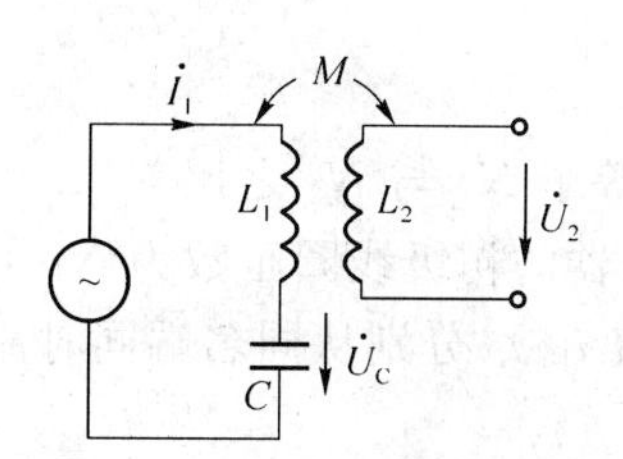

图6.36　互感电压法测量电路

4. 实训步骤

(1) 同名端的判断

按图 6.33 所示接线，$E=5$ V，$R=10$ Ω，电压表用 200 μA 表头代替，在互感线圈中间放一根磁棒，以增加线圈电感量及互感值，将两个互感线圈套在一起，闭合开关 S，观察表头指针偏转方向，由此判断线圈同名端。注意，只有在 S 接通瞬间指针有轻微摆动，要仔细观察。

(2) 谐振法测互感

① 按图 6.35 所示接线(线圈位置与上述实验同，磁棒不要取出)，R 取 5 kΩ，C 为1 000 pF。用毫伏表测 ab 间电压，信号源输出为 5 V，改变信号频率使电路谐振(U_{ab} 值最小)，记下谐振频率。将 L_2 的两个端点互换位置，再测谐振频率。根据式(6-52)、式(6-53)和式(6-54)换算出 M 值。将测量数据和计算结果列表表示。

② 取出磁棒，测量此时的互感值。方法同上。

(3) 互感电压法测互感

① 按图 6.36 接线，$C=1\ 000$ pF，线圈互相套在一起，信号频率用 200 kHz，幅度为 4 V。用毫伏表测量 U_C 和 U_2，并由式(6-55)换算 M 值。

② 两互感线圈拉开一定距离，再用上法测 M 值。根据测量结果，说明 M 值与介质及线圈位置关系。

(4) 回答问题

用谐振法测互感时，如何根据测量结果判断同名端?

本 章 小 结

1. 线圈 1 的自感为 L_1，线圈 2 的自感为 L_2，两线圈的互感系数为 M，则耦合系数

$$k=\frac{M}{\sqrt{L_1L_2}}$$

k 值的大小反映了两线圈耦合的强弱。

2. 当电流分别从两线圈各自的某端同时流入(或流出)时，若两者产生的磁通相助，则这两端称为两互感线圈的同名端，用标志“•”或“*”表示 。

3. 理想变压器的初级线圈匝数为 N_1、电压为 u_1；次级线圈匝数为 N_2、电压为 u_2；变比为 n，则

$$\frac{u_1}{u_2}=\frac{N_1}{N_2}=n$$

即 u_1 与 u_2 之比等于 N_1 与 N_2 之比。

4. 理想变压器的初级线圈匝数为 N_1、电流为 i_1；次级线圈匝数为 N_2、电流为 i_2；变比为 n，当初、次级电流 i_1、i_2 分别从同名端同时流入(或同时流出)时，则

$$\frac{i_1}{i_2}=-\frac{N_2}{N_1}=-\frac{1}{n}$$

即 i_1 与 i_2 之比等于负的 N_2 与 N_1 之比。

5. 在正弦稳态电路中，理想变压器会有变换阻抗的特性。其变换作用只改变阻抗的大小，不改变阻抗的性质。

6. 在交流磁路中，磁场强度的大小和方向不断变化，铁磁材料磁化方向也反复变化，使磁畴方向不断来回排列，磁畴彼此之间摩擦引起的损耗，称为磁滞损耗。

7. 交变的磁通在铁心中感应电动势，并引起环流。这些环流在铁心内部围绕磁通做涡流状流动，称为涡流。涡流在铁心中引起的损耗，称为涡流损耗。

8. 谐振电路。(1)串联谐振条件：$X_{L0}=X_{C0}$；(2)并联谐振条件：$X_{L0}=X_{C0}$；(3)谐振频率：$f_0=\dfrac{1}{2\pi\sqrt{LC}}$。

习　　题

1. 两个线圈之间的互感值 M 大，能不能说两线圈间的耦合系数 k 一定大呢？并作解释。

2. 如图 6.37 所示具有互感的两线圈，已知线圈位置及绕向，试判断同名端。

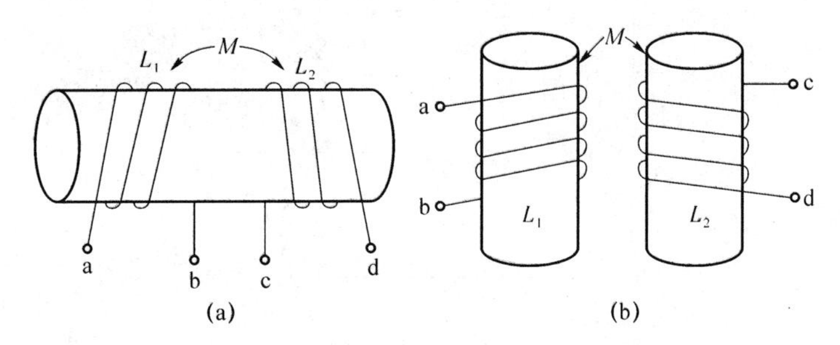

图 6.37　题 2 图

3. 如图 6.38 所示 3 个互感线圈，已知同名端并设出了各线圈上电压电流参考方向，试写出每一互感线圈上的电压电流关系。

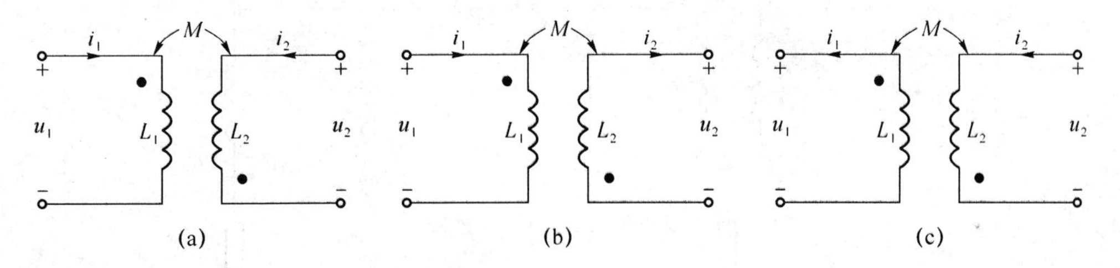

图 6.38　题 3 图

4. 求如图 6.39 所示各电路 ab 端的等效电感 L_{ab}。

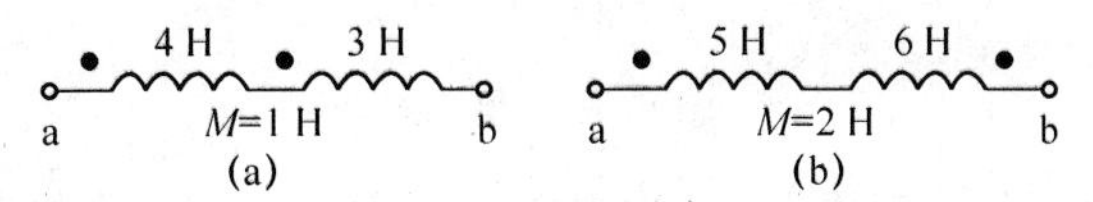

图 6.39　题 4 图

5. 具有互感的两线圈并联如图 6.40 所示。当两线圈全耦合，即 $k=1$ 时，求并联两线圈的等效电感。

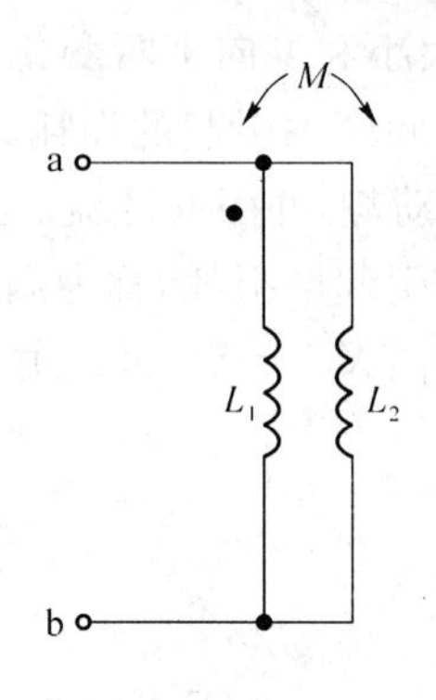

图 6.40　题 5 图

6. 如图 6.41 所示电路，已知 $L_1=2$ H，$L_2=4$ H，$L_3=6$ H，$M=3$ H，求 ab 端的等效电感 L_{ab}。

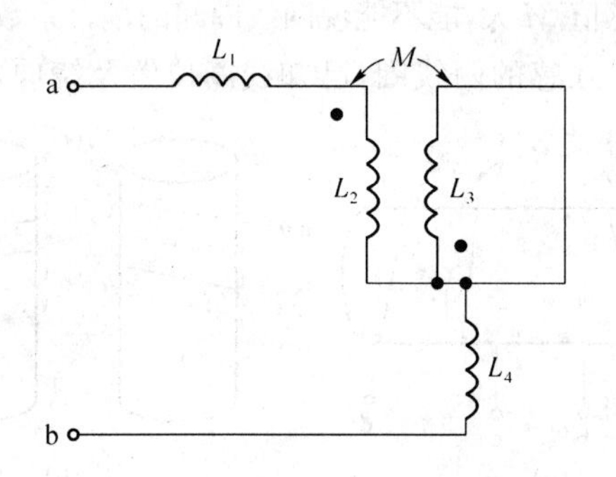

图 6.41　题 6 图

7. 如图 6.42 所示正弦稳态电路，设角频率为 ω，求 ab 端的输入阻抗 Z_{in}。

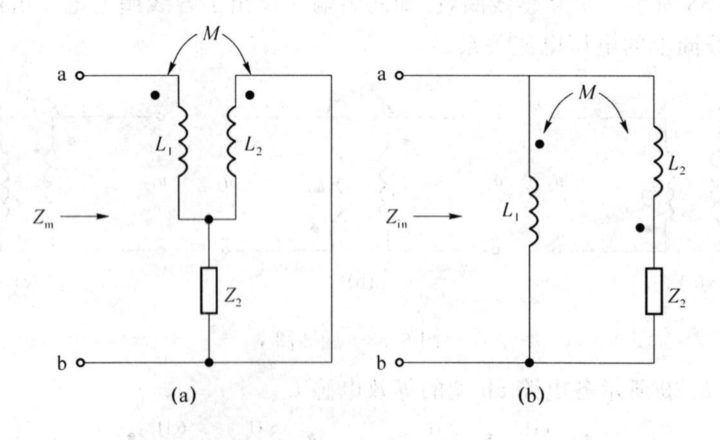

图 6.42　题 7 图

8. 如图 6.43 所示正弦稳态电路，已知电源内阻 $R_S=9$ kΩ，负载内阻 $R_L=1\,000$ Ω，为使负载上获得最大功率，变压器的变比 $n=N_1/N_2$ 应为多少？。

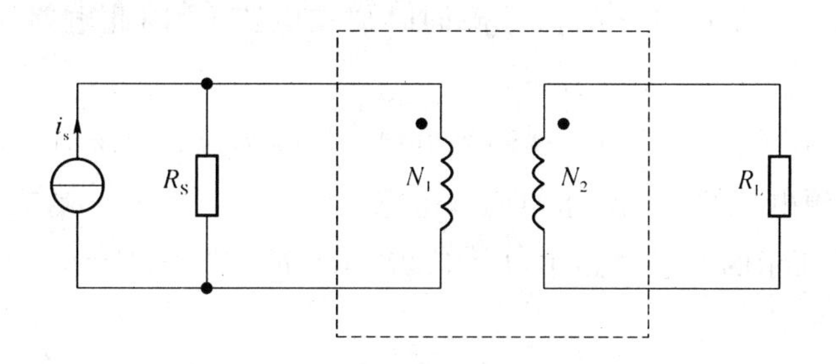

图 6.43　题 8 图

9. 如图 6.44 所示电路，求 a、b 端输入电阻 R_{in}。

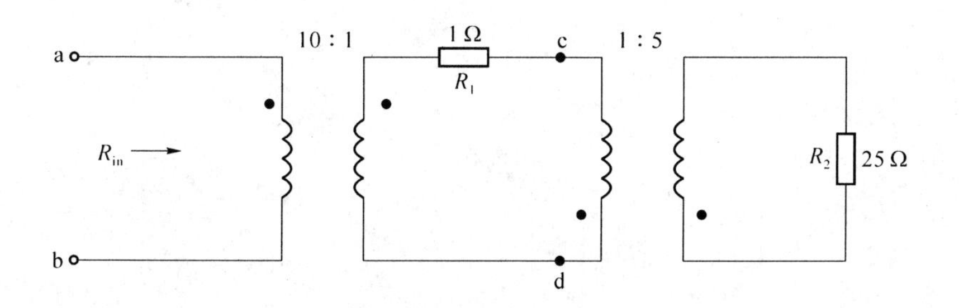

图 6.44　题 9 图

10. 求图 6.45 所示电路中 $\dot{U}_2$。

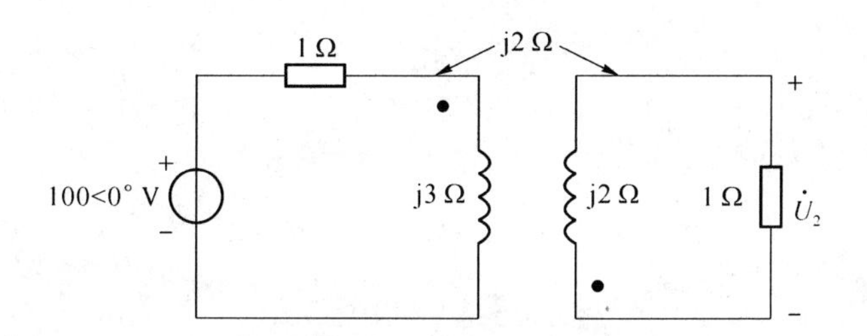

图 6.45　题 10 图

11. 如图 6.46 所示电路，求负载为何值时获得最大功率。

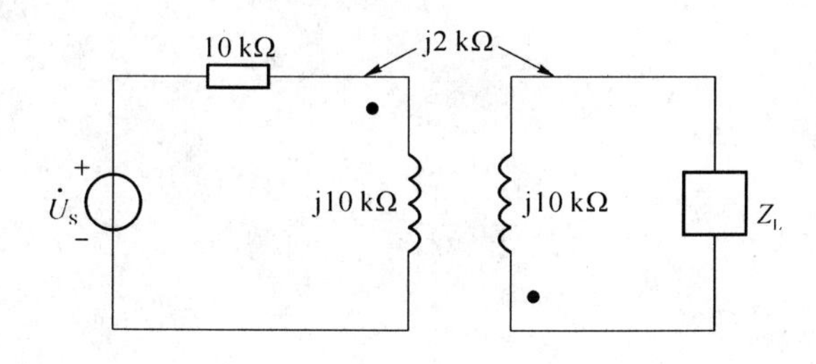

图 6.46　题 11 图

12. 已知某串联电路中电感电容的参数分别为 $L=30\ \mu F$，$C=220\ pF$。有两个频率分别为 $f_1=1\ 959\ kHz$，$f_1=200\ kHz$ 的信号源同时加在电路上，问此电路对哪个信号源发生谐振？

13. 一个 RLC 串联电路，$C=0.1\ \mu F$，当电源电压频率为 2 kHz 时，电路发生谐振，此时电容上的电压是电源电压的 14 倍，求电阻和电感。

14. 如图 6.32 所示的并联电路中，$L=0.25\ mH$，$R=25\ \Omega$，$C=85\ pF$，试求谐振频率和品质因数。

第7章 电路暂态分析

本章要点

- 换路定律及电路初始状态的计算
- 一阶电路的零输入响应、零状态响应和全响应
- 一阶线性电路暂态分析的三要素法
- 微分电路和积分电路

本章重点

- 一阶电路的全响应和三要素法

本章难点

RC、*RL* 电路的零输入响应和零状态响应

导言

前面分析和讨论的由电阻和电源构成的电路，称为电阻电路。本章主要分析 *RC* 和 *RL* 一阶线性电路的过渡过程，重点是分析电子技术中广泛应用的 *RC* 一阶电路在阶跃电压作用下的过渡过程。了解一阶电路在过渡过程中电压和电流随时间变化的规律，并能确定电路的时间常数、初时值和稳态值三个要素，会用三要素法计算 *RC*、*RL* 一阶电路。

7.1 换路定律

7.1.1 过渡过程

1. 过渡过程的概念

自然界一切事物的运动，在特定条件下都处于一种稳定状态，但条件一旦改变，就要过渡到另一种新的稳定状态。在电阻和电容或电阻和电感构成的电路中，当电源电压或电流恒定或作周期性变化时，电路中的电压和电流也都是恒定的或按周期性变化。电路的这种状态称为稳定状态，简称稳态。然而这种具有储能元件（*L* 或 *C*）的电路在电路接通、断开，

或电路的参数、结构、电源等发生改变时，电路不能从原来的稳态立即达到新的稳态，需要经过一定的时间才能达到。这种电路从一个稳态经过一定时间过渡到另一新稳态的物理过程称为电路的过渡过程。和稳态相对应，电路的过渡状态称为暂态。研究电路过渡过程中电压或电流随时间变化的规律，即在 $0\leqslant t<\infty$ 时间领域内的 $u(t)$、$i(t)$ 称之为暂态分析。

2. 过渡过程的形成

电路中的过渡过程是由于电路的接通、断开、短路、电源或电路中的参数突然改变等原因引起的。我们把电路状态的这些改变统称为换路。然而，并不是所有的电路在换路时都产生过渡过程，换路只是产生过渡过程的外在原因，其内因是电路中具有储能元件电容或电感。我们知道储能元件所储存的能量是不能突变的。因为能量的突变意味着无穷大功率的存在，即 $P=\mathrm{d}w/\mathrm{d}t=\infty$，这在实际中是不可能的。

由于换路时电容和电感所储存的能量分别为 $Cu_{\mathrm{C}}^2/2$ 和 $Li_{\mathrm{L}}^2/2$，且不能突变，所以电容电压 u_{C} 和电感电流 i_{L} 只能连续变化，而不能突变。由此可知，含有储能元件的电路在换路时产生过渡过程的根本原因是能量不能突变。

需要指出的是，由于电阻不是储能元件，因而纯电阻电路不存在过渡过程。同时，由于电容电流 $i_{\mathrm{C}}=C(\mathrm{d}u_{\mathrm{C}}/\mathrm{d}t)$，电感电压 $u_{\mathrm{L}}=L(\mathrm{d}i_{\mathrm{L}}/\mathrm{d}t)$，所以电容电流和电感电压是可以突变的。

3. 暂态分析的意义

过渡过程又称暂态过程，过渡过程所经历的时间短暂，在工程中有颇为重要的影响。电路的暂态过程虽然在很短的时间内就会结束，但却能给电路带来比稳态大得多的过电流和过电压值。电路中出现的这种短暂的过电流和过电压，一方面可用来产生所需要的波形，但另一方面它又可能会使电气设备工作失效，甚至造成严重的事故。因此有必要对电路的暂态过程进行分析，以利于掌握其规律，服务于电路分析和设计。

7.1.2 换路定律

1. 换路

电路在接通、断开、短路、电压或电路参数改变时，将由一种状态变换为另外一种状态，电路中的这种条件改变就称为电路的换路。不论电路的状态如何发生改变，电路中所具有的能量是不能突变的。比如，电感的磁能及电容的电能都不能发生突变。若要使电路的状态发生改变必须符合条件：

(1) 电路中至少需要有一个动态元件；

(2) 电路需要换路；

(3) 换路瞬间，电容电压、电感电流值不能跃变。

2. 换路定律

由电功率的公式 $p=\mathrm{d}w/\mathrm{d}t$ 知：能量的积累和释放是需要一定时间的，即能量是不能突变的，否则功率将趋于无穷大。例如，白炽灯在开关接通和断开时其温度升高或降低不能跃变，就是因为其存储的热能不能产生跃变的缘故。

图 7.1(a)和(b)分别为由 RC 和 RL 组成的电路。开关接通或断开时，由于电源输出功率是有限的，电路中的能量虽有改变，但电容器中的电能 $Cu_{\mathrm{C}}^2/2$ 和线圈中的磁能 $Li_{\mathrm{L}}^2/2$ 是不

能发生跃变的。

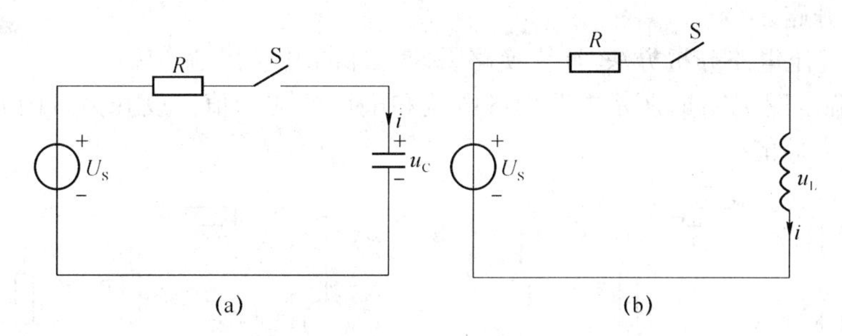

图 7.1　RC 和 RL 的动态电路

设 $t=0$ 为换路的瞬间，$t=0_-$ 和 $t=0_+$ 为换路前后极限时刻，对于电容

$$\begin{aligned} u_C(t) &= \frac{1}{C}\int_{-\infty}^{0_-} i_C(\tau)\mathrm{d}\tau + \frac{1}{C}\int_{0_-}^{t} i_C(\tau)\mathrm{d}\tau \\ &= u_C(0_-) + \frac{1}{C}\int_{0_-}^{t} i_C(\tau)\mathrm{d}\tau \end{aligned} \tag{7-1}$$

当 $t=0_+$ 时，由式(7-1)得电容器上的电压为

$$u_C(0_+) = u_C(0_-) + \frac{1}{C}\int_{0_-}^{0_+} i_C(\tau)\mathrm{d}\tau \tag{7-2}$$

在换路的瞬间，$i_C(t)$ 为一有限值，式(7-2)右边第 2 项的积分值为零，则

$$u_C(0_+) = u_C(0_-) \tag{7-3}$$

上式表明，电路换路瞬间，电容电压不发生跃变，即换路前后电压维持不变。

与电容类似，对电感，电路换路瞬间，电感电压为有限值时，电感电流不产生跃变，即

$$i_L(0_+) = i_L(0_-) \tag{7-4}$$

将式(7-3)和式(7-4)进行归并得

$$\left.\begin{aligned} u_C(0_+) &= u_C(0_-) \\ i_L(0_+) &= i_L(0_-) \end{aligned}\right\} \tag{7-5}$$

式(7-5)表明的规律称为换路定律，即当电路中的电容电流和电感电压为有限值时，换路后一瞬间电容的电压和电感的电流等于换路前一瞬间的原有值。

7.1.3 初始值的计算

换路定律只能确定换路瞬间的电容电压值和电感电流值，而电容电流、电感电压以及电路中的其他元件的电流、电压初值是可以发生跃变的。将 $u_C(0_+)$ 和 $i_L(0_+)$ 称为独立初始值，除电容电压和电感电流外的、在 $t=0_+$ 时刻的其他响应值称为非独立初始值。独立初始值和非独立初始值统称为暂态电路的初始值，即 $t=0_+$ 时电路中电压电流的瞬态值。

独立初始值由换路定律确定，电路中非独立初始值按下列原则确定：

(1) 换路前瞬间，将电路视为一稳态，即电容开路、电感短路。

(2) 换路后瞬间，电容元件被看作恒压源。如果 $u_C(0_-)=0$，那么 $u_C(0_+)=0$，换路时，电容器相当于短路。

(3) 换路后瞬间,电感元件可看作恒流源。当 $i_L(0_-)=0$ 时,$i_L(0_+)=0$,电感元件在换路瞬间相当于开路。

(4) 运用直流电路分析方法,计算换路瞬间元件的电压、电流值。

例 7-1 确定图 7.2(a)所示电路中各电流和电压的初始值。设开关 S 闭合前电感元件和电容元件均未储能。

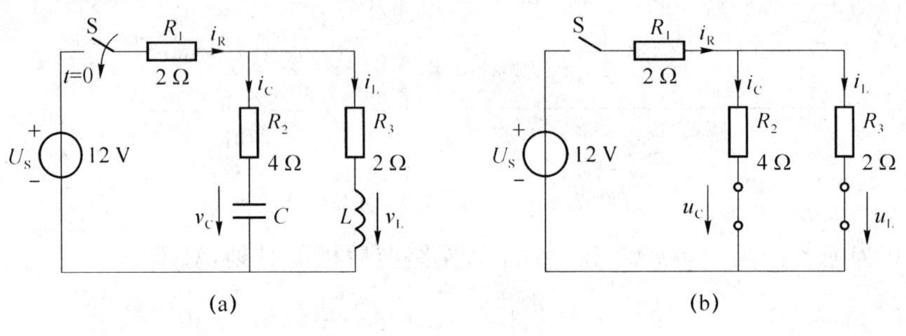

图 7.2 例 7-1 图

解:(1)求独立的初始值 $u_C(0_+)$和 $i_L(0_+)$。

开关闭合前电路处于稳态,电容相当于开路,电感相当于短路,由图 7.2(a)所示可知

$$u_C(0_+)=u_C(0_-)=0$$

$$i_L(0_+)=i_L(0_-)=0$$

(2) 由换路后($t=0_+$)的等效电路图 7.2(b)得非独立初始值为

$$i_R(0_+)=i_C(0_+)=\frac{U_S}{R_1+R_2}=\frac{12}{2+4}=2\ \text{A}$$

$$u_L(0_+)=i_C(0_+)R_2=2\times4=8\ \text{V}$$

例 7-2 电路如图 7.3(a)所示。开关闭合前,电路已处于稳定状态。当 $t=0$ 时开关闭合,求初始值 $i_1(0_+)$,$i_2(0_+)$和 $i_C(0_+)$。

解:(1) 开关闭合前电路已处于稳定状态,所以 $i_C(0_-)=0$,$u_C(0_-)=12$ V。

(2) 换路瞬间,等效电路如图 7.3(b)所示,根据换路定律,$u_C(0_+)=u_C(0_-)=12$ V,这样

$$i_1(0_+)=\frac{U_S-u_C(0_+)}{R_1}=0$$

$$i_2(0_+)=\frac{u_C(0_+)}{R_2}=1.5\ \text{A}$$

$$i_C(0_+)=i_1(0_+)-i_2(0_+)=-1.5\ \text{A}$$

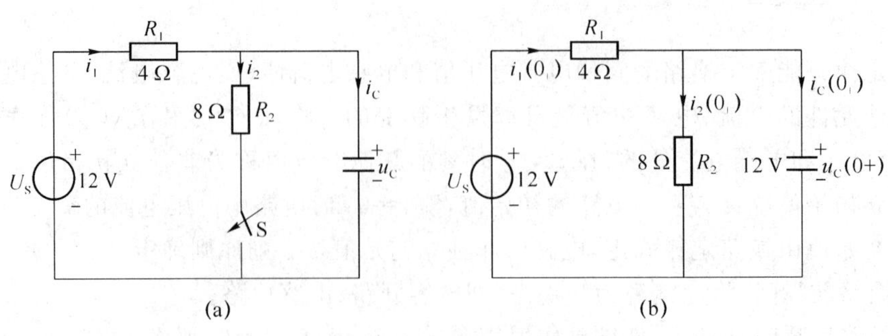

图 7.3 例 7-2 图

7.2 一阶 RC 电路的响应

电阻电路特性一般由代数方程描述。如果电路中含有电容或电感元件，那么这样的电路称为动态电路，动态电路需要用微分方程加以描述。如果动态电路中只含有一个电容或电阻，其对应的电路规律就是一阶微分方程，其解可在时域、频域、复频域或 Z 域中得到。本节仅在时域中讨论由电容和电阻组成的 RC 一阶电路。

7.2.1 一阶 RC 电路零输入响应

动态电路的响应分为零输入响应和零状态响应两部分。零输入响应是电路在无输入激励的情况下仅由初始条件引起的响应。RC 电路的零输入响应是指输入信号为零，由电容元件的初始状态 $u_C(0_+)$ 所产生的电流和电压。

如图 7.4 所示的 RC 动态电路，开关处于位置 1 时，电路已处于稳定状态，$u_C(0_-)=U_S$。当开关由 1 的位置扳到 3 的位置，即换路瞬间，根据换路定律，$u_C(0_+)=u_C(0_-)=U_S$，此时，电容通过电阻 R 放电，电容器储存的电能被逐渐释放出来，电容电压和电流逐渐减小，直到零为止。电容器放电过程分析如下。

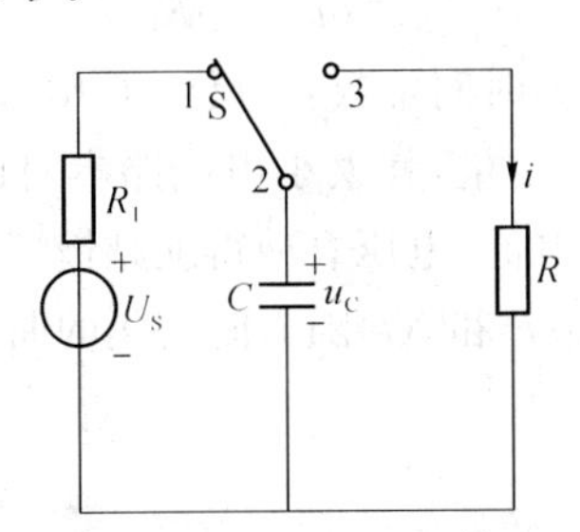

图 7.4 RC 零输入响应电路

根据图 7.4 所示电路，并由 KVL 定律得

$$Ri(t)-u_C(t)=0 \tag{7-6}$$

将 $i(t)=-C\dfrac{du_C(t)}{dt}$ 代入式(7-6)得

$$RC\frac{du_C(t)}{dt}+u_C(t)=0 \tag{7-7}$$

式(7-7)对应的算子方程为

$$RCp+1=0 \tag{7-8}$$

上式中 p 称为微分算子，算子方程(7-8)的特征值为

$$p=-\frac{1}{RC} \tag{7-9}$$

式(7-7)的通解可写成

$$u_{\mathrm{C}}(t)=A\mathrm{e}^{-\frac{1}{RC}t} \tag{7-10}$$

式(7-10)中 A 为积分常数，由初始条件决定。将 $u_{\mathrm{C}}(0_{+})=U_{\mathrm{S}}$ 代入式(7-10)得

$$A=U_{\mathrm{S}}$$

所以式(7-7)满足初始条件的通解为

$$u_{\mathrm{C}}(t)=U_{\mathrm{S}}\mathrm{e}^{-\frac{1}{RC}t}\varepsilon(t) \tag{7-11}$$

式(7-11)中的 $\varepsilon(t)$ 为单位阶跃信号，其解析式为

$$\varepsilon(t)=\begin{cases}1 & t>0\\ 0 & t<0\end{cases} \tag{7-12}$$

式(7-12)对应的波形如图 7.5 所示。

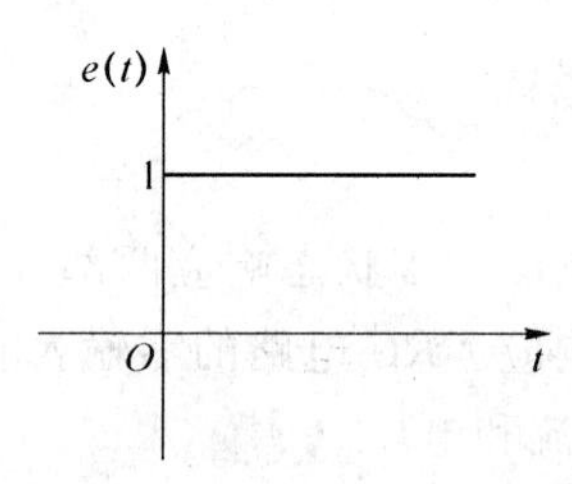

图 7.5　单位阶跃信号

电路中电流变化规律为

$$i(t)=-C\frac{\mathrm{d}u_{\mathrm{C}}(t)}{\mathrm{d}t}=\frac{U_{\mathrm{S}}}{R}\mathrm{e}^{-\frac{1}{RC}t}\varepsilon(t) \tag{7-13}$$

令 $\tau=RC$，τ 具有时间量纲，称为时间常数，其反映了 RC 电路中过渡过程进行的快慢程度，是描述过渡过程特性的一个重要物理量，其大小由电路本身的结构所决定，与外界激励无关。τ 越大，过渡过程持续时间就越长，电流、电压衰减得就越慢；反之，τ 越小，过渡过程持续时间就越短，电流、电压衰减得就越快。$u_{\mathrm{C}}(t)$ 和 $i(t)$ 随时间变化的曲线如图 7.6(a)、7.6(b)所示。

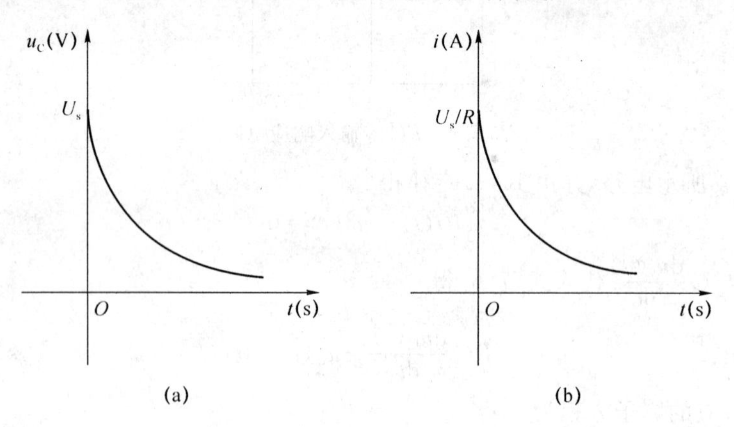

图 7.6　电压、电流变化曲线

表 7.1 给出了指数 $\mathrm{e}^{-\frac{t}{\tau}}$ 随时间 t 变化的数值关系。此表中的数值说明：在开始一段时间，数值下降得较快，$t=\tau$ 时的值约为 $t=0$ 时值的 0.368 倍，以后数值衰减得较慢，$t=3\tau$ 时的值约为 $t=0$ 时值的 0.050 倍，$t=5\tau$ 时的值约为 $t=0$ 时值的 0.007 倍。在工程中，一般认

为经过(3～5)τ 时间以后，衰减过程基本结束，电路已达到新的稳态。

表 7.1　$e^{-\frac{t}{\tau}}$ 随时间 t 变化的规律

T	0	τ	2τ	3τ	4τ	5τ
$e^{-\frac{t}{\tau}}$	1	0.368	0.135	0.050	0.018	0.007

例 7-3　已知图 7.4 中的 $C=10\ \mu F$，$R=5\ k\Omega$，电容的初始电能为 2×10^{-3} J，求：(1)电路的零输入响应 $u_C(t)$和 $i_C(t)$；(2)电容电压衰减到 8 V 时所需时间；(3)要使电压在 4 s 时衰减到 2 V 时，电阻 R 应为多大？

解：(1) 因为 $w_C(0_+)=\frac{1}{2}Cu_C^2(0_+)$，所以

$$u_C(0_+)=\sqrt{\frac{2w_C(0_+)}{C}}=\sqrt{\frac{2\times2\times10^{-3}}{10\times10^{-6}}}=20\ V$$

$$\tau=RC=5\times10^3\times10\times10^{-6}=5\times10^{-2}\ s$$

$$i_C(0_+)=\frac{u_C(0_+)}{R}=\frac{20}{5\times10^3}=4\times10^{-3}\ A$$

将 $u_C(0_+)$、$i_C(0_+)$和 τ 代入式(7-11)、式(7-13)式中得

$$u_C(t)=20e^{-20t}\ V$$

$$i_C(t)=4\times10^{-3}e^{-20t}\ A$$

(2) $u_C(t)=8$ V 时，$20e^{-20t}=8$，解此式得

$$t=0.046\ s$$

(3) 由 $u_C(t)=20e^{-\frac{1}{RC}t}$ 得：$R=-\frac{t}{C\ln\frac{u_C(t)}{20}}$

将 $u_C(t)=2$ V，$C=10\ \mu F$，$t=4$ s 代入上式计算得

$$R=173.9\ k\Omega$$

7.2.2　一阶 *RC* 电路零状态响应

如图 7.7(a)所示，在开关 S 未闭合时，*RC* 电路中电容电压 $u_C(0_-)=0$，在这种情况下，*RC* 动态电路初始状态为零时，由外加激励信号所引起的响应，称为电路的零状态响应。开关 S 闭合后，电源通过电阻对电容器进行充电，这样电容电压逐渐升高，充电电流逐渐减小，直到电容电压 u_C 等于电源电压 U_S，电路中电流为零时止，充电过程结束。下面就这一充电过程进行分析。

换路时，根据换路定律可得

$$u_C(0_+)=u_C(0_-)=0$$

$$i(0_+)=\frac{U_S}{R}$$

根据 KVL 定律，得

$$Ri(t)+u_C(t)=U_S \tag{7-14}$$

将 $i(t)=C\dfrac{du_C(t)}{dt}$ 代入式(7-14)得图 7.7(a)所示电路的一阶非齐次微分方程

$$RC\frac{du_C(t)}{dt}+u_C(t)=U_S \tag{7-15}$$

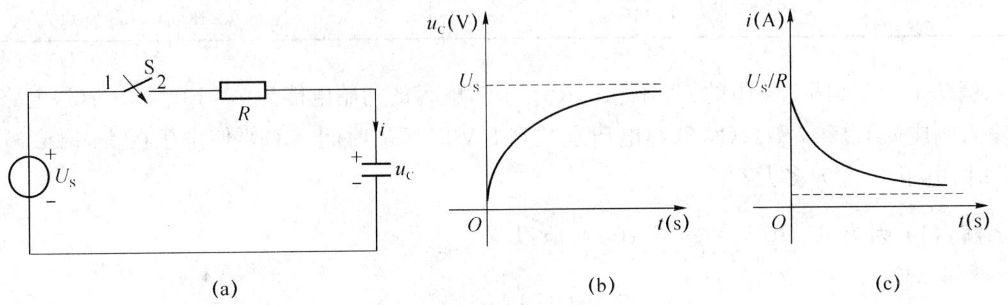

图 7.7　RC 电路的零状态响应

式(7-15)的解可分为齐次方程的通解 $u_{ch}(t)$ 和非齐次方程的特解 $u_{cp}(t)$ 两部分之和，即

$$u_C(t)=u_{ch}(t)+u_{cp}(t) \tag{7-16}$$

式(7-15)对应的齐次方程为

$$\frac{du_C(t)}{dt}+\frac{1}{RC}u_C(t)=0 \tag{7-17}$$

其特征方程所对应的特征根为

$$p=-\frac{1}{RC}=-\frac{1}{\tau} \tag{7-18}$$

故齐次方程的通解形式为

$$u_{ch}(t)=Ae^{-\frac{1}{RC}t}=Ae^{-\frac{1}{\tau}t} \tag{7-19}$$

当 $t\to+\infty$ 时，动态电路的暂态过程结束而进入新的稳定状态，使电容电压等于电源电压，这样式(7-15)的特解可表示为

$$u_{cp}(t)=u_C(+\infty)=U_S \tag{7-20}$$

由式(7-19)和式(7-20)得到式(7-15)的解为

$$u_C(t)=Ae^{-\frac{1}{RC}t}+U_S \tag{7-21}$$

将 $u_C(0_+)=0$ 代入式(7-21)解得积分常数为

$$A=-U_S \tag{7-22}$$

这样 RC 零状态电路的电压 $u_C(t)$ 响应式(7-21)变为

$$u_C(t)=U_S(1-e^{-\frac{1}{RC}t})\varepsilon(t) \tag{7-23}$$

电路的电流 $i(t)$ 响应为

$$i(t)=\frac{U_S}{R}e^{-\frac{1}{RC}t}\varepsilon(t) \tag{7-24}$$

根据式(7-23)和式(7-24)画出的 $u_C(t)$ 和 $i(t)$ 波形如图 7.7(b)和图 7.7(c)。

例 7-4　在图 7.7(a)中，已知 $U_S=12$ V，$R=5$ kΩ，$C=1\,000$ μF。开关 S 闭合前，电路处于零状态，$t=0$ 时开关闭合，求闭合后的 u_C 和 i_C。

解：(1) $\tau=RC=5\times10^3\times1\,000\times10^{-6}=5$ s，$U_S=12$ V

因为 $u_C(t)=U_S(1-e^{-\frac{1}{RC}t})\varepsilon(t)$，所以 $u_C(t)=12(1-e^{-\frac{1}{5}t})\varepsilon(t)$ V

(2) $\dfrac{U_S}{R}=\dfrac{12}{5}=0.0024$ A，且 $i(t)=\dfrac{U_S}{R}e^{-\frac{1}{RC}t}\varepsilon(t)$，所以 $i(t)=0.0024e^{-\frac{1}{5}t}\varepsilon(t)$ A

为简洁，以下将 $\varepsilon(t)$ 省略。

7.2.3 一阶 *RC* 电路全响应

当 *RC* 电路中的储能元件电容在换路前就已具有初始能量，换路后又受到外加激励电源的作用，两者共同作用产生的响应，称为 *RC* 一阶电路的全响应。

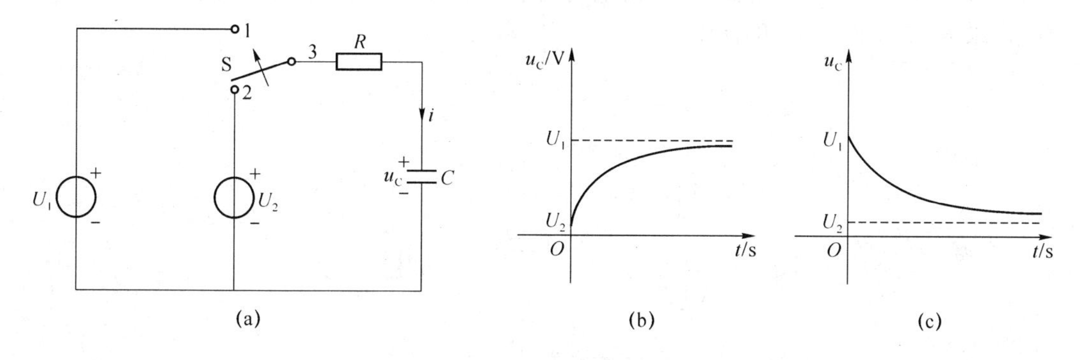

图 7.8　*RC* 电路全响应

如图 7.8(a)所示，换路前开关长时间处于“2”的位置，表明电路已处于稳定状态，电容存储的电能为 $CU_2^2/2$，换路瞬间 $u_C(0_+)=u_C(0_-)=U_2$。当开关 S 由“2”位置拨向“1”位置时，电容除有初始储能外，整个电路还受外加电源 U_1 的作用，因此电路中的各量为非零状态下的有输入响应。

开关动作后，电路方程为

$$RC\frac{du_C(t)}{dt}+u_C(t)=U_1 \tag{7-25}$$

方程(7-25)对应的齐次方程通解为

$$u_{ch}(t)=Ae^{-\frac{1}{\tau}t} \tag{7-26}$$

方程(7-25)的特解为电路达到稳态时的 $u_C(t)$，即

$$u_{cp}(t)=U_1 \tag{7-27}$$

这样微分方程的全解为

$$u_C(t)=Ae^{-\frac{1}{RC}t}+U_1 \tag{7-28}$$

将初始条件 $u_C(0_+)=U_2$ 代入式(7-28)得电路中电容电压的全响应

$$u_C(t)=(U_2-U_1)e^{-\frac{1}{RC}t}+U_1 \tag{7-29}$$

或

$$u_C(t)=U_2e^{-\frac{1}{RC}t}+U_1(1-e^{-\frac{1}{RC}t}) \tag{7-30}$$

由式(7-29)可知：*RC* 一阶电路在非零状态条件下与电源 U_1 接通后，电路电容电压全响应由暂态响应 $(U_2-U_1)e^{-\frac{1}{RC}t}$ 和稳态响应 U_1 两部分叠加而成。

由式(7-30)可知：*RC* 电路的全响应又可看作零输入响应 $U_2e^{-\frac{1}{RC}t}$ 和零状态响应 U_1

$(1-e^{-\frac{1}{RC}t})$的叠加。

图7.8(a)所示电路中电容电压的响应可分如下3种情况：

(1) 当$U_1=U_2$时，由式(7-30)可知，$u_C(t)=U_1$，表明电路一经换路便进入稳定状态，无过渡过程。

(2) 当$U_1>U_2$时，电路在换路后将继续对电容器C进行充电，直到电容上的电压等于U_1时为止，如图7.8(b)所示。

(3) 当$U_1<U_2$时，电路在换路后电容器处于放电状态，由初始值的U_2衰减到稳态的U_1值，如图7.8(c)所示。

例7-5 如图7.9所示电路，$t<0$时电路处于稳定状态，且储有25 J的电能。$t=0$时开关闭合，求$t>0$时的$u_C(t)$和$i(t)$。

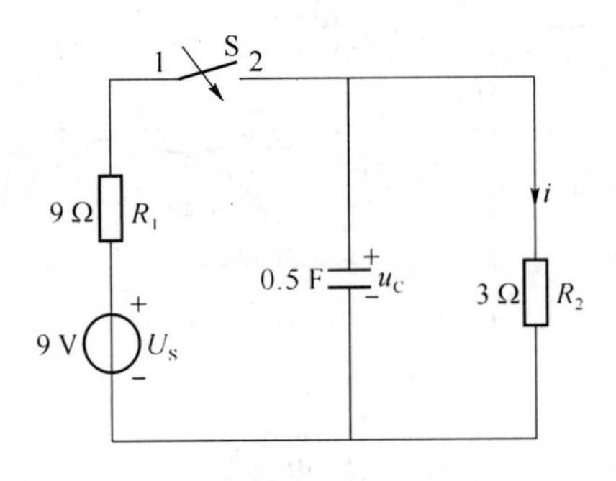

图7.9 例7-5图

解：(1) 由$w=\frac{1}{2}Cu_C^2(t)$知：$u_C(0_+)=u_C(0_-)=\sqrt{\frac{2w}{C}}=\sqrt{\frac{2\times 25}{0.5}}=10\ \text{V}$

开关闭合后，电路达到新的稳态时，$u_C(+\infty)=\frac{R_2}{R_1+R_2}U_S=\frac{3}{3+9}\times 9=2.25\ \text{V}$

电路放电时间常数$\tau=RC=(R_1 /\!/ R_2)C=1.125\ \text{s}$。注：时间常数中电阻为换路后从动态元件两端往里看的戴维南或诺顿等效电阻。

将$u_C(0_+)$、$u_C(+\infty)$替代式(7-29)中的U_2和U_1并把τ代入其中得

$$u_C(t)=(10-2.25)e^{-\frac{1}{1.125}t}+2.25=(2.25+7.75e^{-\frac{1}{1.125}t})\text{V}$$

(2) $i(t)=\frac{u_C(t)}{R_2}=(0.75+2.58e^{-\frac{1}{1.125}t})\ \text{A}$

7.2.4 一阶电路的三要素法

由式(7-29)知：一阶RC电路的全响应等于电路的暂态响应和稳态响应之和。暂态响应是指随着时间的增长而趋于零的响应分量，分量为零时，暂态过程即结束。稳态响应是指不随时间而改变的响应分量，其值等于过渡过程结束后的稳态值。

用$f(t)$代替式(7-29)中的$u_C(t)$，并分别在$t\to 0_+$和$t\to +\infty$时求极限得

$$U_1=f(+\infty) \tag{7-31}$$

$$U_2=f(0_+) \tag{7-32}$$

将式(7-31)和式(7-32)代入式(7-29)得

$$f(t)=f(+\infty)+[f(0_+)-f(+\infty)]e^{-\frac{1}{\tau}t} \tag{7-33}$$

式(7-33)中的 $f(0_+)$ 为所求响应的初始值、$f(+\infty)$ 为所求响应在新稳态时的值、τ 为一阶电路的时间常数(在 RC 电路中为 $R_{eq}C$,在 RL 电路中为 L/R_{eq},R_{eq} 为等效电阻),把这3个量称为三要素,因此式(7-33)就称为三要素公式。将三要素 $f(0_+)$、$f(+\infty)$ 和 τ 代入三要素式(7-33)求一阶电路中的电流和电压的全响应的方法,称为三要素法。利用三要素公式对一阶电路进行计算,既不需要列电路微分方程,也不需要解微分方程,只需求出三个要素就能写出电路的全响应。三要素法只适用于阶跃电压作用下的一阶线性电路。

例 7-6　如图7.10所示,已知 $R_1=R_2=R_3=2\ \text{k}\Omega$,$C=3\times10^3\ \text{pF}$,$U_S=12\ \text{V}$,开关S未断开时 $u_C(0_-)=0$,在 $t=0$ 时将开关S断开,用三要素法求电压 u_C 的变化规律。

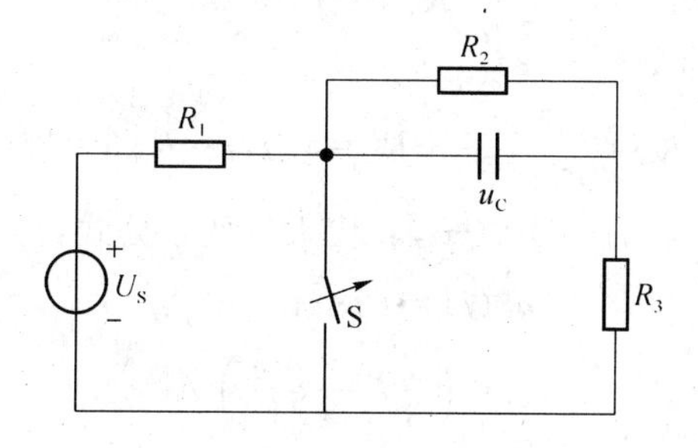

图7.10　例7-6图

解:(1) 确定初始值。换路瞬间,电容响应电压初始值为

$$u_C(0_+)=u_C(0_-)=0$$

(2) 计算稳态值。电路达到新的稳定状态时,电容相当于断路,这样

$$u_C(+\infty)=\frac{R_2}{R_1+R_2+R_3}U_S=\frac{2}{2+2+2}\times12=4\ \text{V}$$

(3) 电路的时间常数

$$R_{eq}=(R_1+R_3)/\!/R_2=\frac{4}{3}\ \text{k}\Omega,\tau=R_{eq}C=4\ \mu\text{s}$$

(4) 将 $u_C(0_+)$、$u_C(+\infty)$ 和 τ 代入三要素式(7-33)得

$$u_C(t)=4(1-e^{-\frac{1}{4\times10^{-6}}t})\ \text{V}$$

例 7-7　电路如图7.11(a)所示,已知 $I_S=3\ \text{A}$,$R_1=R_4=3\ \Omega$,$R_2=2\ \Omega$,$R_3=6\ \Omega$,$U_S=3\ \text{V}$,$C=0.5\ \text{F}$,$t<0$ 时,S_1 处于闭合状态、S_2 处于断开状态,整个电路处于稳定状态。$t=0$ 时,S_1 断开、S_2 闭合,求电容电压 u_C 和电流 i。

解:(1)确定初始值。换路前,$u_C(0_-)=\dfrac{R_1R_3}{R_1+R_3}I_S=\dfrac{3\times6}{3+6}\times3=6\ \text{V}$,换路后瞬间,根据换路定则,有

$$u_C(0_+)=u_C(0_-)=6\ \text{V}$$

换路后瞬间电路如图7.11(b)所示。U_S 单独作用时 R_4 支路电流为

$$i_1(0_+)=U_S/\left(\frac{R_2R_3}{R_2+R_3}+R_4\right)=3/\left(\frac{2\times6}{2+6}+3\right)=\frac{2}{3}\ \text{A}$$

$u_C(0_+)$单独作用时 R_4 支路电路为

$$i_2(0_+)=\frac{u_C(0_+)}{\frac{R_3R_4}{R_3+R_4}+R_2}\frac{R_3}{R_3+R_4}=\frac{6}{\frac{6\times3}{6+3}+2}\frac{6}{6+3}=1\ \text{A}$$

由叠加原理得

$$i(0_+)=i_1(0_+)-i_2(0_+)=-\frac{1}{3}\ \text{A}$$

(2) 计算稳态值。电路达到稳态时,电路如图 7.11(c)所示。由图可知

$$u_C(+\infty)=\frac{R_3}{R_3+R_4}U_S=\frac{6}{6+3}\times3=2\ \text{V}$$

$$i(+\infty)=\frac{U_S}{R_3+R_4}=\frac{3}{6+3}=\frac{1}{3}\ \text{A}$$

(3) 计算电路的时间常数

$$R_{eq}=\frac{R_3R_4}{R_3+R_4}+R_2=4\ \Omega,\tau=R_{eq}C=2\ \text{s}$$

(4) $u_C(0_+)$、$u_C(+\infty)$和 $i(0_+)$、$i(+\infty)$代入三要素公式,得

$$u_C(t)=(2+4e^{-\frac{t}{2}})\ \text{V}$$

$$i=\left(\frac{1}{3}-\frac{2}{3}e^{-\frac{t}{2}}\right)\ \text{A}$$

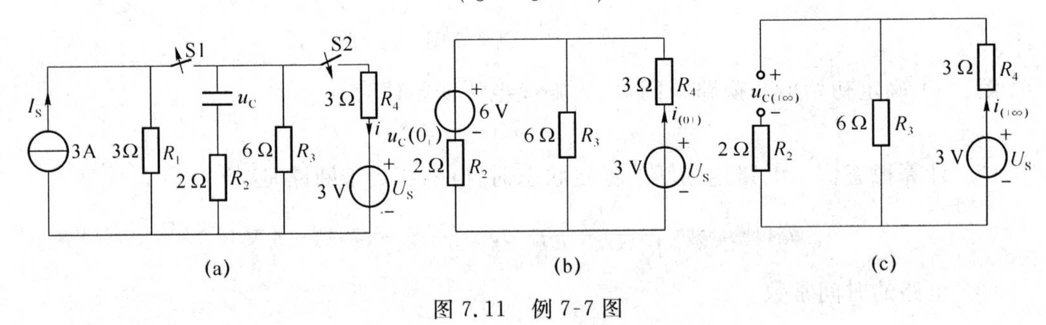

图 7.11　例 7-7 图

7.3　一阶 *RL* 电路的响应

上节对 *RC* 电路的零输入响应、零状态响应和全响应进行了讨论。*RL* 电路和 *RC* 电路一样,在电路中含有储能的动态元件 *L*,电路在换路后,需要经历一个暂态过程才能最终进入新的稳定状态。根据换路定律,*RL* 电路中与能量有关的线圈电流不能发生突变,含有一个电感的一阶线性电路遵从的规律同样是一阶微分方程。下面利用与 *RC* 电路同样的分析方法对 *RL* 电路零输入响应、零状态响应及全响应进行分析。

7.3.1　一阶 *RL* 电路的零输入响应

在无电源激励,即输入信号为零时,由电感元件的初始状态 $i_L(0_+)$所引起的响应,称为

RL 的零输入响应。

如图 7.12 所示，开关 S_1 闭合，S_2 断开时，电路已处于稳定状态，$i_L(0_+)=i_L(0_-)=\frac{U_S}{R_1+R_2}$，电路换路时，$S_1$ 断开，S_2 闭合，由 KVL 得

$$u_{R2}+u_L=0 \tag{7-34}$$

根据电磁感应定律并经整理，式(7-34)变为

$$\frac{di_L}{dt}+\frac{R_2}{L}i_L=0 \tag{7-35}$$

解上式得 i_L 的零输入响应为

$$i_L=Ae^{-\frac{1}{L/R_2}t} \tag{7-36}$$

将初始条件代入式(7-36)得

$$i_L=\frac{U_S}{R_1+R_2}e^{-\frac{1}{L/R_2}t} \tag{7-37}$$

令上式中的$\frac{U_S}{R_1+R_2}=I_0$、$\frac{L}{R_2}=\tau$，τ 称为 RL 电路的时间常数，具有时间量纲，单位为秒(s)，则式(7-37)变为

$$i_L=I_0e^{-\frac{1}{\tau}t} \tag{7-38}$$

电感电压为

$$u_L=L\frac{di_L}{dt}=-I_0R_2e^{-\frac{t}{\tau}} \tag{7-39}$$

将式(7-39)代入式(7-34)得电阻 R_2 上的电压为

$$u_{R_2}=-u_L=I_0R_2e^{-\frac{t}{\tau}} \tag{7-40}$$

由式(7-38)、式(7-39)和式(7-40)可画出如图 7.13 所示的波形图。

由图 7.13 可知，在 RL 零输入响应电路中，电感初始时存储的磁能消耗在电阻中，理论上需要经过无穷长时间，电感中储存的磁能才能消耗完毕，暂态过程才算结束。工程应用过程中常取$(3\sim5)\tau$ 时，认为电路已达新的稳定状态。电路的时间常数决定了暂态过程进行的快慢，改变电路常数 R 和 L 可以控制 RL 电路暂态过程的进程。

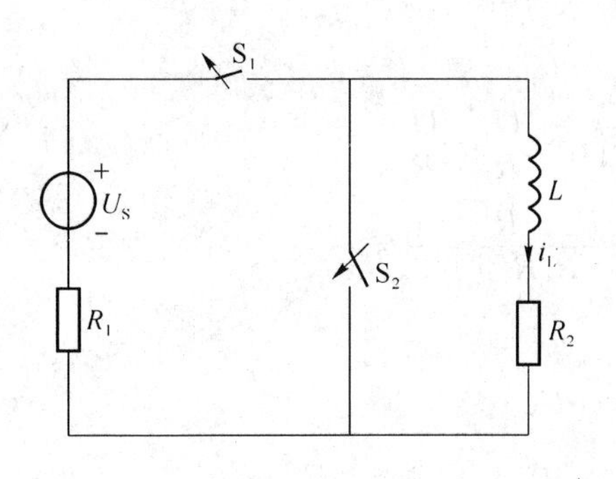

图 7.12　RL 零输入响应

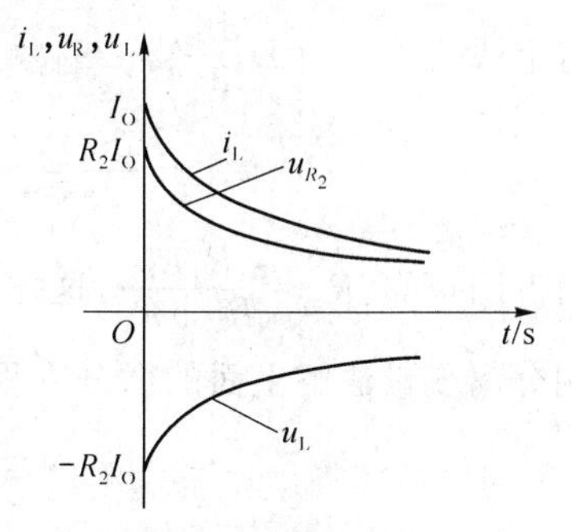

图 7.13　RL 零输入响应波形图

例 7-8　如图 7.14 所示电路中，RL 串联由直流电源供电。S 开关在 $t=0$ 时断开，设 S 断开前，电路已处于稳定状态。已知 $U_S=200$ V，$R_0=10\ \Omega$，$L=0.5$ H，$R=40\ \Omega$，求换路后 i_L、u_L、u_R 的响应。

解:(1) S断开前,$I_0=i(0_-)=\dfrac{U_S}{R}=\dfrac{200}{40}=5\ \text{A}$

S断开后,$i_L=I_0\text{e}^{-\frac{1}{\tau}t}$,其中 $\tau=\dfrac{L}{R_0+R}=0.01\ \text{s}$

所以,$i_L=5\text{e}^{-\frac{1}{0.01}t}=5\text{e}^{-100t}\ \text{A}$

(2) $u_L=L\dfrac{\text{d}i_L}{\text{d}t}=0.5\times5\times(-100)\text{e}^{\ 100t}=-250\ \text{e}^{\ 100t}\ \text{V}$

(3) $u_R=i_LR=5\ \text{e}^{\ 100t}\times40=200\text{e}^{\ 100t}\ \text{V}$

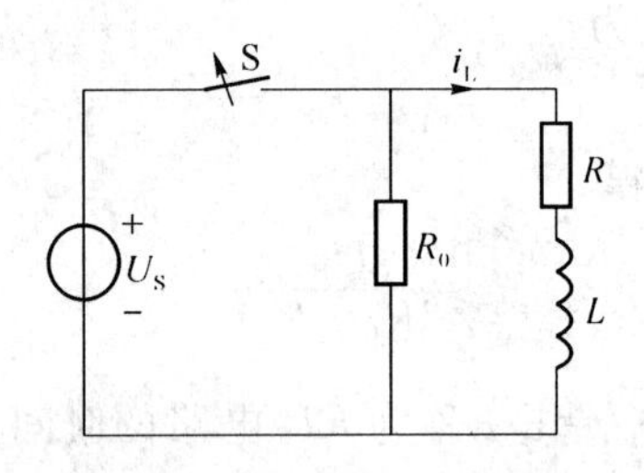

图 7.14 例 7-8

例 7-9 如图 7.15 所示,换路前开关 S 断开且电路处于稳定状态,计算换路后的电流 i_L。

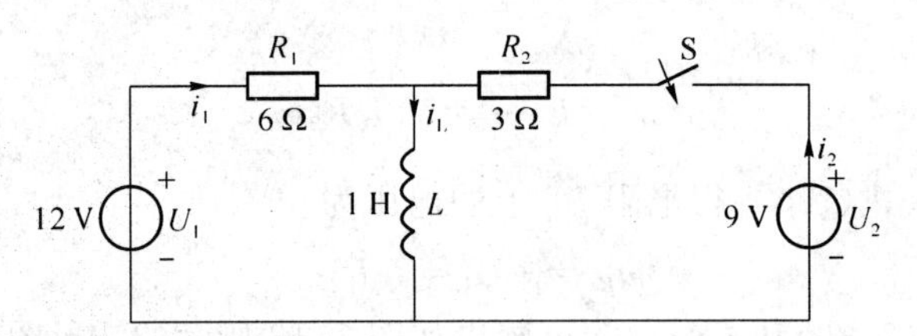

图 7.15 例 7-9

解:在 $t>0$ 时,S闭合

$$i_L=i_1+i_2=\frac{U_1-u_L}{R_1}+\frac{U_2-u_L}{R_2}=\frac{U_1}{R_1}+\frac{U_2}{R_2}-\frac{R_1+R_2}{R_1R_2}u_L$$

将上式代入 $u_L=\text{L}\dfrac{\text{d}i_L}{\text{d}t}$得

$$\frac{\text{d}i_L}{\text{d}t}=-\frac{1}{L}\frac{R_1R_2}{R_1+R_2}\left(i_L-\frac{U_1}{R_1}-\frac{U_2}{R_2}\right)$$

由例图可知:$R_{\text{eq}}=\dfrac{R_1R_2}{R_1+R_2}$,这样 $\tau=\dfrac{L}{R_{\text{eq}}}=L\dfrac{R_1+R_2}{R_1R_2}=\dfrac{1}{2}\ \text{s}$

用分离变量法解上面的微分方程得

$$i_L=\frac{U_1}{R_1}+\frac{U_2}{R_2}+C\text{e}^{-t/\tau}$$

根据换路定律可知,$i_L(0_+)-i_L(0_-)=U_1/R_1$,代入上式得

$$C=-U_2/R_2$$

这样

$$i_L=\frac{U_1}{R_1}+\frac{U_2}{R_2}(1-\text{e}^{-t/\tau})$$

将题中数据代入上式得

$$i_{\mathrm{L}}=2+3\times(1-\mathrm{e}^{-2t})=(5-3\mathrm{e}^{-2t})\ \mathrm{A}$$

7.3.2 一阶 *RL* 电路的零状态响应

如图 7.16 所示电路，开关 S 闭合前电路中的电流为零，即电路处于零状态。开关闭合后，电感元件中的电流从零逐渐增加到新的稳态值，电感中存储的磁能从无到有，也就是电感元件的充磁过程。

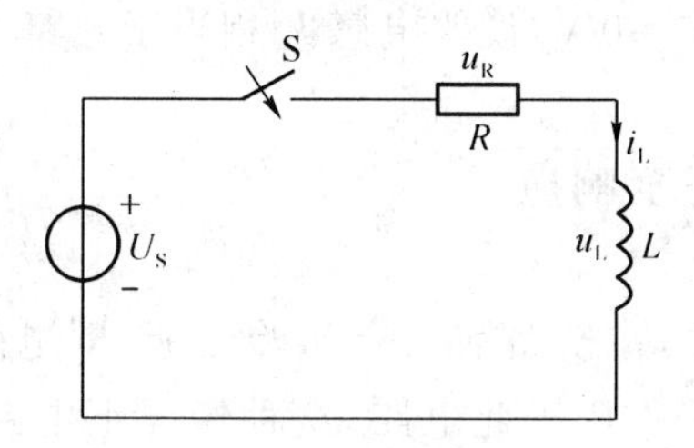

图 7.16　*RL* 零状态响应

i_{L} 和 u_{L} 取关联性参考方向，换路瞬间，根据 KVL 定律和电磁感应定律可得

$$\frac{\mathrm{d}i_{\mathrm{L}}}{\mathrm{d}t}+\frac{R}{L}i_{\mathrm{L}}=\frac{U_{\mathrm{S}}}{L} \tag{7-41}$$

由换路定律得：$i_{\mathrm{L}}(0_{+})=i_{\mathrm{L}}(0_{-})=0$，当电路进入新的稳定状态时

$$i_{\mathrm{L}}(+\infty)=\frac{U_{\mathrm{S}}}{R} \tag{7-42}$$

将 $i_{\mathrm{L}}(0_{+})$、$i_{\mathrm{L}}(+\infty)$代入三要素公式中得 *RL* 零状态响应

$$i_{\mathrm{L}}(t)=\frac{U_{\mathrm{S}}}{R}(1-\mathrm{e}^{-\frac{t}{\tau}}) \tag{7-43}$$

$$u_{\mathrm{L}}(t)=L\frac{\mathrm{d}i_{\mathrm{L}}}{\mathrm{d}t}=U_{\mathrm{S}}\mathrm{e}^{-\frac{t}{\tau}} \tag{7-44}$$

$$u_{\mathrm{R}}(t)=i_{\mathrm{L}}R=U_{\mathrm{S}}(1-\mathrm{e}^{-\frac{t}{\tau}}) \tag{7-45}$$

其中时间常数 $\tau=\dfrac{L}{R}$。

根据式(7-43)、式(7-44)和式(7-45)可画出图 7.17 所示的 i_{L}、u_{L} 和 u_{R} 随时间变化的曲线。由波形图可知：一阶 *RL* 电路的零状态响应，是由零值按指数规律向新的稳态值变化的过程，变化的快慢由电路的时间常数 τ 来决定。

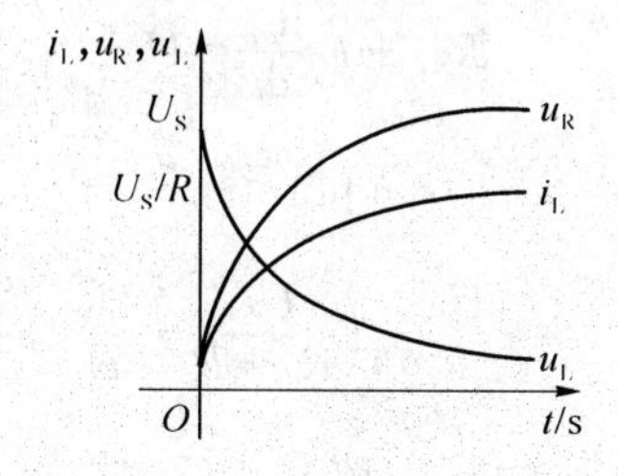

图 7.17　*RL* 零状态响应波形图

例 7-10 如图 7.16 所示电路，已知 $U_S=10$ V，$R=10$，$L=5$ H，当开关 S 闭合后，计算：(1)电路到达新的稳定状态时的电流；(2)$t=0$ s 和 $t=+\infty$时电感上的电压。

解：(1) 电路到达新的稳定状态时，电流也到达稳定，这样有

$$I=\frac{U_S}{R}=\frac{10}{10}=1\ \text{A}$$

(2) 电路时间常数 $\tau=\frac{L}{R}=0.5$ H

$t=0$ s 时，电感上的电压 $u_L(t)=U_S e^{-\frac{t}{\tau}}=10e^{-2t}=10$ V

$t=+\infty$时，$u_L(t)=U_S e^{-\frac{t}{\tau}}=0$ V，说明电感 L 相当于开路。

7.3.3 一阶 RL 电路的完全响应

当 RL 电路中的储能元件，在换路前已有初始磁能，即电感中的电流初始值不为零，同时换路瞬间又有外加激励信号作用于此电路，这种情况下电路中的响应称为 RL 一阶电路完全响应。

如图 7.18 所示电路，设开关 S 闭合前电路已处于稳定状态。开关 S 闭合时，根据换路定律得

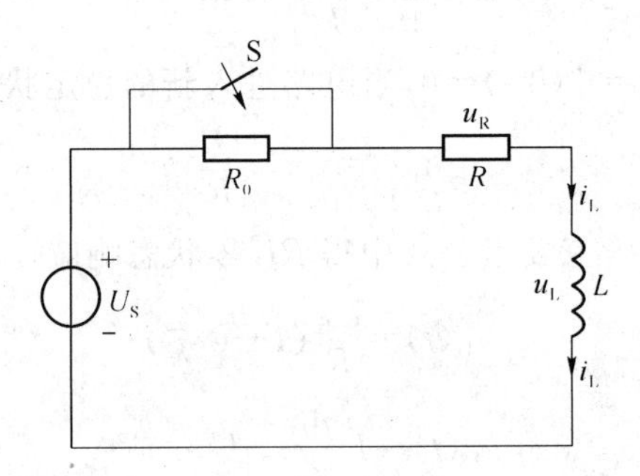

图 7.18 RL 全响应

$$i_L(0_+)=i_L(0_-)=\frac{U_S}{R_0+R}$$

由 KVL 定律得

$$u_L+u_R=U_S$$

i_L 和 u_L 取关联性参考方向时，上式即为

$$Ri_L+L\frac{di_L}{dt}=U_S \tag{7-46}$$

当 $t=+\infty$时，$i_L(+\infty)=\frac{U_S}{R}$，将 $i(0_+)$ 和 $i_L(+\infty)$代入三要素式(7-33)得

$$i_L(t)=\frac{U_S}{R}+\left(\frac{U_S}{R_0+R}-\frac{U_S}{R}\right)e^{-\frac{t}{\tau}} \tag{7-47}$$

其中，换路后电路的时间常数 $\tau=\frac{L}{R}$。改写式(7-47)可得

$$i_L(t)=\frac{U_S}{R_0+R}e^{-\frac{t}{\tau}}+\frac{U_S}{R}(1-e^{-\frac{t}{\tau}})\tag{7-48}$$

这样 RL 电路的全响应由可看成零输入响应和零状态响应的叠加。

例 7-11　图 7.18 所示的电路中，已知 $U_S=100\ \text{V}$，$R_0=R=50\ \Omega$，$L=5\ \text{H}$，设开关 S 闭合前电路已处于稳态状态。$t=0$ 时，开关 S 闭合，求闭合后电路中的电流 i_L 和 u_L。

解：(1) 由 $i_L(0_+)=i_L(0_-)=\frac{U_S}{R_0+R}$得

$$i_L(0_+)=\frac{U_S}{R_0+R}=\frac{100}{50+50}=1\ \text{A}$$

由 $i_L(+\infty)=\frac{U_S}{R}$得

$$\frac{U_S}{R}=\frac{100}{50}=2\ \text{A}$$

$$\frac{1}{\tau}=\frac{R}{L}=\frac{50}{5}=10\ \text{s}^{-1}$$

将相关数据代入式(7-48)中得

$$i_L(t)=2+(1-2)e^{-10t}=(2-e^{-10t})\ \text{A}$$

(2) $u_L(t)=L\frac{di_L}{dt}=5\times10e^{-10t}=50e^{-10t}\ \text{V}$

7.4　RC 一阶电路在脉冲信号作用下的暂态过程

在实际电子线路中，经常用到的积分器或微分器电路，都可以通过 RC 电路的电容充放电来实现。与前面考察暂态过程不一样，本节从输入(激励)和输出(响应)关系上来分析 RC 电路规律，即 RC 一阶电路在周期性矩形脉冲信号作用下，不同的电路时间常数对积分响应或微分响应的影响。

7.4.1　RC 微分电路

把 RC 连成如图 7.19(a)所示的电路，输入信号为图 7.19(b)所示的占空比为 50%的矩形脉冲。所谓占空比是指 t_w/T 的比值，其中 t_w 是脉冲持续时间(脉冲宽度)，T 是周期。电路时间常数 $\tau=RC$ 比脉宽 T_w 小很多，输出电压 u_o 为电阻 R 上的电压。下面对微分电路的充放电过程进行分析。

1. 充电过程

在 $t=0$ 瞬间，因为 $u_C(0_+)=u_C(0_-)=0$，所以 $u_o(0_+)=u_i=U$，之后电源通过电阻 R 对电容进行充电，电容两端的电压升高，电路中电流减小，输出电压由初始值向新的稳态值零过渡。由于 $\tau\ll T_w$，充电过程进行得极快，在 $t<T_w$ 时，u_C 就已经到达稳定值，u_o 衰减到了

零，在输出电阻 R 上产生 1 个正尖脉冲，τ 越小则脉冲越窄越尖，电路输出波形如图 7.19(c)所示。当 $0<t<\frac{T}{2}$ 时，根据三要素法，输出电压 u_o 可表示为

$$u_o=Ue^{-\frac{t}{\tau}} \tag{7-49}$$

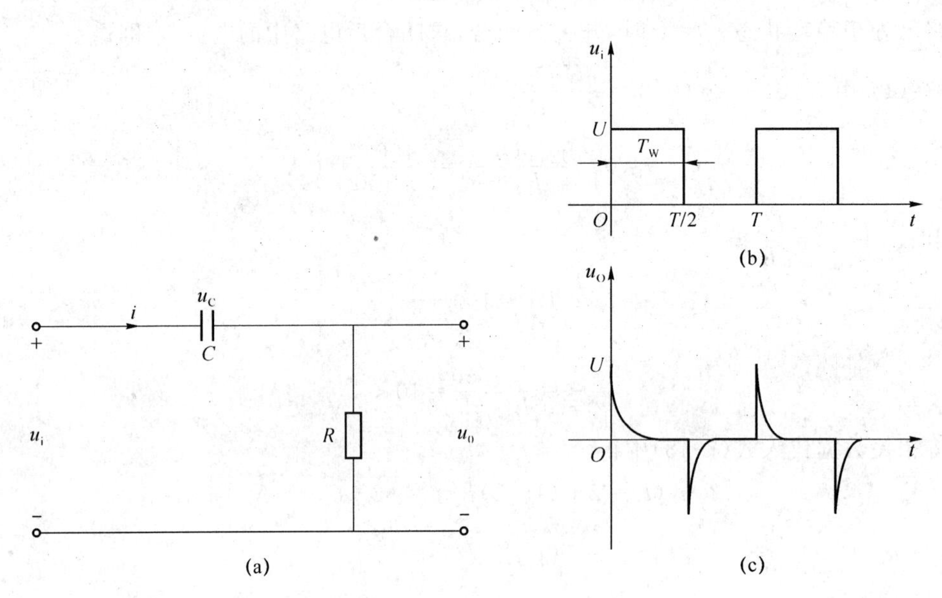

图 7.19　微分电路

2. 放电过程

在 $t=T/2$ 时，输入 u_i 等于零，RC 组成放电回路，此时 $u_o=u_C=-U$。之后因为电路时间常数 τ 很小，放电过程很快就结束了，在输出端 R 上形成 1 个负尖脉冲。电压输出波形如图 7.19(c)所示。当 $\frac{T}{2}<t<T$ 时，输出电压 u_o 可表示为

$$u_o(t)=-Ue^{-(t-T_w)/\tau} \tag{7-50}$$

在第 2 个正脉冲到来之前，电容器上的电荷已全部释放完毕，电路处于起始状态。以后的充放电将重复第 1 个周期的情形。

在电路充放电过程中，根据 KVL 定律

$$u_i-u_o-u_C=0 \tag{7-51}$$

因为 $\tau\ll T_w$，所以 $u_i\approx u_C$，这样

$$u_o=RC\frac{du_C}{dt}\approx RC\frac{du_i}{dt} \tag{7-52}$$

从上式可以看出：输出电压与输入电压的微分近似成正比例关系，决定此关系的电路被称为微分电路。

从电路的充放电过程可以看出：微分电路尖脉冲的产生是以电路时间常数充分小为前提条件的。如果充放电时间很长，则输出电压与输入电压基本相同，尖脉冲不可能产生，这样的电路称为阻容耦合电路，因此 RC 电路要组成微分电路就必须符合以下两个条件：

(1) 电路时间常数 τ 比脉宽 T_w 小得多，即 $t \ll T_w$；

(2) 从电阻 R 上输出电压。

7.4.2 RC 积分电路

如果把图 7.19(a)中的电阻、电容互换，而电路的时间常数 $\tau \gg T_w$，则此 RC 电路在脉冲序列作用下，电路的输出 u_o 将是和时间 t 基本上成直线关系的三角波电压，如图 7-20(c)所示。

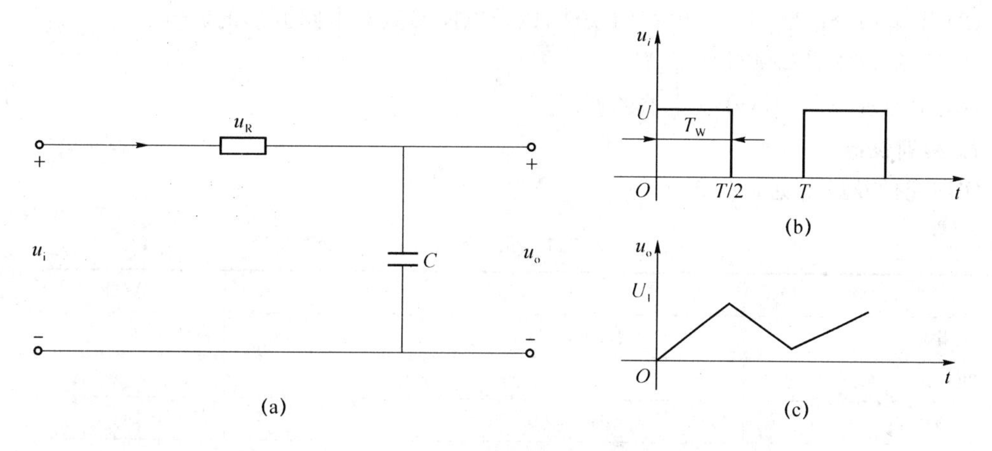

图 7.20　积分电路

由于 $\tau \gg T_w$，因此在整个脉冲持续时间内(脉宽 T_w 时间内)，电容两端电压 $u_C = u_o$ 缓慢增长。当 u_C 还远未增长到稳态值，而脉冲已消失($t = T_w = T/2$)。然后电容缓慢放电，输出电压 u_o(即电容电压 u_C)缓慢衰减。u_C 的增长和衰减虽仍按指数规律变化，由于 $\tau \gg T_w$，其变化曲线尚处于指数曲线的初始阶段，近似为直线段。所以输出 u_o 为三角波电压。

因为充放电过程非常缓慢，所以有

$$u_o = u_C \ll u_R$$

$$u_i = u_R + u_o \approx u_R = iR$$

$$i = \frac{u_R}{R} \approx \frac{u_i}{R}$$

$$u_o = u_C = \frac{1}{C}\int i\mathrm{d}t \approx \frac{1}{RC}\int u_i\mathrm{d}t \tag{7-53}$$

上式表明，输出电压 u_o 近似地与输入电压 u_i 对时间的积分成正比。因此称为 RC 积分电路。积分电路在电子技术中得到广泛应用。

应该注意的是，在输入周期性矩形脉冲信号作用下，RC 积分电路必须满足两个条件：

(1) $\tau \gg T_w$；

(2) 从电容两端取输出电压 u_o，才能把矩形波变换成三角波。

7.5 本章实训1 线性电路的暂态分析

1. 实训目的

(1) 观察 RC 一阶电路中电阻和电容两端电压随时间变化的规律及电容充、放电的暂态过程。

(2) 了解微分电路和积分电路的条件,以及电路参数对电路波形的影响。

(3) 了解电路时间常数的意义。

(4) 学习示波器和信号发生器的使用。

2. 实训仪器

实训元件及设备见表7.2。

表7.2 元件及设备

名称	规格与型号	数量
电阻	100 Ω,510 Ω,2 K,10 K,100 K	各1个
电位计	10 K	1个
电感	4.7 mH,15 mH	各1个
电容器	1 000 P,3 300 P,0.01 μF,1 μF,2 μF,10 μF	各1个
示波器	VP-5220D	1台
信号发生器	SG1692P	1台
数字万用表	MS8217	1块

3. 实训原理

当电路中含有储能元件时,因为储能元件能量的积累与释放都需要一个时间过程,在一般情况下,能量是不能突变的,因此当含有储能元件电路的参数或结构发生变化时,电路的工作状态要经过一暂态过程变化到新的工作状态。利用电路的暂态过程,适当地选择电路参数,可以获得输入电压和输出电压的特定关系。如图7.19(a)所示的电路中,输入电压采用周期方波信号,如果 RC 一阶电路的时间常数 τ 远小于输入电压信号的脉冲宽度 T_w,并且以电阻两端电压作为输出量,则输出量与输入量之间具有微分关系:

$$u_o \approx RC\frac{du_i}{dt}$$

微分电路可以用于将输入的矩形波变换为尖脉冲输出,以传送信号的变化量。

如果 RC 一阶电路的时间常数 τ 远大于输入电压信号的脉冲宽度 T_w,且以电容两端电压作为输出量,则输出量与输入量之间具有积分关系:

$$u_o \approx \frac{1}{RC}\int u_i dt$$

积分电路不能传送信号的变化量,但能反映信号作用时间和累积信号的输出量。

4. 实验内容与要求

本实训中，外加激励信号 u_i 为信号发生器提供的方波信号，要求电压幅值为1 V，脉冲宽度 T_w 为0.5 ms，频率为1 000 Hz。需完成以下实训内容：

（1）按要求调试信号发生器，输出实训用方波信号，从“功率输出”端输出，并用示波器观察波形，调好后在表7.3中记录下各参量。

表7.3　输入参数表

输入量	幅度/V	脉宽/ms	频率 f/Hz
u_i			

（2）设计 RC 串联电路实验方案，选择参数，电容 $C=0.01$ F，将上述调好的方波信号加在电路的输入端，用双踪示波器观察在不同时间常数下 u_i，u_R，u_C 的变化情况（一踪始终输入信号源的方波），通过改变电阻值来改变电路时间常数，并记录 R、C 参数及所观察到的各个电压波形。

（3）设计微分电路。通过改变电阻值或电容值来改变电路的时间常数，用双踪示波器观察和分析 u_i，$u_0(u_R)$，u_C 的波形，并记录 R、C 参数（表7.4）及所观察到的各个电压波形。

表7.4　微分电路参数表

R			
C			

（4）设计积分电路。通过改变电阻值或电容值来改变电路的时间常数，用双踪示波器观察和分析 u_i，$u_0(u_C)$，u_R 的波形，设计表格并记录R、C参数及所观察到的各个电压波形。

5. 注意事项

（1）严防信号发生器的输出端短路，以免损坏仪器。

（2）实验仪器较多，注意其“共地”点。

（3）在做微分与积分实验时，注意信号发生器的“地线”连接位置，若波形不正确，应改变信号源的连接方式。

7.6　本章实训2　*RC*一阶电路响应仿真测试

RC 一阶电路的时域分析，主要是分析电路中电压或电流随时间变化的规律。用Multisim8进行 RC 电路的暂态过程分析，可以分析和观察起始时刻到终止时刻时间段内电路的响应。下面以具体的电路为例来说明仿真的方法。

1. 仿真实训的目的

（1）熟悉Multisim8软件的使用，学会用Multisim8做一些电路基础实训项目。

（2）通过对 *RC* 一阶电路的仿真分析，加深对 *RC* 一阶电路响应的理解。

（3）学会相关虚拟仪表的正确使用。

2. 仿真实训设备

（1）硬件：计算机。

（2）软件：Multisim8。

3. 仿真实验电路

4. 仿真实训步骤

（1）以直流电压源为仿真源的仿真

① 建立如图 7.21 所示的仿真电路。

② 单击 Simulate/Analyses 中的 Transien Analysis，对 Analysis Parameter（分析参数）、Output（仿真节点和输出节点）进行选择。本仿真实训 Analysis Parameter（分析参数）的 Initial Conditions（初始条件）选择为 Set to zero（置零），Parameters（参数）选项中的 Start time、End time（开始时间和终止时间）分别设置为 0 Sec 和 0.001 Sec，最大仿真步长设置为 1e $^{-005}$ Sec。

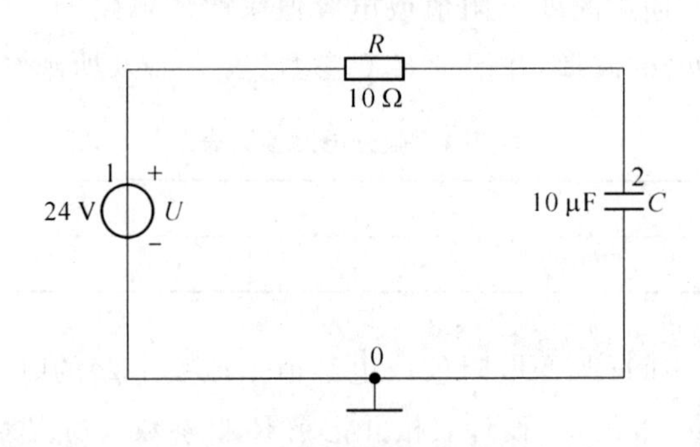

图 7.21 *RC* 仿真电路

Output（输出）的 Variables in circuit 选默认变量，将 Selected variables for 中默认的 1 号节点移去，加载 2 号节点进行仿真分析。

③ 选择 Transient Analysis 的 Simulate 按钮进行暂态仿真分析，得出如图 7.22 所示的零状态响应波形图。

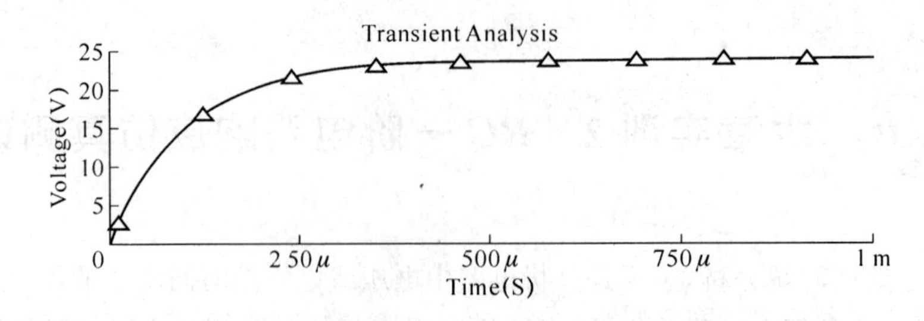

图 7.22 *RC* 零状态响应波形图

（2）以函数信号发生器为仿真源的仿真

① 用函数信号发生器替换图 7.21 所示电路中的直流电压源，将示波器接于仿真节点，

组建电路如图7.23所示。

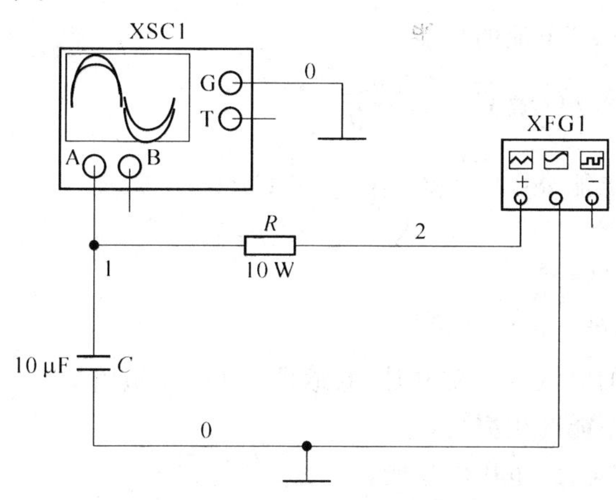

图7.23 方波电压源 *RC* 仿真电路

② 双击信号发生器，将波形选择为方波，信号选择中的频率置于1 000 Hz，占空比置于20%，幅值置于24 V，偏移量采用默认值0 V，上升或下降沿时间设置为10 μs。示波器的时基设为500 μs/Div，A通道的尺度设置为10 V/Div，示波器的屏幕填充色取反。

③ 单击Simulate/Run按钮进行仿真，2节点仿真结果如图7.24所示。

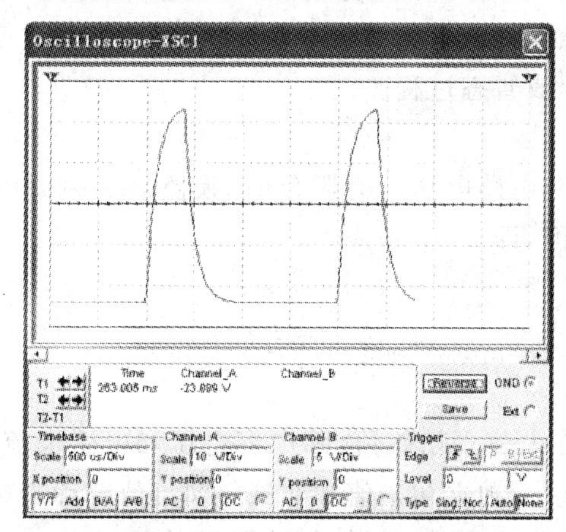

图7.24 2节点电压波形

5. 仿真实训思考

组建一个 *RL* 电路，并运用Multisim8软件对电路中的相关节点电压进行仿真分析。

本章小结

1. 动态元件

(1) 电容元件的特性

① 电容元件具有通交隔直的作用。

② 电容两端的电压不能突变。

③ 电容器具有“记忆”电流的功能。

④ 电容元件的功率 $p(t)=Cu_{\mathrm{C}}(t)\dfrac{\mathrm{d}u_{\mathrm{C}}(t)}{\mathrm{d}t}$。

⑤ 电容器存储的电能 $w(t)=\dfrac{1}{2}Cu_{\mathrm{C}}^2(t)-\dfrac{1}{2}Cu_{\mathrm{C}}^2(-\infty)$。

对可实现系统，$w(t)=\dfrac{1}{2}Cu_{\mathrm{C}}^2(t)$。

(2) 电感元件的特性

① 通过电感线圈的电流为直流电时，电感线圈相当于短路。

② 电感中的电流不能产生突变。

③ 电感元件具有“记忆”电压的功能。

④ 电感的功率 $p(t)=Li_{\mathrm{L}}(t)\dfrac{\mathrm{d}i_{\mathrm{L}}}{\mathrm{d}t}$。

⑤ 电感存储的磁能 $w_{\mathrm{L}}(t)=\dfrac{1}{2}Li_{\mathrm{L}}^2(t)$。

2. 暂态过程

电路中发生电源开关的开与关、元件参数改变或电路短路、开路等现象，称为换路。电路换路时，电路会从一个稳定状态变化到另一个稳定状态，同时需要一个过程而不能立刻完成，这个过程称为过渡过程或暂态过程。

3. 换路定律

当电路中的电容电流和电感电压为有限值时，换路后一瞬间电容的电压和电感的电流等于换路前一瞬间的原有值，即

$$\left.\begin{aligned}u_{\mathrm{C}}(0_+)&=u_{\mathrm{C}}(0_-)\\ i_{\mathrm{L}}(0_+)&=i_{\mathrm{L}}(0_-)\end{aligned}\right\}$$

5. 初始值的计算

将 $u_{\mathrm{C}}(0_+)$ 和 $i_{\mathrm{L}}(0_+)$ 称为独立初始值，除电容电压和电感电流外的、在 $t=0_+$ 时刻的其他响应值称为非独立初始值。独立初始值和非独立初始值统称为暂态电路的初始值。独立初始值由换路定律确定，电路中非独立初始值计算原则为：

(1) 换路前瞬间，将电路视为一稳态，即电容开路、电感短路。

(2) 换路后瞬间，电容元件被看作恒压源。

(3) 换路后瞬间，电感元件可看作恒流源。

(4) 运用直流电路分析方法，计算换路瞬间元件的电压、电流值。

6. 一阶电路的响应

(1) 零输入响应

① RC 电路零输入响应数学表达式

$$RC\frac{\mathrm{d}u_{\mathrm{C}}(t)}{\mathrm{d}t}+u_{\mathrm{C}}(t)=0$$

通解为

$$u_{\mathrm{C}}(t)=U_{\mathrm{s}}\mathrm{e}^{-\frac{1}{RC}t}$$

② RL 电路零输入响应数学表达式

$$\frac{di_L}{dt}+\frac{R_2}{L}i_L=0$$

通解为
$$i_L=\frac{U_s}{R_1+R_2}e^{-\frac{1}{L/R_2}t}$$

(2) 零状态响应

① RC 电路零状态响应数学表达式

$$RC\frac{du_C(t)}{dt}+u_C(t)=U_s$$

通解为
$$u_C(t)=U_s(1-e^{-\frac{1}{RC}t})$$

② RL 电路零状态响应数学表达式

$$\frac{di_L}{dt}+\frac{R}{L}i_L=\frac{U_s}{L}$$

通解为
$$i_L(t)=\frac{U_s}{R}(1-e^{-\frac{t}{\tau}})$$

(3) 全响应

① RC 电路全响应数学表达式

$$RC\frac{du_C(t)}{dt}+u_C(t)=U_1$$

其解为
$$u_C(t)=(U_2-U_1)e^{-\frac{1}{RC}t}+U_1$$

② RL 电路全响应数学表达式

$$Ri_L+L\frac{di_L}{dt}=U_s$$

其解为
$$i_L(t)=\frac{U_s}{R_0+R}e^{-\frac{t}{\tau}}+\frac{U_s}{R}(1-e^{-\frac{t}{\tau}})$$

(4) 一阶电路的三要素法

一阶线性电路响应一般形式为

$$f(t)=f(+\infty)+[f(0_+)-f(+\infty)]e^{-\frac{1}{\tau}t}$$

式中的 $f(0_+)$为所求响应的初始值、$f(+\infty)$为所求响应在新稳态时的值、τ 为一阶电路的时间常数，这 3 个量称为三要素。三要素法只适用于阶跃电压作用下的一阶线性电路。

7. RC 微积分电路

(1) 组成 RC 微分电路的两个条件：①电路时间常数 τ 比脉宽 T_w 小得多，即 $\tau \ll T_w$；②从电阻 R 上输出电压。

(2) RC 微分电路输入输出电压关系：$u_o \approx RC\frac{du_i}{dt}$。

(3) 组成 RC 积分电路的两个条件：①电路时间常数必须比脉宽大得多，即 $\tau \gg T_w$；
② 从电容上输出电压。

(4) RC 积分电路输入输出电压关系：$u_o=\frac{1}{RC}\int u_i dt$。

习　　题

1. 在电路中，当电源电压或电流恒定或作周期性变化时，电路中的电压和电流也都是恒定的或按周期性变化。电路的这种状态称为什么状态？在具有储能元件（L 或 C）的电路中，一旦电路换路，电路将经历的一个什么过程？

2. 什么叫过渡过程？产生过渡过程的原因和条件是什么？

3. 什么叫换路定律？它有什么用途？什么叫初始值？什么叫稳态值？在电路中如何确定初始值及稳态值？

4. 除电容电压 $v_C(0_+)$ 和电感电流 $i_L(0_+)$，电路中其它电压和电流的初始值应在什么电路中确定。在 0_+ 电路中，电容元件和电感元件视有什么特点？

5. 什么叫一阶电路？分析一阶电路的简便方法是什么？一阶电路的三要素公式中的三要素指什么？

6. 在电路的暂态分析时，如果电路没有初始储能，仅由外界激励源的作用产生的响应，称为什么响应？如果无外界激励源作用，仅由电路本身初始储能的作用所产生的响应，称为什么响应？既有初始储能又有外界激励所产生的响应称为什么响应？

7. 理论上过渡过程需要多长时间？而在工程实际中，通常认为过渡过程大约为多长时间？

8. 在 RC 串联的电路中，欲使过渡过程进行的速度不变而又要初始电流小些，电容和电阻应该怎样选择？

9. 有一个 100 μF 的电容器，当用万用表的"$R\times 1\,000$"挡检查其质量时，如果出现下列现象之一，试评估其质量之优劣并说明原因。(1)表针不动；(2)表针满偏转；(3)表针偏转后慢慢返回；(4)表针偏转后不能返回原刻度(∞)处。

10. 在一个 4.75 μF 的理想电容器上，加上频率为 50 Hz、$u(t)=10\sqrt{2}\sin(\omega t)$ V 的电压，求通过电容的电流 $i(t)$、功率 $p(t)$ 和电能 $w(t)$。

11. 如图 7.25(a)所示电路中的 $u_S(t)$ 波形如图 7.25(b)所示，已知 $C=0.5$ F，求电流 I、功率 $p(t)$ 和能量 $\omega_C(t)$，并绘出其波形。

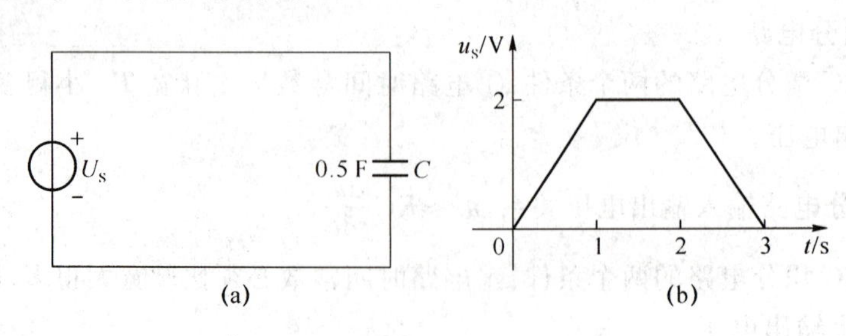

图 7.25　题 11 图

12. 如图 7.26(a)所示电路中的 $i_S(t)$ 波形如图 7.26(b)所示，已知 $L=1$ H，求电压 $u(t)$、

功率 $p(t)$ 和能量 $\omega_L(t)$，并绘出其波形。

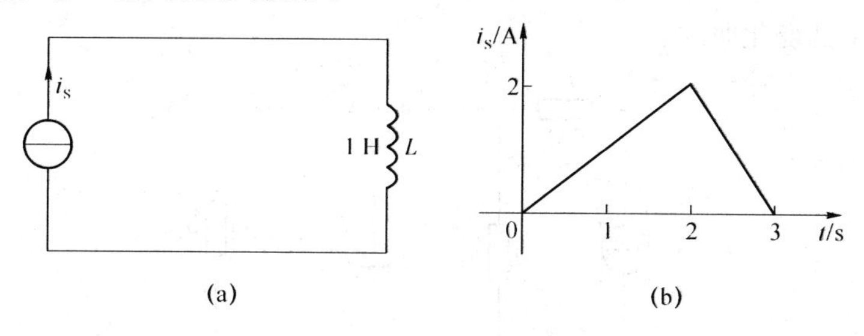

图 7.26　题 12 图

13. 如图 7.27 所示电路中，S 断开前电路已处于稳定状态，确定 S 断开瞬间 u_C、i_C、i_1 和 i_2 的初值。

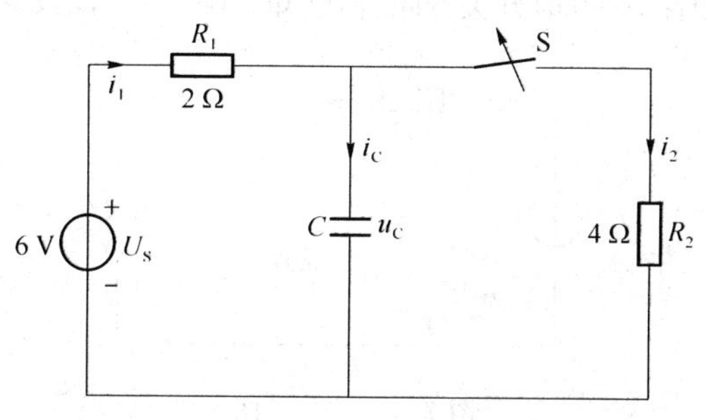

图 7.27　题 13 图

14. 如图 7.28 所示电路中，开关 S 闭合时电容器充电，充电后打开 S，电容器放电，分别写出充电和放电电路时间常数。

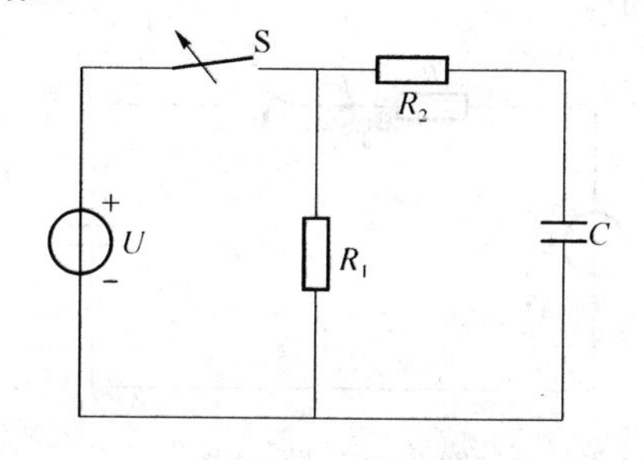

图 7.28　题 14 图

15. 如图 7.29 所示电路换路前已处于稳定状态，$t=0$ 时开关断开，求各储能元件上的电压及电流的初始值。

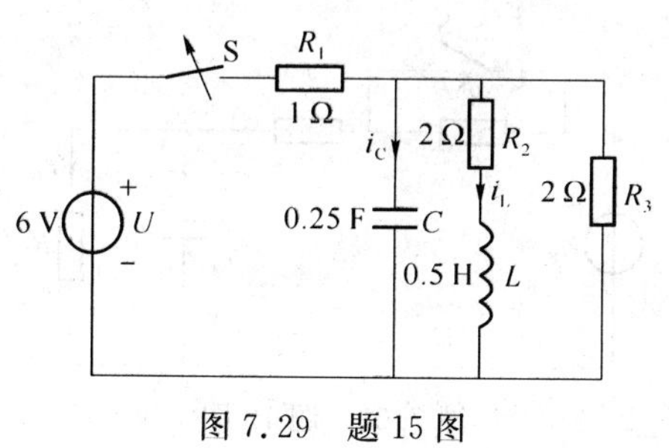

图 7.29　题 15 图

16. 如图 7.30 所示电路中，换路前电路已稳定，在 $t=0$ 时开关从 1 打到 2，求换路后的 $u(t)$ 和 $i(t)$，并画其变化曲线。

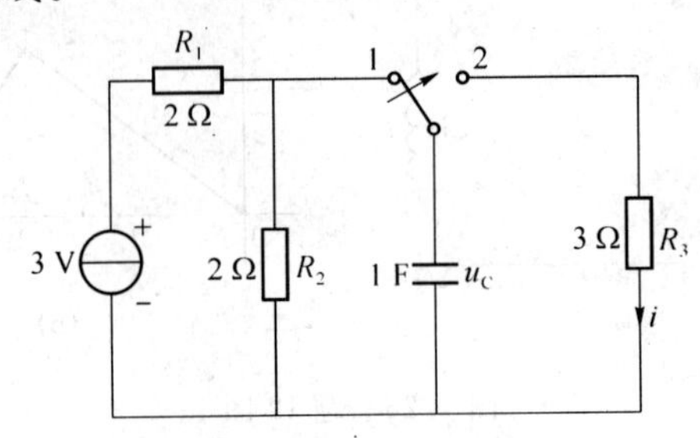

图 7.30　题 16 图

17. 如图 7.31 所示电路，$t=0$ 时开关 S 闭合，已知 $i_L(0_-)=0$，求 $t>0$ 时的电流 i_L 和电压 u_L。

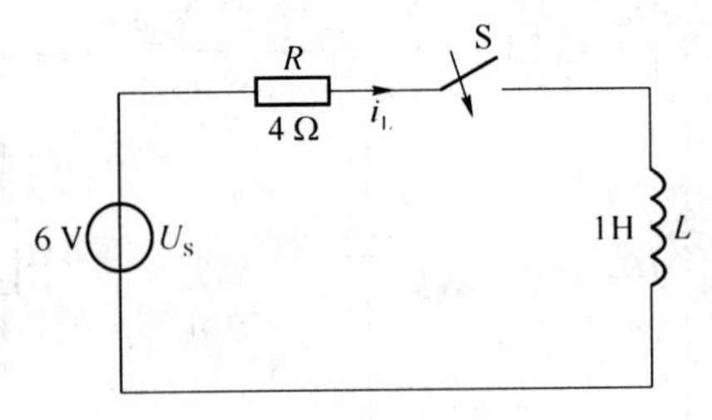

图 7.31　题 17 图

18. 如图 7.32 所示电路，已知 $C=0.5\ \mu F$，$R=100\ \Omega$，$U_s=220\ V$，开关闭合前电路处于零状态，求：(1)开关 S 闭合后电流初始值 $i(0_+)$、时间常数；(2)当开关 S 接通后 150 μs 时电路中的电流 i 和电压 u_C 的数值。

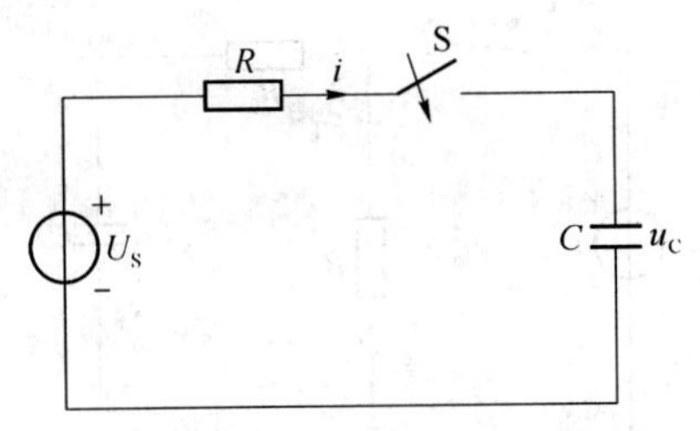

图 7.32　题 18 图

19. 如图 7.33 所示电路，$R_1=R_2=10\ \Omega$，$R_3=20\ \Omega$，$C=100\ \mu F$，$U_S=20\ V$，开关 S 闭合前电路已处于稳定状态，在 $t=0$ 时将开关闭合，求 S 闭合后 u_C 的变化规律。

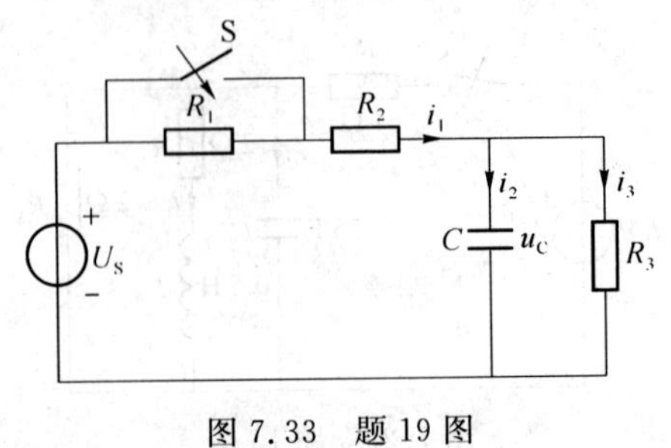

图 7.33　题 19 图

20. 如图 7.34 所示电路中，$t=0$ 时开关 S 闭合，闭合前电路已处于稳定状态，求 $t>0$ 时的感应电流 i_L。

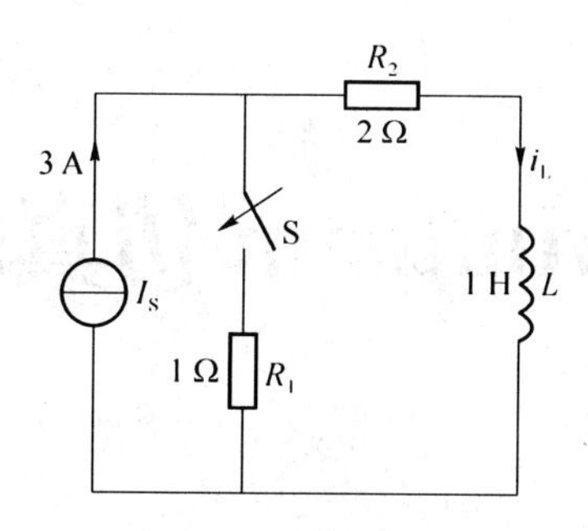

图 7.34　题 20 图

21. 如图 7.35 所示电路，$u_C(0_-)=0$，用三要素法求开关打开后的电压 $u(t)$。

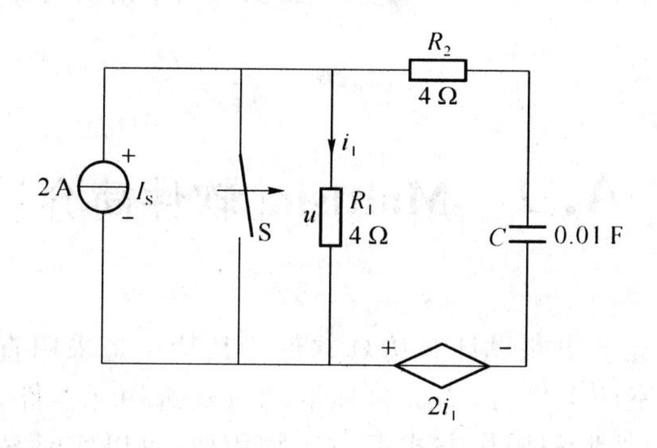

图 7.35　题 21 图

附录 A Multisim 仿真软件使用简介

Multisim 是一种 EDA 仿真工具，它为用户提供极其丰富的元器件库和功能齐全的各类虚拟仪器。

A.1 Multisim 软件简介

Multisim 是世界领先的电路设计和仿真软件。其特点是采用直观的图形界面，在计算机屏幕上模仿真实实验室的工作台，用屏幕抓取的方式选用元器件，创建电路，连接测量仪器；软件仪器的控制面板外形和操作方式都与实物相似，可以实时显示测量结果，并可以交互控制电路的运行与测量过程。

Multisim 软件具有丰富的电路元件库，提供多种电路分析方法。作为设计工具，它可以同其他流行的电路分析、设计和制板软件交换数据。Multisim 还是一个优秀的电子技术训练工具，利用它提供的虚拟仪器，可以用比实验室中更灵活的方式进行电路实验，仿真电路的实际运行情况，熟悉常用电子仪器测量方法。

Multisim 软件可以对各种有源和无源电路、模拟和数字电路，进行有效的分析与仿真。下面简单介绍此软件的基本操作方法，并对一些简单电路进行仿真分析。

A.2 Multisim 基本使用方法

A.2.1 Multisim 安装

(1) 开始安装前退出所有的 Windows 应用程序；

(2) 将光盘放入光驱，运行其中的“Setup”执行文件；

(3) 出现安装向导后，单击“Next”按钮继续；

（4）阅读授权协议，接受单击“Yes”按钮，如果不接受单击“NO”按钮，退出安装程序；

（5）输入用户名，公司名以及 25 位的安装系列号，单击“Next”按钮继续；

（6）选择 Multisim 的安装路径，选择默认或者单击“Browse”按钮选择到自己认为的位置，输入文件夹名，单击“Next”按钮继续；

（7）安装程序将按照你输入的名称建立程序文件夹，单击“Next”按钮继续，Multisim 将自动完成安装。若不想安装，单击“Cancel”按钮终止。

A.2.2 Multisim 界面

启动 Multisim 可以看到其电路仿真的主窗口，这里假定已经装入了一个电路。它由菜单、常用工具按钮、元件选取按钮、原理图编辑窗口、电路描述窗口和状态框组成，如图 A.1 所示。

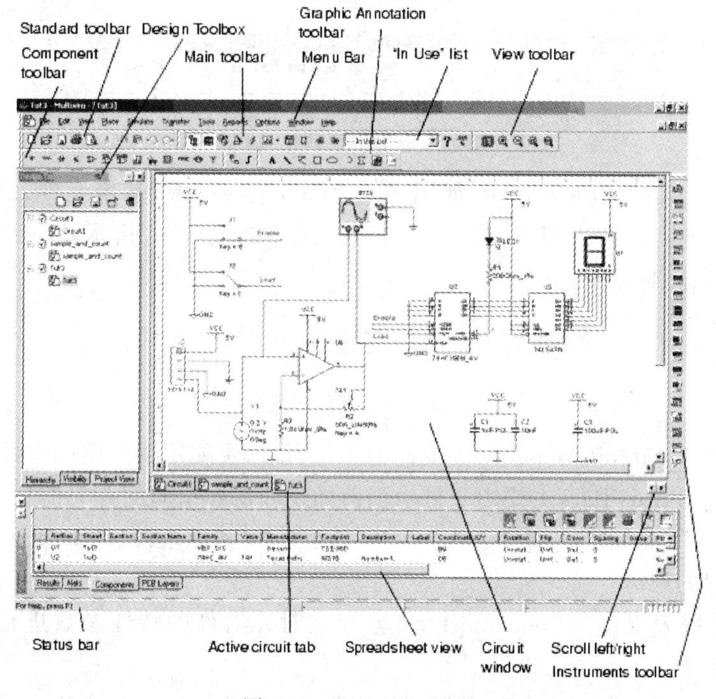

图 A.1　Multisim 界面

A.2.3 菜单栏

（1）菜单栏（Menus）如图 A.2 所示，菜单栏在主窗口的最上方，它提供了本软件几乎所有的功能命令。主窗口菜单从左到右由文件（File）、编辑（Edit）、窗口显示（View）、放置（Place）、仿真（Simulate）、文件输出（Transfer）、工具（Tools）、报告（Reports）、选项（Options）、帮助（Help）等菜单组成。

File　Edit　View　Place　Simulate　Transfer　Tools　Reports　Options　Window　Help

图 A.2　菜单栏

（2）标准工具栏（Standard Toolbar）如图 A.3 所示，包括新建文件、打开文件、保存文件、打印电路、打印预览以及剪切、复制和粘贴等 8 个选项。

图 A.3　标准工具栏

（3）虚拟仪器工具栏（Instruments Toolbar）如图 A.4 所示，Multisim 提供了大量的虚拟仪器，如万用表、信号发生器、瓦特计、示波器、四通道示波器、波特仪、频率计数器、字产生器、逻辑分析仪、逻辑转换器、IV 分析仪、失真分析仪、频谱分析仪、网络分析仪等 18 种虚拟仪器，读者可以如同在实验室使用真实仪器那样，对电路的电压、电流等物理量进行测量和观察。

图 A.4　虚拟仪器工具栏

（4）元器件工具栏（Component）如图 A.5 所示，包含电源、基本元件、二极管、三极管、相似元件、TTL 逻辑电路、CMOS 管、杂项数字元件、混合元件、指示器、杂项元件、机电元件、层级模块和电路总线等。

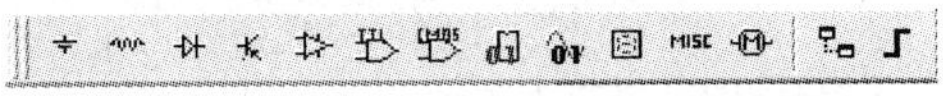

图 A.5　元器件工具栏

（5）电路窗口（Circuit Windows）或称为工作窗口，主要用于电路的设计。

（6）状态栏（Status Bar）主要用于显示当前操作和鼠标指向的有关信息。

（7）设计栏（Design Bar）引导进入不同的工程文件（如原理图、PCB 图和报告），观察、显示或隐藏原理图的层级。

（8）电子数据表观察（Spreadsheet view）允许对元器件的特性参数进行快速浏览和编辑，如封装、特性等。

（9）使用列表（In Use List）显示电路窗口已放置元器件的相关信息。

A.2.4　Multisim 界面定制

定制 Multisim 界面，包括工具栏、电路颜色、图纸尺寸、符号系统（ANSI 和 DIN）和打印设置等。定制设置和电路文件一起保存，可将电路定制成不同的颜色。也可重载不同的个例或整个电路。

在进行电路建立之前，可以根据电路的复杂程度、审美标准、图纸可能大小，设置原理图图纸大小、方向及相关参数。从菜单的选项（Options）开始，单击 Sheet Properties 时，可对电路（Circuit）中的元器件、网络名、总线入口、背景颜色（如图 A.6 所示），工作空间（Workspace）中的显示方式、纸型、尺寸、方向、单位（如图 A.7 所示），布线的线型（Wiring），字体

(Font),印制电路板(PCB)及图纸的可视性(Visibility)进行设定。同时可对选项全局参数选择(Global Preferences)部件项中的元件放置模式、符号标准、数字仿真设置和定制用户界面(Customize User Interface)进行重置。

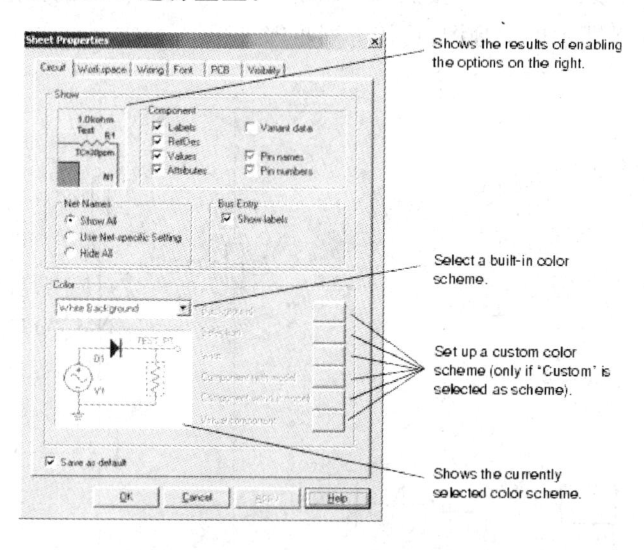

图 A.6　电路设置

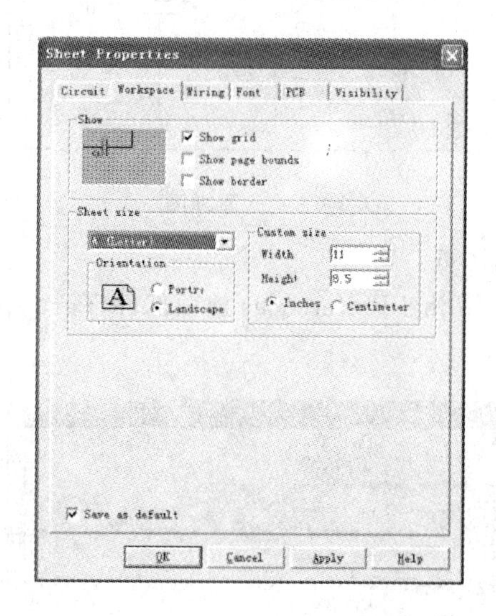

图 A.7　工作空间设置

A.3　Multisim 电路建立

电路建立主要涉及元器件的放置和连接。建立仿真电路的基本要求就是选择元器件并放置在电路窗口的适当位置,选择合适的方向,连接元器件,并进行其他设计准备。具体为:

(1) 运行 Multisim 时自动打开一个空白文件，电路的颜色、尺寸、符号标准等按界面定制方法进行设置。

(2) 向电路窗口放置元器件。按照 Multisim User Guide 介绍的方法进行元器件放置。

如要设计图 A.8 所示的原理图，可按下列步骤进行：

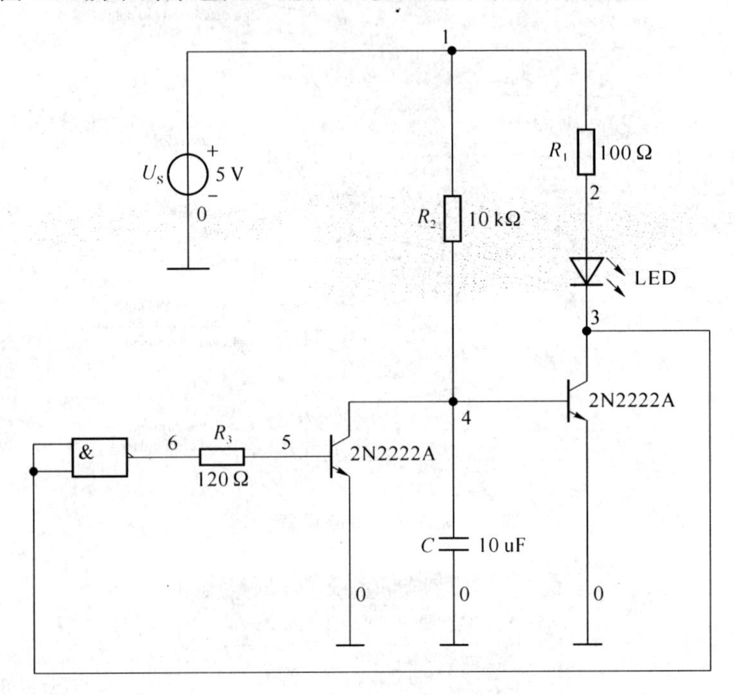

图 A.8　原理图

(1) 按要求设置好电路图纸。

(2) 将菜单 Options 栏 Global Preferences 选项部件(Part)中的符号默认标准 ANSI 改为 DIN 标准，如图 A.9 所示。

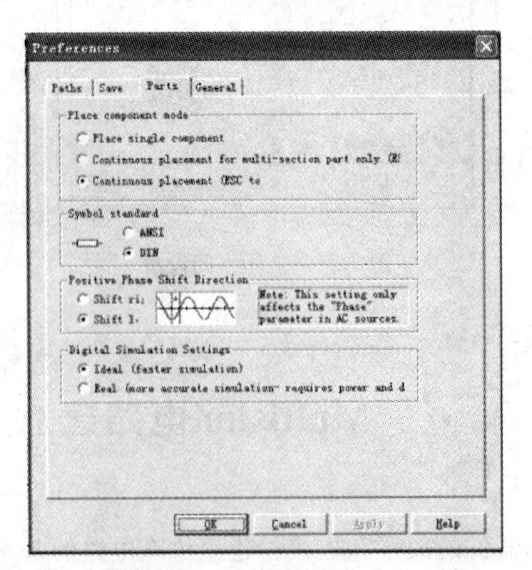

图 A.9　符号标准设定

(3) 将鼠标指向电源工具栏按钮，并单击直流电压源按钮，使鼠标置于电路窗口的适当位置，左击鼠标，电源即出现在电路窗口，如图 A.10 所示；双击电源，将电压标签值 12 V 改为 5 V，然后单击“OK”按钮，如图 A.11 所示。

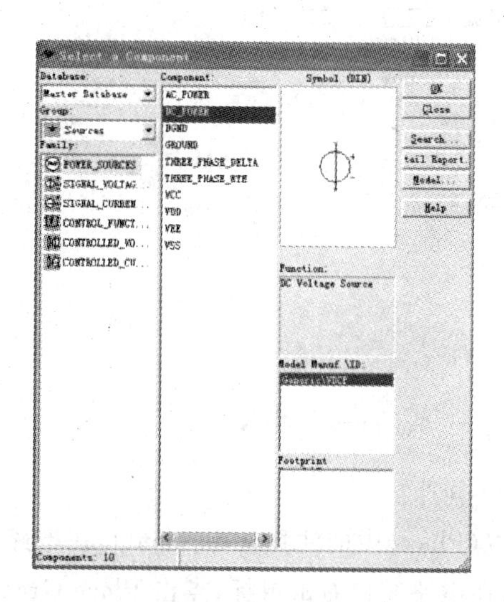

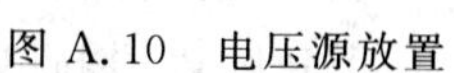
图 A.10　电压源放置

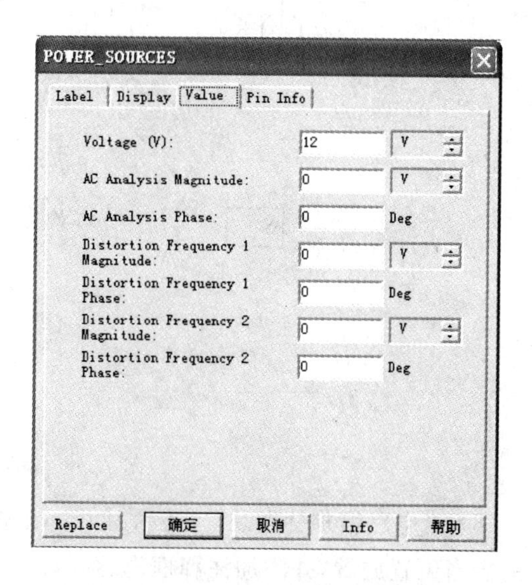

图 A.11　电压值的改变

(4) 将鼠标指向基本元件工具栏，单击电阻按钮，滚动元器件列表找到 100 Ω，单击 OK 后使鼠标在电路窗口的合适位置放置好电阻，如图 A.12 所示；右击电阻元件在出现的菜单中点击 90 Clock wise(90 C outer CW)旋转按钮，直到得到所喜欢的方式为止，如图 A.13 所示。

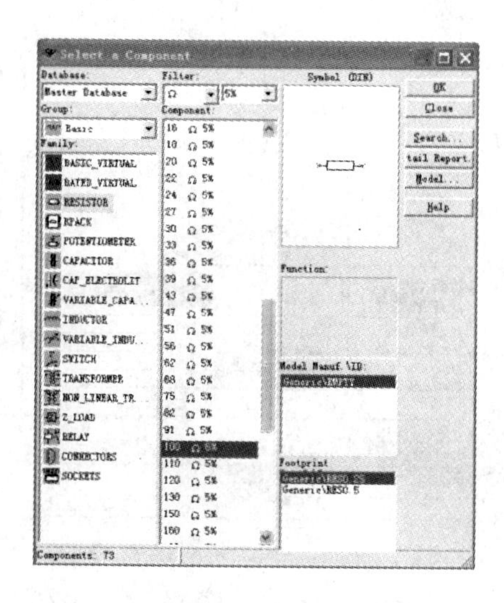

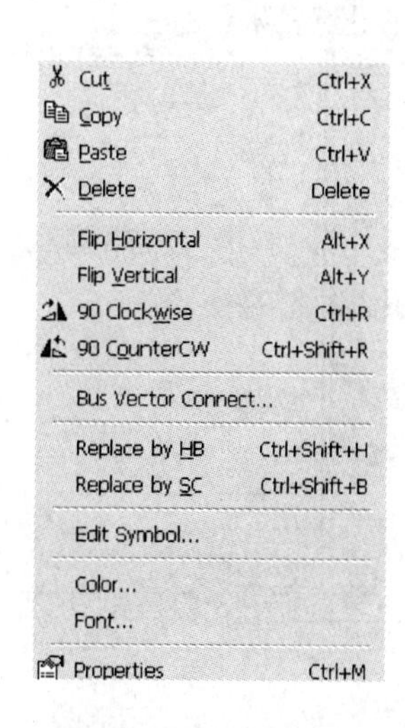

图 A.12　添加电阻　　　　图 A.13　旋转电阻

(5) 用同样的方法在电路窗口放置其他元器件，得到如图 A.14 所示元器件。

(6) 双击元器件,调整元器件标号;右击元器件,根据需要改变元器件颜色。

(7) 对已放置好的元器件进行自动或人工布线。先自动布线,再进行人工调整。

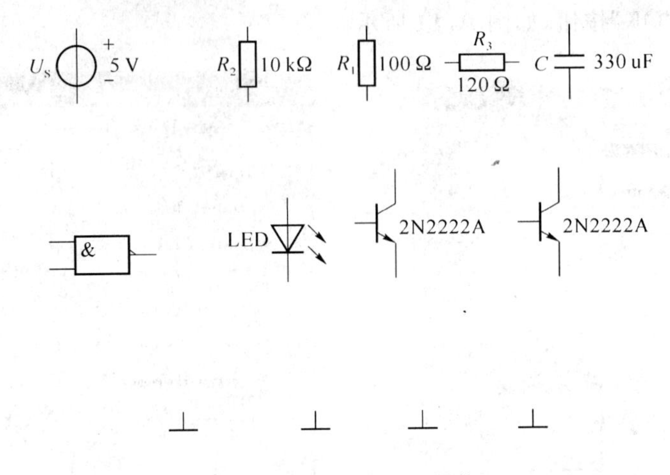

图 A.14 电路窗口元器件

(8) 给电路增加标题块、文本和注释。单击放置(Place)中的注释(Comment),在电路窗口的恰当位置放置,并添加注释框,如图 A.8 所示;在电路窗口右击鼠标,点击 Place Graphic 中的 Text,并填好文本框左击鼠标放于要说明的地方;或单击放置(Place)中的 Title Block,将此放于电路窗口的右下角,双击添好相关项,如图 A.15 所示。

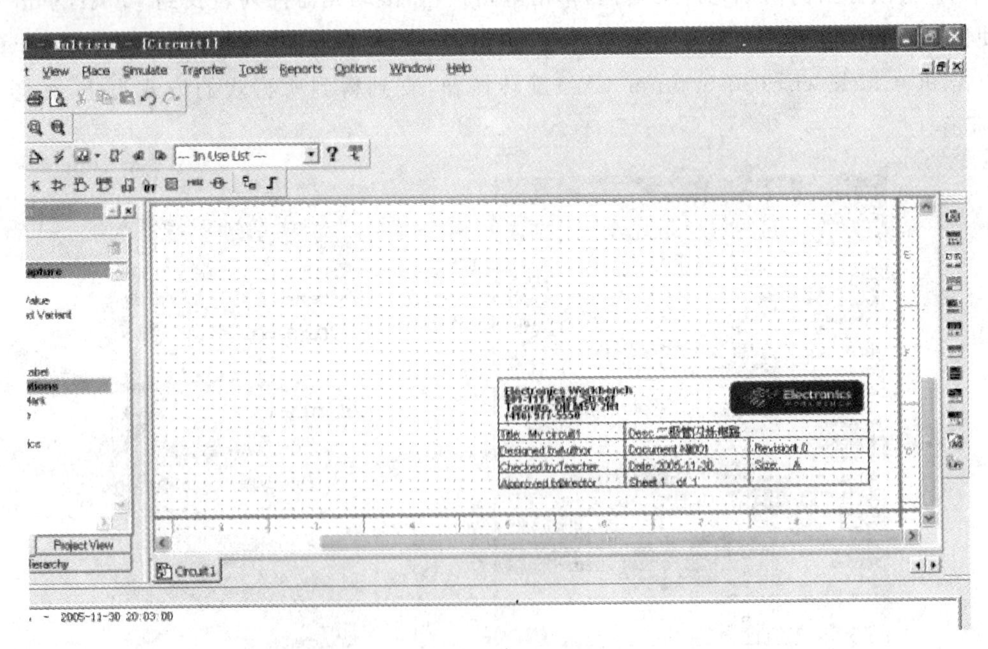

图 A.15 标题块

(9) 对已经放置好的元件进行编辑。双击要编辑的元件,对元件的标签、元件显示、元件值和引脚信息进行修改,如图 A.16 所示。

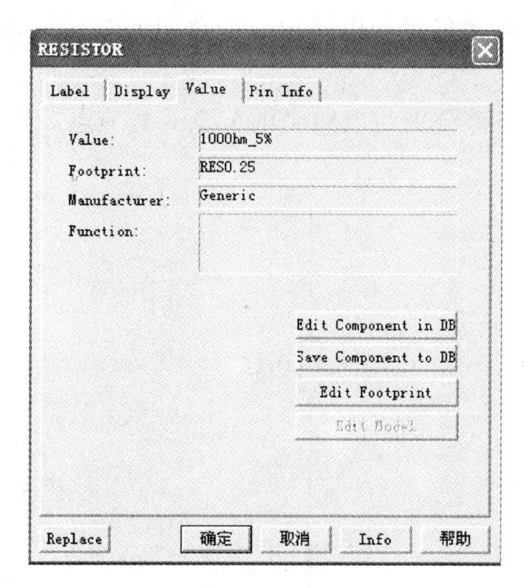

图 A.16　元件编辑

A.4　Multisim 电路仿真

A.4.1　给电路增加仪表

对电路进行仿真分析，除了完成原理图的设计以外，还必须往电路中添加仪表来测试电路的行为。这些仪表的使用、读数、感觉与实验室中的真实仪表一模一样，但使用更简单、便捷和安全。

(1) 从电路窗口的右侧仪表栏中点击所需的仪器或将 Simulate 菜单中的仪器库(Instruments)点亮后点击所需的仪器，如图 A.17 所示。

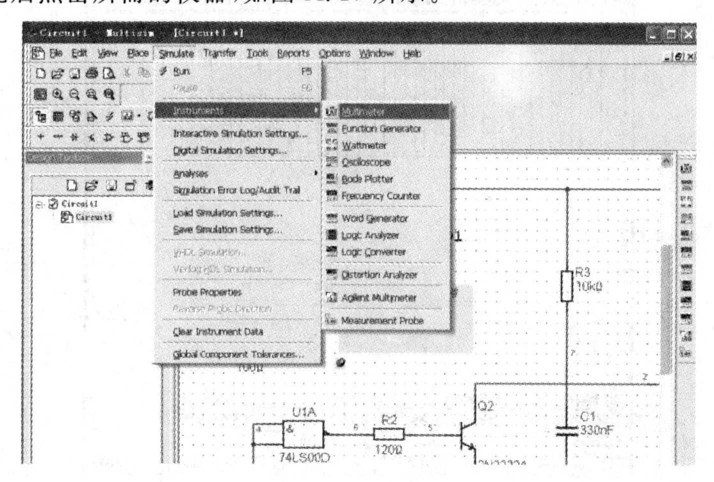

图 A.17　仿真仪表

（2）单击示波器按钮，移动鼠标至电路窗口电路中要测试点附近位置单击鼠标，示波器图标就出现在电路窗口。

（3）将示波器的 A、B 通道分别与电路中的节点 6 和节点 2 连接起来，如图 A.18 所示。

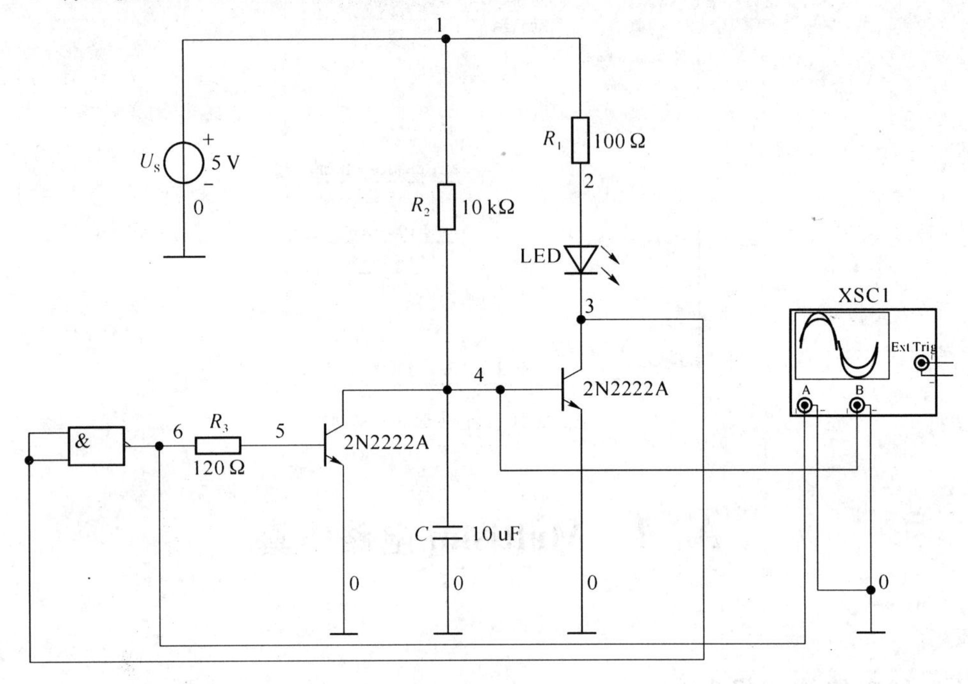

图 A.18　添加仪表

（4）双击示波器图标，并对示波器进行设置。在本仿真实验中，使用 A 通道对节点 6 电压进行仿真测试时，将时基幅度选择为 500 μs/Div，幅度刻度设置为 2 V/Div，单击 DC，如图 A.19 所示；使用 B 通道对节点 2 的电压进行仿真测试时，时基幅度选为 50 μs/Div，幅度刻度设置为 500 mV/Div，并单击 DC，如图 A.20 所示。

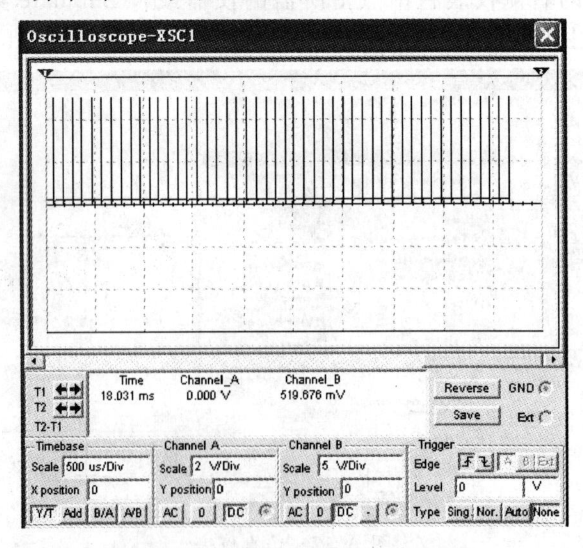

图 A.19　示波器设置及节点 6 仿真

A.4.2 电路仿真

前面已经为电路仿真做好了准备。下面开始电路仿真，并观察仿真结果。

(1) 电路仿真。单击 Simulation 中的“Run”按钮进行仿真，再次按下“Run”按钮时仿真停止；或点击“Pause”按钮停止仿真，再次点击“Pause”按钮，仿真又重新进行。

(2) 仿真结果的观察。利用两通道的示波器(如图 A.18 所示)进行观察得：节点 6 的电压波形如图 A.19 所示，节点 2 的电压波形如图 A.20 所示；利用万用表电压档进行数据实测得：节点 6 的电压为 1.333 mV 左右，节点 2 的电压为 600 mV 左右，如图 A.21 所示。

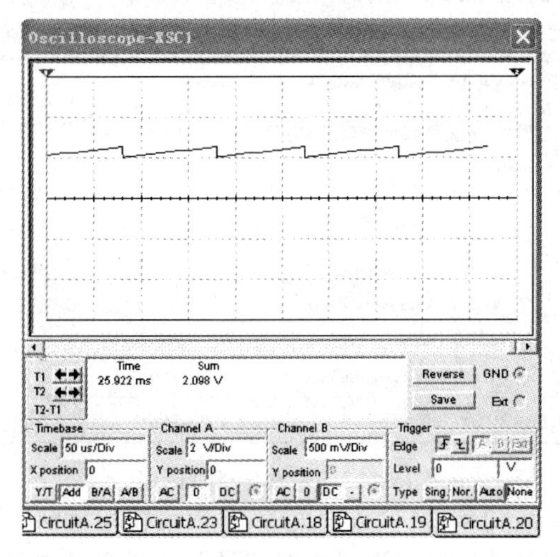

图 A.20　示波器设置及节点 2 仿真

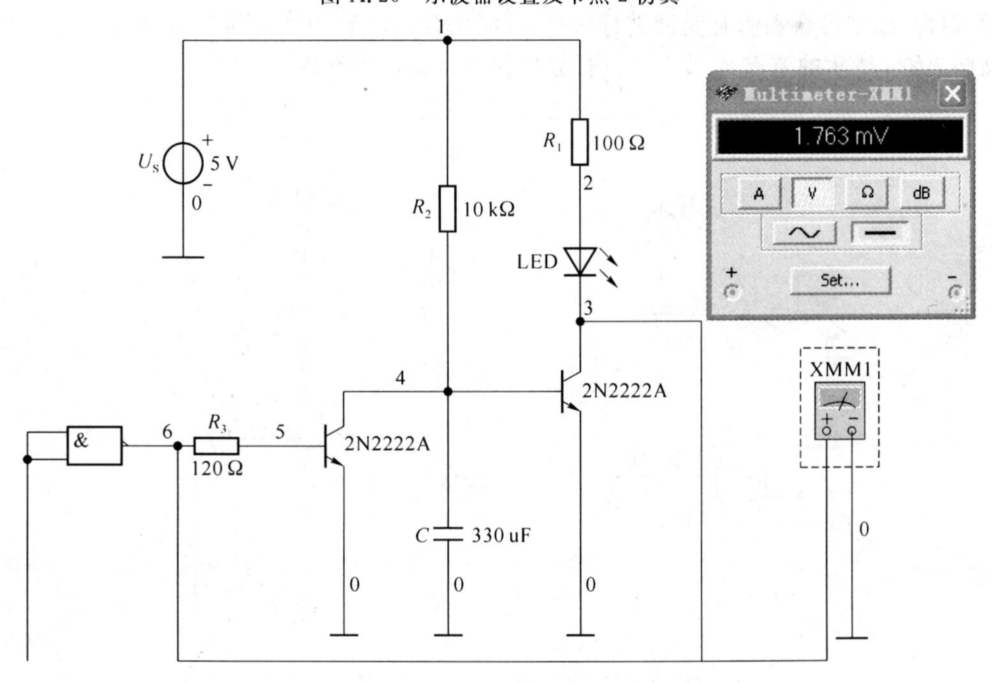

图 A.21　万用表设置及节点电压测试

A.5 Multisim电路分析

A.5.1 电路分析相关设置

单击“Simulation”按钮，从弹出式菜单中选择 Transient Analysis，出现分析参数、输出、分析选择和概要对话框，如图 A.22 所示。

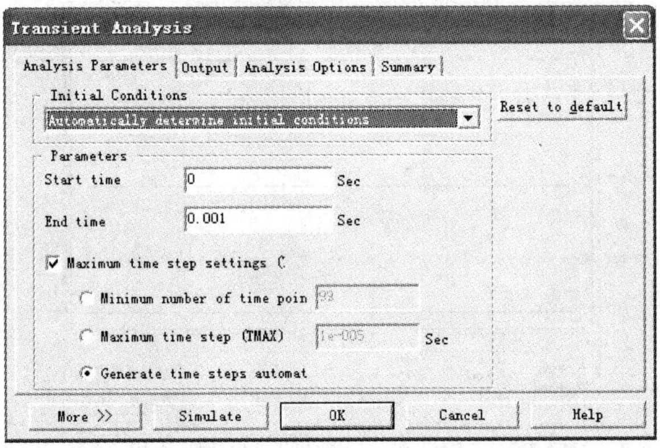

Transient Analysis
Analysis Parameters | Output | Analysis Options | Summary
Initial Conditions
Automatically determine initial conditions
Reset to default
Parameters
Start time 0 Sec
End time 0.001 Sec
Maximum time step settings C
Minimum number of time poin 99
Maximum time step (TMAX) 1e-005 Sec
Generate time steps automat
More >> | Simulate | OK | Cancel | Help

图 A.22　暂态分析对话框

分析参数标签包括初始化条件、参数设置等，一般可使用默认方式。

接下来就是输出参数的选定。可以对电路变量及选择变量中的电压电流项、电压项、电流项、器件/模型参数和所有变量进行选择，同时需要对电路中的分析节点进行选定。如对电路图 A.23 所示的节点 2、节点 3 进行分析的节点加载如图 A.24 所示。

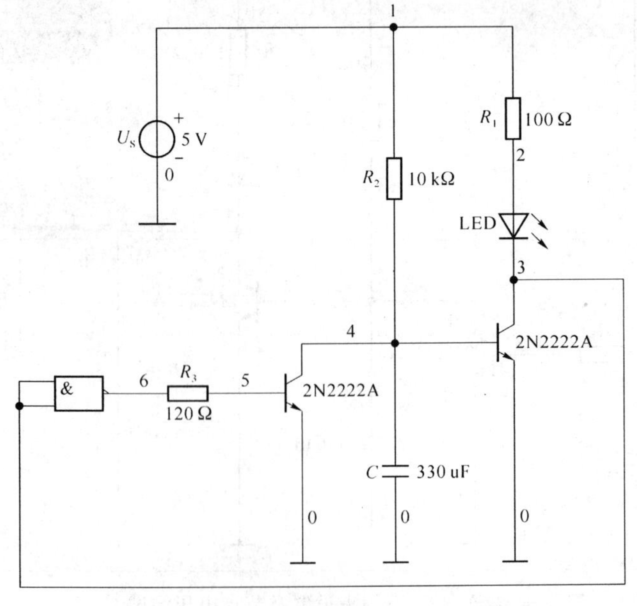

图 A.23　电路暂态分析电路

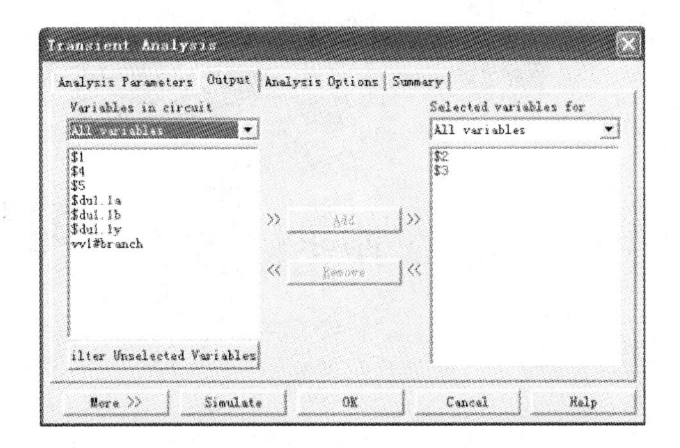

图 A.24　暂态分析节点选择

分析选择中的 SPICE 和 Other 选用 Multisim 默认方式，当然也可根据用户需要进行设置。概要即为所有设置的快速浏览，可用来观察设置的总体信息。

A.5.2 电路分析结果观察

单击“Simulation”按钮，会看到节点 2、3 的电压分析波形图如图 A.25 所示，波形图中△标示线表示电容器充电过程，没有△标示线表示三极管 Q_1 集电极电压变化。

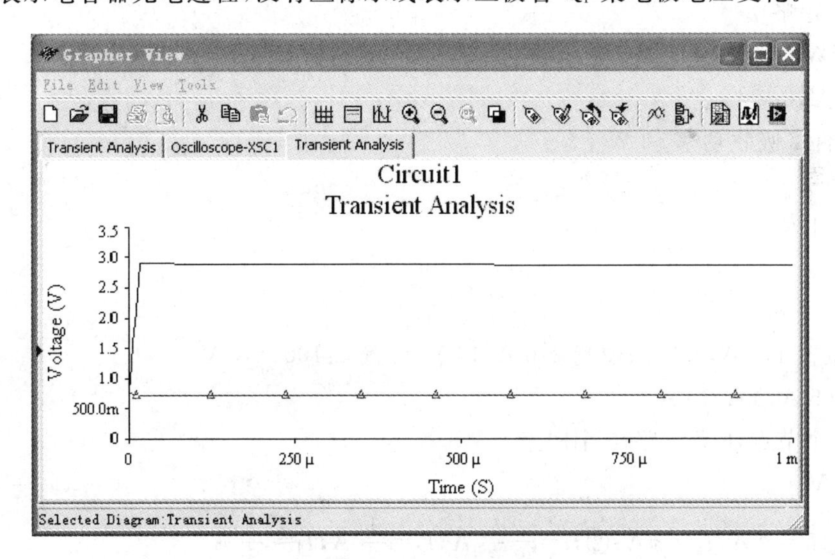

图 A.25　电压分析波形

习题答案

习题 1

略

习题 2

1、2、3 题略

4. 10 W(发出功率),30 W(吸收功率),6 W(吸收功率)

5. 10 V,2 V

6. 元件 2 吸收功率 50 W

7. 略

8. 20.1 A

9. 略

10. 9.42 m

11. 位置 1:1 A,9.9 V;位置 2:0 A,10 V;位置 3:100 A,0 V

12. −5 A,2 A,10 A

13. 4 个节点,6 条支路,6 个回路

14. 3 V

15. ①$I_5=9$ A,$I_4=3$ A;②$I_1=-\frac{5}{3}$ A,$I_2=\frac{1}{3}$ A,$I_3=\frac{4}{3}$ A

16. (a) $-\frac{40}{7}$ V;(b) 14 V

17. $-\frac{20}{13}$ V,1 V

18. (a)10 A,100 V,90 V,10 V,1 000 W(吸收功率),900 W(发出功率),100 W(发出功率);(b)11 A,1 A,10 A,10 V,110 W(发出功率),10 W(吸收功率),100 W(吸收功率)

习题 3

1. 0.5 Ω, 6.86 Ω, 20 Ω
2. 1.812 5 Ω
3. 0.5 A, 0 A, 0.5 A
4. −0.2 A, 4.8 A, 4.6 A, 0.2 W, 230.4 W, 9.2 W, 0.2 W, 240 W
5. −0.833 3 A, −0.166 7 A, −1 A, −1.166 7 A, −0.666 7 A, −0.333 3 A, 0.666 7 V
6. 6 A, −1 A, 7 A, 3 A
7. $\left.\begin{array}{l} I_a = I_1 = 0.786\ \text{A} \\ I_b = I_2 - I_1 = 0.357\ \text{A} \\ I_c = I_2 - I_3 = 0.072\ \text{A} \\ I_d = -I_3 = -1.071\ \text{A} \end{array}\right\}$
8. 1.5 A
9. 0 A, 2 A, 2 A
10. $I_1 = 9.38$ A, $I_2 = 8.75$ A, $I_S = 10$ A, $I = 28.13$ A; $P_1 = 1\ 055$ W, $P_2 = 984$ W, $P_3 = 1\ 125$ W
11. 2.67 A
12. 7.67 V
13. 2.8 V
14. $\frac{7}{5}$ A

15、16、17 略

习题 4

1. 311 V, 50 Hz, 314 rad/s, $-\frac{1}{3}\pi$
2. $i = 26.5\sin(\omega t - 70.8°)$ A
3. $i = 31.1\sin(628t + 60°)$ A, 4.84 kW
4. 15.7 Ω, $\dot{U}_L = 157e^{j90°}$ V, 1 570 var
5. 31.8 Ω, $\dot{I} = 314 - j90°$ A, 314 var
6. 78 mA, 7.8 A
7. 电阻为 8 Ω，电感 19 mH
8. $19.7\sin(314t - 50.68°)$ A
9. $(5 - j2)\Omega$, $i = 57.8\sin(314t + 51.8°)$ A，容性
10. 0.317 A, 152 V, 149.6 V
11. $44\angle -53°$A, $22\angle 37°$A, $49.2\angle -26.5°$A
12. 0.455, 0.86

13. 并联合适的电容，电容的容量为 7 500 μF
14. 191 W，135 V，4.35 A
15. 5 A，2.5 A

习题 5

1. 略
2. 负载对称时
3. $U_{AB}=1.732U, U_{BC}=U_{CA}=U$
4. (1)、(2)、(3)三种情况下，计算结果相同。$I_l=I_P=4.4$ A；$U_l=380$ V，$U_P=220$ V；$P=2\,323.2$ W。
5. $\dot{I}_{AB}\approx 15.9\angle -90^\circ$ A，$\dot{I}_A\approx 27.5\angle -120^\circ$ A
6. (1) 6.1 A，(2) 约 3 350 W，(3) 18.2 A，6 664 W，(4) 0 A，1 666 W
7. 0.69，5 764 var
8、9. 略

习题 6

1. 略
2. (a)a 端与 d 端是同名端；(b)a 端与 d 端是同名端
3. (a)图 $u_1=L_1\dfrac{di_1}{dt}-M\dfrac{di_2}{dt}$，$u_2=L_2\dfrac{di_2}{dt}-M\dfrac{di_1}{dt}$；

   (b)图 $u_1=L_1\dfrac{di_1}{dt}+M\dfrac{di_2}{dt}$，$u_2=-L_2\dfrac{di_2}{dt}-M\dfrac{di_1}{dt}$；

   (c)图 $u_1=-L_1\dfrac{di_1}{dt}-M\dfrac{di_2}{dt}$，$u_2=-L_2\dfrac{di_2}{dt}-M\dfrac{di_1}{dt}$
4. (a)图 9 H；(b)图 7 H
5. $L_{ab}=0$
6. $L_{ab}=5$ H
7. (a) $\dfrac{j\omega(L_1+L_2-2M)Z_2-\omega^2(L_1L_2-M^2)}{Z_2+j\omega L_2}$；

   (b) $\dfrac{\omega^2(M^2-L_1L_2)+j\omega L_1Z_2}{Z_2+j\omega(L_1+L_2+2M)}$
8. $n=3$
9. 200 Ω
10. 39.22∠−11.31° V
11. (200−j9 800) Ω
12. 电路对 $f_1=1\,959$ kHz 的信号发生谐振
13. 56.8 Ω，63 mH

14. 1 100 kHz,68.6

习题 7

1、2、3、4、5、6、7、8、9 略

10. $0.015\sqrt{2}\sin(314t+90^\circ)$ A,$0.15\sin(628t)$ W,$[0.000\,24-0.000\,24\sin(628t+90^\circ)]$ J

11. (1) $i(t)=\begin{cases}0 & t<0\\ 1 & 0\leqslant t<1\text{ s}\\ 0 & 1\leqslant t<2\text{ s}\\ -1 & 2\leqslant t<3\text{ s}\\ 0 & t\geqslant 3\text{ s}\end{cases}$ (2) $p(t)=\begin{cases}0 & t<0\\ 2t & 0\leqslant t<1\text{ s}\\ 0 & 1\leqslant t<2\text{ s}\\ 2(t-2) & 2\leqslant t<3\text{ s}\\ 0 & t\geqslant 3\text{ s}\end{cases}$

(3) $w_C(t)=\begin{cases}0 & t<0\\ t^2 & 0\leqslant t<1\text{ s}\\ 1 & 1\leqslant t<2\text{ s}\\ (t-2)^2 & 2\leqslant t<3\text{ s}\\ 0 & t\geqslant 3\text{ s}\end{cases}$ (4) 波形图略

12. (1) $u(t)=\begin{cases}0 & t<0\\ 1 & 0\leqslant t<2\text{ s}\\ -2 & 2\leqslant t<3\text{ s}\\ 0 & t\geqslant 3\text{ s}\end{cases}$ (2) $p(t)=\begin{cases}0 & t<0\\ t & 0\leqslant t<2\text{ s}\\ 4(t-3) & 2\leqslant t<3\text{ s}\\ 0 & t\geqslant 3\text{ s}\end{cases}$

(3) $w_L(t)=\begin{cases}0 & t<0\\ \frac{1}{2}t^2 & 0\leqslant t<2\text{ s}\\ 2(t-3)^2 & 2\leqslant t<3\text{ s}\\ 0 & t\geqslant 3\text{ s}\end{cases}$ (4) 波形图略

13. $u(t)=(8+4.8e^{-10t})$ V,$u_C(0_+)=4$ V,$i_C(0_+)=i_1(0_+)=1$ A,$i_2(0_+)=0$ A

14. $\tau_{充}=R_2C$,$\tau_{放}=(R_1+R_2)C$

15. $u_C(0_+)=3$ V,$i_C(0_+)=3$ A,$i_L(0_+)=1.5$ A,$u_L(0_+)=3$ V

16. $u(t)=6e^{-\frac{t}{3}}$ V,$i(t)=2e^{-\frac{t}{3}}$ A,变化曲线略

17. $i_L(t)=1.5(1-e^{-4t})$ A,$u_L(t)=6.0e^{-4t}$ V

18. (1) $i(0_+)=2.2$ A,$\tau=50\ \mu$s,(2) $i=0.11$ A,$u_C=209$ V

19. $u_C(t)=\left(\frac{40}{3}-\frac{10}{3}e^{-1.5\times10^3t}\right)$ V

20. $i_L(t)=1+2e^{-3t}$ A

21. $u(t)=8+4.8e^{-10t}$ V